Plantae
Protista
Animalia
THE
"Bathybius

Susanne
Wedlich

Das Buch vom SCHLEIM

Mit Illustrationen
von Michael Rosenlehner

NATURKUNDEN

Für Noah, Elias und Roland

NATURKUNDEN NO. 59

herausgegeben von Judith Schalansky
bei Matthes & Seitz Berlin

EINLEITUNG

Es gibt keine seltsamen Geschöpfe –
nur engstirnige Menschen.
J.K.ROWLING, *Phantastische Tierwesen: Grindelwalds Verbrechen*

An einem klaren Frühlingstag mache ich mich auf den Weg zum Hunterian Museum in Glasgow. Es ist in einem Trakt der Universität untergebracht, die ein Hauch von Hogwarts umweht, das Internat, das J.K.Rowling für den Zauberschüler Harry Potter erdachte, hier aber mit einem Irrgarten aus Innenhöfen, der Eingang liegt darin versteckt. Das Hunterian ist das älteste öffentliche Museum Schottlands und weniger moderne Institution des Wissens als Kuriositätenkabinett. So finden sich römische Artefakte, federbesetzte Prunkmäntel der neuseeländischen Maori und Fossilien einträchtig nebeneinander in dieser Kathedrale von einem Museum mit Rosettenfenster unter der hohen Holzdecke und kunstvoll geschnitzter Balustrade. Ich bin aber weder wegen des historischen Gebäudes noch der wundersamen Sammlung hier. Mir geht es um ein handgroßes Fläschchen aus Glas mit einem dicken Stöpsel und zwei vergilbten Etiketten, beide von Hand beschriftet. Es geht mir um ein altes Fläschchen mit Schleim.

Sind Katzen flüssig oder fest? Physikalisch sollte diese Frage einfach zu beantworten sein, behalten Festkörper doch ihre Form, während sich Flüssigkeiten jedem Behältnis anpassen. Katzen scheinen demnach eindeutig solide, wenigstens so lange, bis sie mit extremer Geschmeidigkeit jede noch so kleine Kuhle ausfüllen, ja, in sie zu fließen scheinen. Der französische Forscher Marc-Antoine Fardin ging mit Augenzwinkern der physikalischen Klassifikation der Katze zwischen fest und flüssig nach, berührt dies doch sein Fachgebiet der Rheologie, die sich mit dem Fließverhalten von Materie beschäftigt. Für seine Studie erhielt er im Jahr 2017 den Ig-Nobelpreis für Physik, eine nicht ganz ernst gemeinte Auszeichnung für entsprechend originelle Forschung.

Materie, die Eigenschaften von Festkörpern und Flüssigkeiten vereint, gibt es aber auch jenseits der Tierwelt, und in der Natur ist Schleim ihr vielleicht wichtigster Vertreter. Er ist wandelhaft in seinem Verhalten, er ist das Material der Grenzflächen oder Interfaces und er besetzt eine einzigartige Position in unserer Imagination. Wer ihn erstmals bewusst und in all seinen Ausformungen ins Auge fasst, sieht eine andere als die altbekannte Welt. Bei der Suche nach fantastischen Schleimwesen und den Orten, wo sie zu finden sind, enthüllt sich eine Menagerie obskurer Organismen, die alle Habitate auf der Erde bevölkern und diese Lebensräume nicht selten nach ihren Bedürfnissen verändern – auch mit Schleim. Überraschend mag auch sein, dass Mikroben und ihre Schleime die Geschichte des Lebens über Milliarden von Jahren dominierten und dabei globale Prozesse in Gang setzten, die sie bis heute prägen.

Wer sich erstmals mit Schleim befasst, wird also auch den vermeintlich langweiligen Phasen der Evolution vor der Entstehung der ersten Tiere Beachtung schenken müssen. In populären Darstellungen werden diese unendlich langen Zeitspannen häufig vernachlässigt, obwohl Schleim in dieser Zeit dem Leben überhaupt und vor allem uns höheren Organismen den Weg ebnete, möglicherweise sogar unsere Existenz ermöglichte. Es ist ein Erbe, das wir Menschen gern ignorieren. Warum aber sollten wir auch an Schleim denken, wenn dessen sichtbare Ausprägungen so schön versteckt in unser Körperinneres verbannt sind? Warum sollten wir an Schleim denken, dem der Ruch vermeintlich niederer Instinkte anhaftet, von Sex und von Schwäche, von Krankheit und Tod? Kein Wunder, dass wir ihn als universellen Ekelerreger nur wohldosiert und kontrolliert als Ausdruck der Untiefen der menschlichen Psyche in unsere sterile Welt lassen.

Ob auf der Leinwand wie das *Alien* oder auf der Buchseite wie in den Werken von H.P. Lovecraft – moderne Monster kommen nur selten ohne Schleim und Geifer aus. Das Material, das den Menschen erst zum Menschen macht, wird hier zur Demarkationslinie zwischen uns und dem Anderen. Ob es daran liegt, dass Schleim auch ein Gefühl transportiert und als Phänomen kaum greifbar ist? Dabei lässt er sich physikalisch durchaus einhegen. Schleim gehört zu den extrem wasserhaltigen und zäh fließenden Hydrogelen, die unter bestimmten Umständen solide sein können, also Eigenschaften von Feststoffen zeigen. Biologische Schleime sind raffiniert aufgebaut und so flexibel, dass sie ihr Verhalten vielfach an den Bedarf anpassen können. Materialwissenschaftler würden dies nur zu gern im Labor für verschiedene Anwendungen wie besonders geschmeidige

Roboter nachahmen, scheitern häufig aber noch an der Komplexität der biologischen Vorbilder.

Doch erste Anfänge sind gemacht und künftig lassen sich vielleicht auch die hoch spezialisierten Schleime imitieren, die als Klebstoff, Gleitmittel oder selektive Barriere unverzichtbar für Mikroben, Tiere und Pflanzen sind. Sogar in der Umwelt halten Schleime als unsichtbarer Kitt verschiedene Lebensräume von der Wüste bis zu den Küsten sowie Habitate im Meer zusammen, vor allem an den Interfaces, wo sich Sphären wie Wasser, Land und Luft berühren. Kleinste Veränderungen in diesem Gefüge könnten globale Konsequenzen haben – und Schleim ist eine zentrale Stellschraube. Es zeichnet sich ab, dass der Klimawandel die Balance dieser schleimbasierten Zusammenhänge und Prozesse ins Wanken bringt. Ein neues Gleichgewicht in einer wärmeren Welt könnte Schleim an mancher Stelle aber auch begünstigen und erneut dominieren lassen. Es wäre in gewisser Weise ein Rückschritt in die frühe Evolution.

Ähnlich weitreichend ist die Bedeutung von Schleim in unserem Organismus, den gleich vier verschiedene Hydrogelsysteme zur Festung mit lebenden Mauern, Sicherheitsschleusen, Ritterrüstungen und Burggraben aufrüsten. Die meisten Erreger scheitern an dieser Abwehr, während erwünschte Mikroben als Söldner und Pächter Unterschlupf finden. Wie die Materialwissenschaft und die Klimaforschung erwacht auch die Biomedizin langsam aus ihrer ›Schleimblindheit‹, denn defekte Hydrogele spielen unter anderem bei Infektionen, chronischen Darmentzündungen, der erblichen Mukoviszidose sowie bei Krebs, Herzinfarkt, möglicherweise bei Demenz und einer Reihe anderer Leiden eine wichtige Rolle.

Es gibt wohl kaum ein Lebewesen, wenn solch ein Geschöpf überhaupt existiert, das ganz auf Schleim verzichten kann. Die meisten Organismen nutzen ihn in einer Vielzahl von Funktionen, sei es als Strukturmaterial wie bei den Quallen, zur Fortpflanzung wie bei den Pflanzen, zum Beutefang wie bei den Fröschen, zur Verteidigung wie beim Schleimaal oder zur Fortbewegung wie bei den Schnecken. Das ist wenig bekannt, weil sich viele Schleime hinter Pseudonymen wie Mucilage, Mesogloea und Meeresschnee verbergen, die kaum auf die wahre Natur des Materials schließen lassen. Zudem ist Schleim als Wächter und mit allen Wassern gewaschene Klebefalle des Organismus häufig mit Erregern kontaminiert, unsere Aversion also durchaus gut begründet, wie die Ekelforschung erklären kann. Führt die reflexhafte Abwehr aber zu Ignoranz, lässt sie uns vergessen, wie untrennbar Schleim mit unserer Gesundheit und Umwelt verknüpft ist.

Das war nicht immer so. Im alten Ägypten galten Schlamm und Schleim als Lebensspender und die Idee der Spontanzeugung von Insekten und anderem Getier wurde über die Lehren des Aristoteles fast bis in unsere Zeit getragen. Auftrieb bekam sie, als Charles Darwins Evolutionstheorie biblische Vorstellungen von der Entstehung der Natur überwarf. Ein Urschleim am Boden der Meere sollte stattdessen das Leben auf die Erde gebracht haben. Das behauptete der prominente Evolutionsbiologe Ernst Haeckel und hatte nicht ganz unrecht: Von Beginn des Lebens an und über weite Strecken der Evolution regierte eine Art mikrobieller Urschleim auf der Erde, wenn auch nicht die von Haeckel propagierte Variante, die dennoch die frühe Evolutionsbiologie in der zweiten Hälfte des 19. Jahrhunderts für kurze Zeit elektrisierte.

Ernst Haeckels Glück war es, in einer Zeit zu leben, in der die Tiefsee erstmals im Zuge einer technischen Revolution zugänglich wurde. Bodenproben vom Grund des Atlantiks schienen seine Theorie zu bestätigen. Sie brachten eine gelatinöse Masse ans Licht, die er und andere frühe Evolutionsbiologen flugs zum Urschleim erklärten und die sich sogar zu bewegen schien – vor allem, wenn sie an Bord eines Schiffes auf hoher See betrachtet wurde. Ernst Haeckels Pech war es, in einer Zeit zu leben, in der die Ozeanografie als neue Disziplin mit rigoroser Analysetechnik aus der Taufe gehoben wurde. Den Anfang machte die jahrelange und weltumspannende Expedition der HMS Challenger, die unter anderem das Vorkommen des Urschleims kartieren sollte, der dabei allerdings als tragischer Fehler und Artefakt enttarnt wurde.

Niedere Tiere galten über Jahrtausende als Produkt der Spontanzeugung aus Schleim und Schlamm.

Rund 140 Jahre später bin ich in Glasgow auf den Spuren ebenjenes Fundstücks unterwegs, das die Theorie vom Urschleim als Lebensspender widerlegte. Am 4. März 1876 holte die Crew der HMS Challenger eine Probe vom Boden des Südatlantiks hoch, die zur allgemeinen Überraschung keinen pulsierenden Urschleim enthielt, sondern nur Seewasser. Erst als die Probe nach Vorschrift mit reichlich Alkohol konserviert worden war, zeigte sich die altbekannte gelatinöse Masse im Glasgefäß. Es handelte sich lediglich um eine mineralische Ausfällung als Reaktion des Meerwassers mit dem Alkohol. Die kurze Ära des Urschleims war vorbei und hatte wohl nur begonnen, weil Forscher mit den falschen Mitteln am falschen Ort Ausschau gehalten hatten. Ähnlich ergeht es auch mir: Kurioserweise kann ich im Hunterian Museum die Probe der Challenger zunächst nicht ausfindig machen, obwohl ich alle Vitrinen in den Sälen und auf der Galerie mehrfach ablaufe.

Der Urschleim war eine amüsante Episode, wenn auch nicht Haeckels einziger Beitrag zur frühen Evolutionsbiologie. Als Naturforscher und begnadeter Künstler machte er vor allem gelatinöse Meerestiere aller Art so populär, dass sich der Jugendstil an deren graziösen Silhouetten Anleihen nahm und gekrönte Häupter wie der japanische Kaiser mit wissenschaftlicher Ambition auf Quallenjagd gingen. Haeckel entwarf ein System der Natur, das auf primitiven Organismen basierte, nicht mehr als kleinste Einheiten von Protoplasma. So wurde die gelatinöse Substanz genannt, die im Inneren von Zellen pulsiert und ihnen laut Haeckels Theorie auch Leben verleihen sollte, nachdem Gott dank Charles Darwins Evolutionstheorie obsolet geworden war. Das Protoplasma konnte aber noch mehr: Es galt auch als empfänglich für unsichtbare Signale aus der Umgebung.

Deren Vibrationen sollten sich – ähnlich wie bei einer Schallplatte – in die schleimige Substanz des Lebens eingraben, um gespeichert und als individuelle Muster an die Nachkommen vererbt zu werden. Die Idee lag in der Luft: Pate standen Theorien zur Übertragung von Schall, Licht und Energie, die auf Schwingungen eines unsichtbaren und möglicherweise gelatinösen Äthers zurückgeführt wurden, der den gesamten Raum durchspannen sollte. Ein neues und aufregendes Zeitalter brach gegen Ende des 19. Jahrhunderts an, in dem sich die Menschen von unsichtbaren Vibrationen und Oszillationen umgeben und durchdrungen sahen. Die Forschung, Technik und Kunst befruchteten sich gegenseitig, denn Geräte ersetzten nun den wissenschaftlichen Beobachter, sollten aber auch helfen, eine neue Formensprache für gezielte Sinneseindrücke beim Publikum zu formulieren.

Künstler galten als extrem empfänglich für unsichtbare Impulse aus dem Äther und die Welt im Urzustand, während übersinnlich begabten Medien sogar eine Art Protoplasma im Überfluss aus dem Körper zu quellen schien. Der

Kontakt zum Jenseits hatte Hochkonjunktur, auch etwa bei Arthur Conan Doyle, der der Welt mit Sherlock Holmes ausgerechnet den rationalsten aller Detektive geschenkt hatte. Der Erste Weltkrieg setzte den protoplasmatischen Höhenflügen allerdings ein Ende, hier herrschte in den Schützengräben und auf Gewaltmärschen durch Schlamm und Schleim eine Welt der harten Männer im selbstgeschmiedeten Panzer, in der nichts Weiches, Weibliches oder Nachgiebiges einen Platz hatte. Das erniedrigende Bild der Frau als schleimig-biologistisches Wesen, verachtet und begehrt zugleich, es schwingt noch heute nach.

Schleim und seine viele Milliarden Jahre währende und doch verkannte Geschichte. Schleim und seine essenzielle Bedeutung für eine Vielzahl globaler Prozesse. Schleim und seine Bedeutung für uns und alle anderen Organismen. Schleim und seine historische Verflechtung mit Kunst und Literatur. Schleim und seine Entwicklung zum übermächtigen Ekelerreger. Schleim und sein Einfluss auf unsere Imagination. Als ein Artikel im *New Scientist*, erschienen am 11. März 2000, den Anstoß zu diesem Buch gab, war zunächst ein schmales Bändchen geplant. Dann aber enthüllten sich immer weitere Aspekte der Geschichte, oft als Zufallsfunde, wenn ein Detail zu einer neuen Anekdote führte, an die sich eine wenig beachtete Publikation anschloss, die weitere Türen öffnete. Erst nach und nach fügten sich diese Puzzlestücke zu einem großen und umfassenden Bild zusammen vom Schleim, der nicht die Ausnahme ist, sondern die allgegenwärtige Regel.

Das definitive Buch zum Schleim kann es wahrscheinlich nicht geben, zu vielfältig ist das Material, zu lange seine Evolution und Beziehung zum Menschen, von der frühen Überhöhung bis zur modernen Aversion. Dies hier ist der Versuch, einen großen Bogen zu spannen, also einzelne Aspekte von Schleim zu präsentieren und zu verknüpfen.

Es sind 26 Kapitel geworden, die sich einzeln und weitgehend unabhängig lesen lassen, weil sich nicht jeder Leser für jede Facette der Geschichte interessieren wird. Damit auch die selektive Lektüre verständlich bleibt, werden grundlegende Begriffe und Prozesse bei Bedarf mehrfach erklärt. Einzelne Kapitel sind lose unter den Überbegriffen Phänomen, Physik, Organismus, Leben, Evolution, Natur und Umwelt gruppiert, deren Grenzen zwar nicht scharf geschnitten sind, aber hoffentlich bei der Orientierung helfen.

Dabei umfasst *Phänomen* die oft emotional besetzte Idee vom Schleim, während es in *Physik* um das Material und seine einzigartigen Eigenschaften geht und *Organismus* beispielhaft am Menschen die Bedeutung von Gelen im Körper zeigt.

Vor dem Ekel kam die Überhöhung, als das *Leben* auf einen Urschleim zurückgeführt wurde, dessen Abkömmling sogar die moderne Kunst inspirierte. Heute gilt Schleim als mögliche Kinderstube des Lebens und Wegbereiter der *Evolution*, für deren Entschlüsselung gelatinöse Meerestiere schon immer wichtig waren. Hat die *Natur* auch schleimlose Wesen hervorgebracht? Kaum vorstellbar, werden Gele doch abhängig vom Lebensraum extrem vielseitig genutzt. Das prägt auch das Gesicht unserer *Umwelt*. Der Klimawandel und andere Katastrophen gefährden diese Balance, könnten Schleim aber auch zu neuer Dominanz verhelfen.

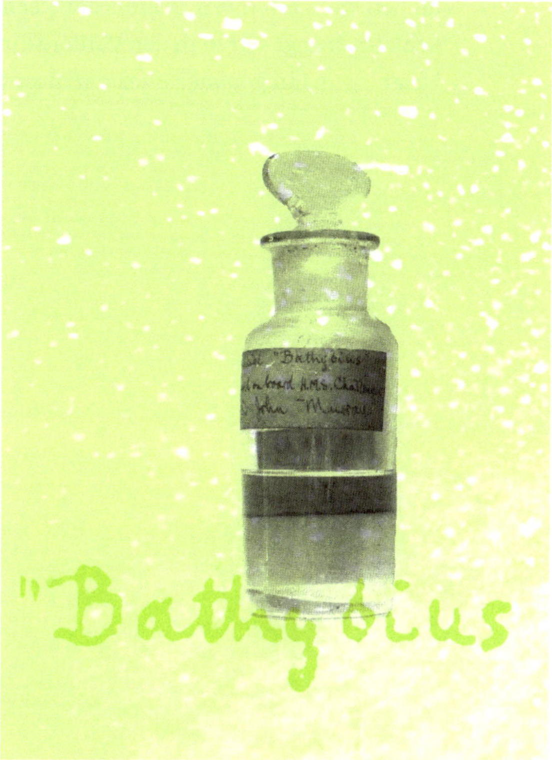

Urschleim, der keiner war: Tiefseeprobe der HMS Challenger vom 4. März 1876 mit Original-Schriftzug, Fläschchen heute im Hunterian Museum in Glasgow.

Urschleim? Davon habe sie noch nie gehört, sagt mir eine Mitarbeiterin des Hunterian, die ich um Hilfe bitte. Sie macht sich ebenfalls auf die Suche, rekrutiert sogar noch zwei erfahrene Kollegen, denen der Urschleim aber ebenfalls unbekannt ist. Wir schwärmen aus und müssen lange suchen, bis sie mir endlich die frohe Botschaft überbringen, es seien mehrere Fläschchen mit historischem Schlick gesichtet worden, vielleicht befinde sich ja auch mein Schleim darunter. Sie haben recht, in einer übermannshohen Glasvitrine in der Haupthalle findet sich das Fläschchen von der Challenger-Expedition, allerdings so hoch oben angebracht, dass ich es übersehen habe.

Umgeben ist es von anderen historischen Schätzen mariner Forschungsfahrten wie mittlerweile eingetrocknetem Schlamm vom Meeresboden und einem eingelegten Lungenfisch, der trübselig unser Treiben beobachtet. Eine der Mitarbeiterinnen hat eine Leiter gebracht, damit ich dem Urschleim auf Augenhöhe begegnen kann. Nach so langer Zeit hat sich die gelatinöse Masse längst wieder zerlegt, das Gefäß scheint lediglich mit klarem Wasser gefüllt. Nur am

Boden schimmert eine zarte weiße Schicht, die mit bloßem Auge kaum zu erkennen ist. Das passt zum Urschleim, der keiner mehr ist und auch nie wirklich am Leben war. Das passt aber auch zu vielen anderen Schleimen in diesem Buch, die ich wenigstens zu Beginn der Recherche mehr erahnen denn sehen konnte. Schleim drängt selten in den Vordergrund, hält aber dennoch uns und unsere Welt zusammen. Ein genauer Blick auf dieses faszinierende Material tut dringend not.

I

I PHÄNOMEN

Schleim ist ein biologisches Material, aber auch eine Idee, die abstößt und ausgrenzt. Das macht ihn zu einem beliebten Ekelerreger in der Popkultur, ob in Literatur, Comic oder Film. Vor allem in den letzten Jahrzehnten hinterließen hier Monster aller Art eine außerordentlich glitschige Schleimspur. Das hat Unterhaltungswert, liefert aber auch eine Art lustvollen Schauer als Spiel mit dem Ekel. Diese fundamentale Emotion soll uns primär vor Erregern schützen, reagiert aber nicht nur auf mögliche mikrobielle Kontaminationen. Ekel vor sozialen Grenzüberschreitungen kann zur Diskriminierung führen. Im schlimmsten Fall werden Menschen oder ganze Bevölkerungsgruppen stigmatisiert. Eine lange und unrühmliche Tradition zwingt auch Frauen in diese Kategorie – als das vermeintlich schleimigere Geschlecht.

1 *Der amerikanische Autor H. P. Lovecraft gilt als einer der Väter der Horrorliteratur, 1915* 2 *Filmplakat* Der Blob – Schrecken ohne Namen *(1958)* 3 *Flugobjekt, Darstellung – angelehnt an den Roman* Solaris *von Stanislaw Lem* 4 *Szene aus der US-amerikanischen Comic-Serie* The Astonishing Stories

KOSMISCHER HORROR

RUN – DON'T WALK FROM ›THE BLOB‹ …
IT CRAWLS! IT CREEPS! IT EATS YOU ALIVE!
Trailer für *The Blob*, 1958

In einem verlassenen Flur eines New Yorker Hotels kommt es zur Begegnung der widerlichen Art, als der frischgebackene Geisterjäger Peter Venkman von einem »Vollbeweglichen Klasse-fünf-Dunst« über den Haufen geflogen und mit grünlichem Glibber überzogen wird. Der Showdown mit Spukschleim aus der Gruselkomödie *Ghostbusters* aus dem Jahr 1984 ist bis heute Kult, stammt aber aus einer Zeit, als nahezu jeder überirdisch angehauchte Film auf Glibber setzte – und zwar in rauen Mengen. Zusammen ließen die Streifen eine Schleimwelle von der Kinoleinwand auf das lustvoll sich ekelnde Publikum schwappen. Der US-amerikanische Journalist Daniel Engber deutet die exzessiven Schleimfluten als Ausdruck einer volatilen Ära, in der das Überleben der Menschheit unter anderem durch radioaktive Verseuchung gefährdet schien.

Diese Ängste fanden vielfach Niederschlag in der Popkultur, nach Engbers Lesart zuweilen auch als neonfarben leuchtender Schleim. Peter Venkmans Begegnung mit dem schleimigen Klasse-fünf-Dunst ist aber nicht nur vor diesem historischen Hintergrund extrem effektiv, sondern zeitlos ekelhaft. Vielleicht ist der Glibber der Geisterjäger als Projektionsfläche ja unspezifisch genug, um diffuse Ängste aller Art, von der Furcht vor Verstrahlung zur modernen Aversion gegen Schleim, zu bedienen. Das ist eine erstaunliche Bilanz für ein im Menschen und allen anderen Lebewesen und der Umwelt allgegenwärtiges Material, das jenseits der Fiktion aber erstaunlich wenig Beachtung findet.

Eine höchst profitable Ausnahme gibt es: Die Spielzeugindustrie setzt bevorzugt auf Ware, die nicht widerlich und schleimig genug sein kann. Schund aus Sicht der Erwachsenen und den Kindern gerade deshalb ein Genuss, geht es ihnen doch um die Abgrenzung zur Welt der Großen. Der Thrill liegt im Tabu, das übertreten oder im Fall von Schleim mit beiden Händen gegriffen wird. Dann fahren neuerdings ganze Generationen vom Grundschüler bis zum Teenager in globaler Eintracht die Produktion schillernder, blubbernder oder toxisch leuchtender Schleime aller Art hoch. Das vage radioaktiv anmutende Strahlen gibt es also immer noch, auch wenn das heimische Hexengebräu Hollywoods Schleimfluten vorerst abgelöst hat. Ganz ohne Glibber treten aber auch moderne Monster nicht an. Es scheint eine ungeschriebene Grundregel des Gruselbusiness zu sein: *Slime sells!*

Zombies triefen ohnehin, während Mutanten, Aliens und andere Scheusale aus Glibber bestehen oder wenigstens Geifer hinterlassen müssen, wenn sie ihr Publikum das Würgen lehren wollen. Sehr frei nach Jane Austen ist es eine allgemein anerkannte Wahrheit, dass ein Ungetüm mit schöner Hauptrolle nichts dringender braucht als ein Tröpfchen Schleim. Das gilt auch auf Papier, wie der Horrorautor Stephen King freimütig bekennt. Der »Würgereflex des Ekels« sei nach dem Schrecken und dem Horror eine von drei Facetten des Gruselgenres, die er seinem Publikum zumute: »Wenn ich ihm oder ihr jedoch keinen Schrecken einjagen kann, dann versuche ich, Entsetzen zu erzeugen; und wenn ich das auch nicht kann, dann versuche ich es mit der Anwidern-Methode. Ich kenne keinen Stolz.«

Seine Erfindung ist das Ekel-Diktum freilich nicht. Es galt lange, bevor King zur Feder griff oder vollbewegliche Ektoplasmen auf der Leinwand zu glibbern lernten. In der Literatur setzte der amerikanische Autor H.P. Lovecraft mit manchen seiner Figuren neue Maßstäbe in Sachen Schleim. Zu Lebzeiten war er wenig erfolgreich, veröffentlichte seine Geschichten nur in billigen Schundheften. Das hat Tradition: Noch immer ist Schleim vertreten in den vermeintlich niederen Gefilden von Schauerliteratur jeder Art, aber auch in Kinderbüchern und Comics, jeder Schattierung von Popkultur, was zum Teil auch Lovecraft zu verdanken ist. Er gilt mittlerweile neben Autoren wie Edgar Allan Poe als einer der Überväter der fantastischen Horrorliteratur. Auch Stephen King lässt sich von dem »barocken Prinzen der Horrorstory des Zwanzigsten Jahrhunderts« und dessen Werk inspirieren, das von den Ausgeburten einer besonders dunklen Fantasie bevölkert ist.

Der geneigte Leser trifft dann etwa *An den Bergen des Wahnsinns* auf die amorphen Shoggothen, die aus tiefschwarzem Schleim bestehen und daraus Glieder formen können: »... eine formlose Menge protoplasmischer Blasen, schwaches Eigenlicht ausstrahlend und mit einer Unzahl provisorischer Augen, die sich wie Eiterbläschen aus grünlichem Licht auf seiner ganzen, den Tunnel ausfüllenden Stirn bildeten und zurückbildeten, während es auf uns zuraste ...« Die Erzählstränge der Shoggothen und anderer Kreaturen in Lovecrafts Novellen und Kurzgeschichten sind verflochten. Sie verdichten sich rund um den Mythos des Cthulhu, einer Art Gottheit mit Flügeln und mit Tentakeln im Gesicht, um die dieses literarische Universum kreist und das bis heute von anderen Autoren fortgeschrieben wird.

Es ist das Paradestück des »kosmischen Horrors«, ein Genre, das uralte Wesen aus dem All oder obskure Götter unter uns leben lässt, in dem Versuch, die Herrschaft über die Erde an sich zu reißen. Cthulhu selbst wartet in den »grünen, schleimigen Grüften« der im Meer untergegangenen »Leichenstadt« R'lyeh träumend auf seine Wiederkehr – wenn die Sterne dereinst richtig stehen. *Cthulhus Ruf* liefert einen Vorgeschmack, als das mächtige Wesen von einer Schiffscrew vorübergehend aus seinem Schlummer gerissen wird: »Alle lauschten, und sie lauschten immer noch, als das Unding, welches das Geräusch verursacht, geifernd und schwerfällig in Sicht kam und tastend seinen immensen grünen, gallertartigen Leib durch die schwarze Pforte in die verpestete Luft jener giftigen Stadt des Wahnsinns schob.«

Wir Menschen stehen der existenziellen Bedrohung aus dem All meist in Ignoranz gegenüber, was das Übel in unserer Mitte wurzeln und gedeihen lässt. Dieses altbewährte Schauermotiv hat Lovecraft immer und immer wieder neu formuliert. Ohne seine Vorlagen wären viele neuere Horrorklassiker nicht denkbar. Auf der Leinwand ist sein Einfluss besonders deutlich sichtbar, wenn unser Planet von einem Monster nach dem anderen aus den Tiefen des Weltalls überrannt wird, also eigentlich aus den Untiefen unseres Unterbewusstseins, sind es doch unsere Ängste, die sich hier in fiktiver Form manifestieren.

Die ektoplasmischen Eskapaden der Geisterjäger beispielsweise sind auf die Rückkehr des sumerischen Gottes Gozer zurückzuführen. Er findet eine vorübergehende Heimstatt in Sigourney Weaver, die wenig später als Officer Ripley in einer weiteren ikonischen Szene dem *Alien* beim Sabbern zusehen muss. Seinen ersten großen Auftritt hatte Schleim aber als tiefroter *Blob* aus dem All, der im Jahr 1958 nach einer Bruchlandung auf unserem Planeten Jagd auf einen jugendlichen Steve McQueen und andere Erdlinge machte. *Run, don't walk*, warnte der Trailer vor der »roten Gefahr«, die vermutlich für den Kommunismus stehen sollte. Die Ghostbusters wurden dann von ektoplasmischen Atomängsten eingeschleimt, während moderne Killerschleime, wie sie der amerikanische Autor Jeff Vander-

Meer ersinnt, eher dem Biotech-Labor oder Mutter Naturs überhitztem Mutationsmotor entspringen. Der Schleim geht mit der Zeit und liefert einen Blob für jede Ära und Paranoia.

Ebenso zeitlos ist ein anderes großes Sci-Fi-Werk, das sich allerdings jeder eindeutigen Interpretation entzieht. In Stanislaw Lems philosophischem Roman *Solaris* infiziert der Mensch eine außerirdische Welt, die von einem Ozean aus Gallerte bedeckt und kontrolliert wird, der kilometerhohe Strukturen von rätselhafter Schönheit erschafft. Über Jahrzehnte scheitert jeder Versuch der echten Kommunikation mit dieser fremdartigen Intelligenz, und die Wissenschaftler verzweifeln an den Reaktionen des Ozeans, die sie nicht entschlüsseln können. Einen für sie selbst schmerzlichen Erfolg aber hat die fiktive Mission, zumindest gemessen an der Forderung des Astrophysikers und Autors Carl Sagan für wisschaftlich fundierte Unterfangen im Kosmos: »Die Suche nach außerirdischer Intelligenz ist im Kern eine Suche nach uns selbst.« Der Mensch ist sehr klein und machtlos in der Konfrontation mit der unüberwindlichen Teilnahmslosigkeit des Ozeans auf Solaris. Ob Lem uns unsere eigenen Grenzen aufzeigen wollte?

Darum geht es auch in H.P. Lovecrafts Novelle *Der Schatten über Innsmouth*, in der die protoplasmischen Shoggothen eine Gastrolle übernehmen. Sie dienen amphibischen Fischmenschen, die in den Untiefen beim Teufelsriff vor einem abgeschotteten Neuengland-Städtchen hausen, dessen Bewohnern sie ein gefährliches Erbe mit auf den Weg gegeben haben. Eine Flucht vor dem Fluch ist unmöglich, wie der Held der beklemmenden Geschichte am Ende erkennen muss. Es ist wohl das fiktive Echo einer realen Angst des Autors. Die Kindheit und Jugend des 1890 in Providence, Rhode Island, geborenen Howard Phillips Lovecraft waren überschattet von der langen Krankheit und dem frühen Tod des Vaters, der in eine Nervenheilanstalt eingeliefert wurde und dort wohl an den Spätfolgen der Syphilis starb.

Ehefrauen konnten sich bei ihren infizierten Männern mit der Seuche der Venus anstecken und den Erreger auf ihr ungeborenes Kind übertragen. Suchte Lovecrafts Mutter Sarah Susan bei ihrem Sohn nach Anzeichen der Degeneration des Vaters? Wir wissen nur, dass sie ihn abwechselnd mit Mutterliebe überschüttete oder als »grotesk« und »deformiert« bezeichnete. Als Jugendlichem riet sie ihm, tagsüber das Haus nicht zu verlassen, um die Nachbarn nicht zu erschrecken. Kein Wunder, dass sich H.P. Lovecraft zum nachtwandelnden Eigenbrötler entwickelte, der die komplizierte Beziehung zur Mutter wenn überhaupt, dann wohl erst nach ihrem Tod überwand. Sie starb in späten Jahren wie ihr

Mann im Butler Hospital in Providence, wobei unklar ist, ob sie ebenfalls mit der Syphilis infiziert war.

Der gemeinsame Sohn jedenfalls hatte früh Zuflucht in Büchern gefunden, darunter auch Edgar Allan Poes Horrorklassiker. Astronomische Abhandlungen lieferten Lovecraft möglicherweise die Inspiration für das All als Quelle übermächtiger Monster. Deren biologistisch-schleimige Anmutung könnte auf den Einfluss der Evolutionsbiologie zurückgehen, die sich zu dieser Zeit zunehmend auch in der Öffentlichkeit etablierte. Besonders einflussreich war Ernst Haeckel, der führende deutsche Darwinist. Er ist wegen der filigranen Ästhetik der Quallen, Seeanemonen, Würmer und all dem anderen Getier bekannt, das er in so feinen Details festhielt, dass seine oft idealisierten Darstellungen in das Design des Jugendstils einflossen. Doch das war nicht alles. »Haeckel schuf ein wissenschaftliches und philosophisches Monumentalwerk, das seinesgleichen sucht«, heißt es in einem Buch über den einflussreichen Evolutionsbiologen und begnadeten Zeichner. »Ausgehend von Darwins Überlegungen und seinen eigenen biologischen Untersuchungen, verwob er sein Wissen um die Entwicklung des Lebens zu einem ganzheitlichen Weltbild.«

Haeckels Leistungen dürfen aber nicht seine Arbeiten zur Abstammung des Menschen vergessen lassen, die auf der Grundlage von Zucht und Selektion etwa die Tötung schwerstkranker Patienten forderten. Ob er hier ein Gedankenexperiment zum bitteren Ende führte oder mit Überzeugung schrieb, ist nicht eindeutig geklärt und letztlich irrelevant, lieferte sein Werk neben anderen doch der Eugenik des 20. Jahrhunderts den theoretischen Unterbau. In Lovecraft fand Haeckel einen eifrigen Schüler, der sich ohnehin zum noblen und in die falsche Zeit geborenen Nachfahren der Neuengland-Aristokratie verklärte. Lovecraft verweigerte sich der Moderne, weder das anbrechende »amerikanische Jahrhundert« noch der Erste Weltkrieg liefern mehr als Hintergrundgeräusche in seiner Fiktion, die er zudem mit seltsam gestelzter Sprache historisierte.

Was vielleicht als exzentrischer Anachronismus Lovecrafts begann, hatte aber auch eine tiefschwarze Seite. Viel zitiert ist ein Brief aus dem Jahr 1928, in dem er New Yorker Slumbewohner in Zeilen beschreibt, von denen Ekel und Gift fast unübersetzbar tropfen:

> *Die organischen Dinge – italo-semitisch-mongoloid –, die diese schreckliche Kloake bewohnen, können auch bei noch so viel Vorstellungskraft nicht menschlich genannt werden. Sie waren monströs … und amöboid, vage*

geformt aus irgendeinem stinkend viskosen Schleim der Fäulnis der Erde, und gleiten und glitschen ... auf eine Weise erinnern sie an nichts als parasitierende Würmer oder Unnennbares der Tiefsee ...

Hier ist dem Rassisten und Antisemiten Lovecraft das Völkergemisch zutiefst zuwider. In seiner Fiktion streben eigentümliche Kreaturen wie Cthulhu die Herrschaft über die Menschen an oder – schlimmer noch – vermengen sich unbemerkt mit uns. Für Lovecraft lässt sich das Fremde weder assimilieren noch bezwingen.

Aber nicht nur bei ihm müssen sich harte Männer der weichen Matrix stellen. Auch in anderen Geschichten braucht jeder Killerschleim einen Antagonisten, und häufig stehen Wissenschaftler an vorderster Front. Ihr grenzenloser Forscherdrang deckt die dunklen Geheimnisse der Natur überhaupt erst auf und entfesselt Schrecken, die besser unter Verschluss geblieben wären. So stoßen norwegische Polarforscher im ewigen Eis der Antarktis auf *Das Ding aus einer anderen Welt*, das hier mit seinem Raumschiff im Winterschlaf ruht. Einmal erwacht, kann dieser Alienschleim wie die Shoggothen seine Gestalt ändern und die Wissenschaftler selbst täuschend echt imitieren. Sie müssen fortan ein Monster bekämpfen, das mit vertrauter Fassade mitten unter ihnen wandelt.

Das ist Lovecraft pur mit einer weiteren Parallele in dessen Kurzgeschichte *Der Ruf des Cthulhu*: Hier überlebt nur der norwegische Offizier Gustaf Johansen die Konfrontation mit dem Großen Alten. Wissenschaftliche Hybris bringt auch Seth Brundle in *Die Fliege* zu Fall, als sich der Forscher nach einem missglückten Experiment in ein grotesk triefendes Hybrid aus Mann und Insekt verwandelt. Wie die Bewohner von Innsmouth durchläuft er eine Metamorphose vom Larvenstadium Mensch zum degenerierten Monster. *Die Fliege* ist aber auch »eine der schleimigsten Liebesgeschichten«, wie die Medienwissenschaftlerin Rebecca Bell-Metereau in einem Essay über Schleim, Sexualität und das Groteske schreibt. Dafür sorgt Brundles Freundin, die trotz der Unappetitlichkeiten seiner Wandlung bei ihm bleibt. Doch die cinematische Schleimorgie währte bekanntermaßen nicht ewig, sondern war zum Ende des Jahrtausends im Niedergang begriffen. So überraschend Schleim die Leinwände geflutet hatte, so plötzlich versiegte der Strom auch wieder.

»Das Ende des Millenniums verkündete das Ende eines Zyklus«, schreibt Bell-Metereau im Jahr 2004 dazu, und weiter:

> *Das Publikum schien seine Faszination mit widerlicher und schleimiger Kost zu verlieren. Apokalyptische Ängste und Attacken durch Terroristen dämpften die Begierden der Zuseher für Bilder des Grotesken. Durch eine Fülle an Kriegsfilmen ersetzt, kamen diese schleimig ekelhaften Streifen eine Zeitlang aus der Mode … aber sie werden zurückkommen.*

Mit ihrer im Jahr 2004 erschienenen Einschätzung liegt Bell-Metereau richtig: Das *Alien* war nie ganz weg, Neuverfilmungen von *Blob* und *Fliege* sind geplant, während sich die *Ghostbusters* als Frauenteam erneut dem glibberigen Klasse-fünf-Dunst stellen mussten.

Schleim ist also wieder in Mode und es stellt sich erneut die Frage, wofür er überhaupt steht. Häufig verkörpert er die verschwommene Trennlinie zwischen uns und dem Fremden, eine Rolle, die er auch in der Realität übernehmen muss. Denn wir sind biologische Wesen mit amorpher Natur, die weder unsere weiche körperliche Hülle noch das Korsett der Kultur dauerhaft einhegen können. »Zivilisation, Kontrolle und Sicherheit bilden eine Kruste über tiefen Wassern«, schreibt die Autorin Nicci Gerrard. »In uns allen, oft in die Ecke unseres Verstandes geschoben, ist das unbehagliche Bewusstsein davon, wie schwach unsere Macht über uns selbst ist, wie prekär die Handhabe über unseren eigenen Geist und Körper.«

Unsere Grenzen sind also auch ohne parasitische oder machtgierige Aliens fließend – und von Schleim markiert. Er ist das Material des Übergangs von Gesundheit zu Krankheit oder lässt sich im Leiden vielleicht nur weniger leicht ignorieren. Er ist die Grenze zwischen Ich und Du beim Sex und hier vorübergehend sogar erwünscht für reibungslosen Kontakt. Und er repräsentiert auch die letzte Grenze zwischen dem Leben und der finalen Verschleimung im Tod, wenn dem Körper in der Auflösung jede Definition abhandenkommt. Aller äußerlichen Ähnlichkeit zum Trotz ist Schleim hier aber nicht gleich Schleim: Während die Schleime von Lebewesen extrem komplex und vielseitig sind, steht der Schleim des Verfalls für einen Verlust an Ordnung. Er ist ein Abfallprodukt.

Schleim kann aber auch für fehlende Trennschärfe stehen – zwischen dem Ich, das wir sind, und dem Ich, das wir gerne wären. Der Konflikt beruht auf unseren vermeintlich primitiven und tierhaften Trieben, die schmerzlich eng mit unserem erhabenen Naturell verbunden sind. Dr. Jekyll muss das erfahren, als er seinerseits in wissenschaftlicher Hybris das Gute seiner Seele vom Bösen zu trennen versucht. Stattdessen verhilft er dem mörderischen Mister Hyde zum Auftritt, der weniger »aus dem Schleim der Grube« ins Leben gerufen wird, wie es bei Robert Louis Stevenson in der Novelle aus dem Jahr 1886 heißt, als dass ihm erstmals sichtbare Gestalt verliehen wird. Das Monster war nie nicht da, sondern nur tief im Inneren des guten Doktor Jekyll gefangen und gefesselt.

Schleim als Ausdruck der eigenen Schwäche und unterdrückten Erinnerungen beschäftigte auch den Philosophen Jean-Paul Sartre, der sich in *Das Sein und das Nichts* auf mehreren Seiten über »le visqueux« ereifert. Das ist das zäh fließend Klebrige, also Schleim, der Sartre existenzielle Ängste beschert haben muss. Schleim als »Agonie des Wassers«? Schleim als »entartetes Flüssiges«? Schleim mit Saugkraft »wie ein Blutegel«? Wäre Sartre eine Frau gewesen, hätte er sich wohl hysterisch nennen lassen müssen, nicht zuletzt, wenn es da heißt, »das Klebrige flieht in einer zähen Flucht, die der des Wassers gleicht wie der schwerfällig niedrige Flug des Huhns dem des Sperbers«. Doch Sartre geht noch weiter, macht Schleim zu einer Art femininem Prinzip und nennt etwa das Klebrige eine »süßliche, weibliche Rache«.

Ist dies noch der kühle Blick des Philosophen auf die Phänomene der Welt? »Diese Beispiele sollen die Idee von Eigenschaften illustrieren, von einem Ding, das ... eine bestimmte Eigenschaft hat wie Viskosität oder Schleimigkeit«, schreibt mir die Autorin Sarah Bakewell als Erklärung in einer E-Mail. Oder saß der Ekel tief genug, um eine nüchterne Beobachtung zu vereiteln? Wenn der Philosoph von der Angst spricht, sich im Klebrigen zu verlieren, ja, sich darin aufzulösen, meint er sich selbst und seinen Monsieur Hyde? Sartre skizziert in *Das Sein und das Nichts* ein zukunftsgewandtes Bewusstsein, das sich »unsichtbar durch den Sog der Vergangenheit« festgehalten fühle. Das sei eine Invasion durch tausend Parasiten. Und ewig grüßt der Blob.

> *Auf dem Strand blieben nur zwei tote Molche und ein Tier mit zerschmettertem Rückgrat zurück, das sonderbare Laute von sich gab, die wie ›ogod, ogod, ogod‹ klangen.*
>
> KAREL ČAPEK, *Der Krieg mit den Molchen*

Schleim macht das Monster? Der große tschechische Schriftsteller Karel Čapek ist im Jahr 1890 geboren, genau wie H.P. Lovecraft, dem er mit den tief verschatteten Augen im ernsten Gesicht unter dem streng geglätteten Haar oberflächlich sogar ein wenig ähnelt. Beide Autoren publizieren im Jahr 1936 wichtige Werke mit verblüffenden Parallelen. Wo in Lovecrafts Innsmouth amphibische Monster beim Teufelsriff vor der neuenglischen Küste leben, bevölkern sie in Čapeks *Der Krieg mit den Molchen* die Teufelsbucht vor Sumatra. Seine Abart schleimig beschriebener Monster ist anatomisch allerdings an ein echtes Vorbild angelehnt, den ausgestorbenen Riesenmolch *Andrias scheuchzeri*. Im 18. Jahrhundert wurden dessen neu entdeckte fossile Überreste noch als kleinwüchsige Menschen und Opfer der biblischen Sintflut interpretiert. Im Roman wollen die Tiere dagegen Krieg gegen die Menschheit führen und streben die Weltherrschaft an. So weit, so Lovecraft.

Anders als dessen Monster sind Čapeks Molche von Natur aus aber friedfertig, bis sie vom Menschen ausgebeutet, versklavt und missbraucht werden. »Hierauf kann man es kochen oder dünsten, und es schmeckt wie schlechtes Rindfleisch. Wir haben, so zubereitet, einen Molch gegessen, dem wir den Namen Hans gegeben hatten«, sagt ein Wissenschaftler im Buch. »Es war ein gebildetes, kluges Tier, besonders begabt für wissenschaftliche Arbeiten ... Wir plauderten oft abendelang mit ihm und amüsierten uns über seine unersättliche Wißbegierde. Leider mußten wir unseren Hans schlachten, weil er nach einem meiner Trepanationsexperimente erblindete.« Wer korrumpiert hier wen? Wer ist das Monster? Zwei Schriftsteller sind zur selben Zeit und damit als Zeugen mindestens eines Weltkrieges geboren. Anders als Lovecraft im fernen Amerika konnte Karel Čapek das Schlachten und die erneut sich anbahnende Katastrophe in Europa aber nicht ignorieren. In seiner Fiktion warnte er vor dem Faschismus, und der Gestapo galt er als einer der gefährlichsten Männer im Land. Als er im Dezember 1938 an einer Lungenentzündung starb, lag bereits ein Haftbefehl gegen ihn vor.

*Der tschechische Schriftsteller Karel Čapek (**1**, hier um 1936) galt der Gestapo als »Staatsfeind Nummer 2«. Berühmt wurde er unter anderem mit seinem Roman* Der Krieg mit den Molchen *aus dem Jahr 1936, Illustrationen von Hans Ticha (**2**) aus der DDR-Ausgabe von 1989.*

Die US-amerikanische Autorin Patricia Highsmith (2) *liebte Schnecken* (1), *der französische Philosoph Jean-Paul Sartre* (3) *dagegen hasste Schleim. In Robert Louis Stevensons* Der seltsame Fall des Dr. Jekyll und Mr Hyde (4), *1886, kämpfen das Gute und das Böse im Menschen, hier nach einem Theaterplakat.*

DR. JEKYLL UND MRS SLIME

Vic ging hinüber zu seinen Schneckenterrarien. Hortense und Edgar waren am Schmusen; Edgar beugte sich von einem kleinen Stein herunter, um Hortense auf den Mund zu küssen, und Hortense hatte sich auf das Ende ihres Kriechfußes gestellt und schwankte leicht unter seiner Liebkosung, wie ein von der Musik verzauberter, langsamer Tänzer.

PATRICIA HIGHSMITH, *Deep Water*

Die große Liebe der Autorin Patricia Highsmith nahm ihren Anfang, als sie als junge Frau zwei braungestreifte Schnecken bei einem New Yorker Fischmarkt in »bizarrer Umarmung« vorfand und mit nach Hause nahm. Ihre Faszination für das Paarungsritual der Tiere reichte aus, um sie gleich zwei fiktiven Helden auf den Leib zu schreiben. Da ist einmal Vic Van Allen, der an den Tieren jene Intimität beobachtet, die in seiner eigenen destruktiven Ehe fehlt. Da ist aber auch der Schneckenforscher Knoppert, der für seine zoologische Begeisterung einen hohen Preis zahlen muss. Ein ebenfalls böses Ende ereilt auch jenen ruhmsüchtigen Wissenschaftler, der in einer anderen Geschichte in altbekannter Hybris eine Insel besucht, die von karnivoren Riesenschnecken bewohnt wird. Highsmith selbst kannte wohl keine Angst vor schleimigen Armeen, hielt Hunderte Schnecken als Haustiere und soll sie einmal sogar in einer salatgefüllten Handtasche zu einer Londoner Cocktailparty ausgeführt haben.

Bei einem Umzug nach Frankreich durfte sie die Tiere legal nicht einführen und ersann einen einzigartigen Schmugglertrick. Sie brachte die Schnecken in mehreren Trips über die Grenze, jeweils eine Handvoll davon verstaut unter ihrem Busen. Das ist viel Fürsorge von einer Autorin, die sich vom Grotesken, Grausamen und Makabren angezogen fühlte und von Autoren wie Edgar Allan Poe inspirieren ließ. Ein weiterer wichtiger Einfluss waren der Existenzialismus und hier auch Jean-Paul Sartre, der sich im Gegenzug wohl mit Schaudern von Highsmiths Haustieren und ihrem Versteck abgewandt hätte. In *Das Sein und das Nichts* hatte er Schleim schließlich auch mit den etwas reifen Brüsten einer Frau verglichen, die sich auf den Rücken legt. Das Highsmith'sche Dekolleté als Gruppenbild mit Schnecke wäre ihm wohl die wahre Hölle gewesen.

Der Schleim, der Ekel und das Animalische in uns: Wie die Philosophin Martha Nussbaum in ihrem Buch *Königreich der Angst* schreibt, erzwingen unsere tierischen Leiber jeden Tag auf unzählige Arten unsere Aufmerksamkeit, kommen wir fast ständig mit unseren eigenen Sekreten und denen anderer in Kontakt. Wir würden uns selbst täuschen, wenn wir uns als über dem Tier stehend betrachten, so die Amerikanerin. Das Bedürfnis nach Abgrenzung scheint nicht zu verschwinden, sondern sich anderweitig und mit katastrophaler Konsequenz Bahn zu brechen: »Was wäre, wenn wir eine Gruppe von Menschen ausmachen könnten, die wir als animalischer ansehen könnten als uns selbst – verschwitzter, stärker riechend, triebhafter, stärker vom Gestank der Sterblichkeit durchdrungen?«, beschreibt Nussbaum das unbewusste Denkmuster. »Könnten wir eine solche Gruppe von Menschen identifizieren und sie uns erfolgreich unterordnen, dann könnten wir uns sicherer fühlen. *Das* sind die Tiere, nicht wir.«

Soll ich die Königin der Liebe zurückweisen, nur weil sie aus stinkendem Schleim erstanden ist?
JONATHAN SWIFT,
The Lady's Dressing Room, 1732

In allen Kulturen kann diese Art von Stigma ganzen Gruppen wie Minderheiten ohne Macht und sogar der weiblichen Hälfte der Bevölkerung aufgezwungen werden. »In den Vereinigten Staaten beobachten wir diese Dynamik im Rassismus, in der Homophobie und in der Abscheu gegenüber den Körpern alternder Menschen«, schreibt Nussbaum in der *Washington Post* dazu. »Aber in jeder Kultur zielt der männliche Ekel auf Frauen als ... symbolische Tiere im Kontrast zu Männern.« Die Frau verkörpert dabei nach Nussbaum die Animalität des Menschen, weil es ihre Natur sei, zu gebären, zu menstruieren und die sexuellen Flüssigkeiten des Mannes zu empfangen.

Es ist eine Ausgrenzung mit langer, auch christlicher Tradition. »Die Schönheit des Körpers besteht allein in der Haut«, soll der Benediktiner-Abt Odo von Cluny um das Jahr 900 gesagt haben.

Denn wenn die Menschen sähen, was unter der Haut ist ..., würden sie sich vor dem Anblick der Frauen ekeln. Ihre Anmut besteht aus Schleim und Blut, aus Feuchtigkeit und Galle. Wenn jemand überdenkt, was in den Nasenlöchern, was in der Kehle und was im Bauch alles verborgen ist, dann wird er stets Unrat finden. Und wenn wir nicht einmal mit den Fingerspitzen Schleim und Dreck anrühren können, wie können wir dann begehren, den Dreckbeutel selbst zu umarmen?

Die Grundlage dieser eigenwilligen Analyse ist die in der Antike begründete und äußerst langlebige Lehre von den vier Körpersäften. Demnach hing die Gesundheit aller Organismen von der ausgewogenen Balance zwischen gelber und schwarzer Galle, Blut sowie Phlegma ab – dem Schleim.

Auch den für seine Amouren und Affären bekannten Jean-Paul Sartre scheinen die Säfte der Frau beschäftigt zu haben. Der Philosoph sagte einmal von sich selbst, er sei eher ein »Frauenmasturbierer als Beischläfer« gewesen. Sarah Bakewell schreibt in ihrem Buch *Das Café der Existenzialisten* dazu: »Liest man dagegen die anschaulichen Beschreibungen in Sartres Büchern, muss man zu dem Schluss kommen, dass ihr Verfasser Sex als einen albtraumhaften Kampf empfand, nicht im Schleimigen und Klebrigen zu ertrinken.« Ähnliche Berührungsängste könnten auch den Horrorautor H.P. Lovecraft geplagt haben, der sich ohnehin als spätgeborenen Puritaner sah.

In *Dagon* lässt er einen Seemann auf einer mit schwarzem Schleim bedeckten Insel stranden und in letzter Sekunde einer monströs triefenden Kreatur entkommen. Kurz nach seiner Rückkehr erfährt der einsame Held von der Legende des Dagon und wird seitdem in seinen Albträumen von dem Fischgott heimgesucht. Gleichzeitig lässt ihn der Gedanke an den tiefen Ozean erschauern »angesichts der namenlosen Dinge, die im selben Moment vielleicht über sein schleimiges Bett kriechen und taumeln«.Die Geschichte endet ominös mit einem Geräusch »wie von einem gewaltigen glitschigen Körper«, der sich gegen die Zimmertür stemmt. Wer also begehrt am Ende Einlass? Fischgott, Frau oder gar beide in schleimiger Symbiose? Es gibt überlieferte Hinweise auf einen mythischen Da'gon, einen Gott der Philister, der immer als Hybrid dargestellt wurde, zuweilen auch als Mischwesen von Fisch und Frau.

Lovecraft könnte in diesem Wesen die perfekte Verschmelzung all seiner höchstpersönlichen Ängste und Aversionen gefunden haben. Da ist das Meer: Schon als Kleinkind habe er Fische sowie die See gehasst und alles gefürchtet, was damit verbunden ist, soll er einem Freund berichtet haben. Und da ist die körperliche Nähe: Das Erwachsensein bezeichnete er bei anderer Gelegenheit als Hölle, ging dann aber doch mit Mitte dreißig und wohl gänzlich unerfahren eine übereilte Ehe ein. Die Beziehung war vermutlich zum Scheitern verurteilt, auch wenn Lovecraft seinem Namen keine Schande machte, sondern sich das Handwerk der Liebe aus Büchern anlas. Es habe ihm aber an Interesse und Initiative gefehlt, klagte seine Exfrau Sonia Greene im Nachhinein.

Der Biograf Sunand T. Joshi erklärte Lovecraft gar zu einem der asexuellsten Individuen der Menschheitsgeschichte. Tatsächlich spielen im Werk des Horrorautors weder Frauen noch Sex eine offen ausbuchstabierte Rolle. Und zwischen den Zeilen? »Sex, der … in verkleideten, Freud'schen Formen dargeboten wird, etwa bei Lovecrafts Vaginalschöpfung, dem Großen Cthulhu. Nachdem wir dieses schleimige, glibberige Geschöpf mit seinen vielen Tentakeln durch Lovecrafts Augen gesehen haben, muss es uns da noch wundern, weshalb Lovecraft ›wenig Interesse‹ an Sex gezeigt hat?«, tönte beispielsweise Stephen King in einer eigenwilligen Lesart und machte sich damit unter den glühenden Lovecraft-Fans wenig Freunde.

Es scheint sicher, dass Sartre wie Lovecraft ein bestenfalls ambivalentes Verhältnis zum weiblichen Körper hatten – und beide ihren eigenen Worten zufolge eine tiefe Aversion gegenüber Meeresgetier pflegten. So gab Sartre im Interview auf die Frage, was er neben Tomaten verabscheue, ganz kurz nur »Schalentiere« zur Antwort. »Ich war mir nie sicher, ob ich Sartre in dieser Konversation ernst nehmen soll oder nicht …«, schreibt mir Sarah Bakewell. »Ich vermute, dass er bei der Analyse seiner eigenen Furcht vor Tomaten halb über Phänomenologie nachdachte und halb einfach Spaß mit dem ernsten Interviewformat hatte.«

Hier noch eine andere Interpretation: Könnte Schleim eine zarte Brücke zwischen sexueller Zurückhaltung und mariner Aversion gezogen haben? Für Sartre war Schleim ein angstbesetztes Phänomen, das er beim Sex mied. Für Lovecraft muss er widerlich genug gewesen sein, um ihn wiederholt auch als Merkmal seiner monströs femininen Ungetüme zu nutzen. Und der Ekel beider Männer vor schleimigem Getier? Manche Nahrungsmittel sollen an menschliche Genitalien erinnern und deshalb stimulierend wirken. Allen voran ist dies die feuchtglänzend fleischige Auster, die vermeintlich dem weiblichen Geschlecht ähnelt und von schleimigen Fluiden trieft. Seit der Antike wird sie als Aphrodisiakum angesehen, auch in Lovecrafts Amerika und Sartres Frankreich, wo übrigens noch eine weitere pralle Frucht mit schleimigem Inneren als Libido stärkender Liebesapfel oder *pomme d'amour* bekannt ist – die Tomate. Mehr als Spekulation kann und soll dies nicht sein. Es scheint aber zumindest denkbar, dass H. P. Lovecraft und Jean-Paul Sartre viskose Fluide auf dem Teller wie im Bett verhasst waren.

Das andere Geschlecht abstoßend schleimig zu finden, ist aber nicht dem Mann allein vorbehalten. Lange bevor sie als Autorin von Krimis mit aalglatten Psychopathen und fleischfressenden Schnecken berühmt wurde, ließ die sechzehnjährige Patricia Highsmith ihren ersten Kuss über sich ergehen. Den Jüngling hatte ihre Mutter als Abendbegleitung rekrutiert, weil die Tochter enttäuschend wenig Interesse an Männern zeigte, wie ihr Biograf Andrew Wilson schreibt. Die junge Frau spielte mit, beschrieb nach ihrer Rückkehr den Kuss aber mit den Worten »… als ob man in einen Eimer mit Austern falle«. Als Preis für eine Einladung zum Essen sei ihr das zu hoch. Dann zahle sie lieber selbst.

1

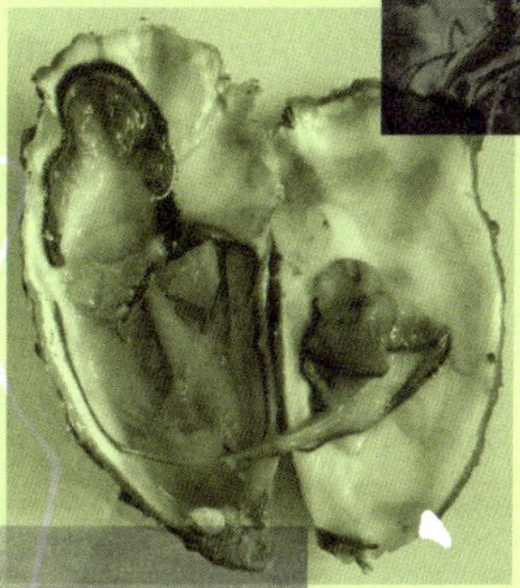

2

3

1 *In der Kurzgeschichte* Cthulhus Ruf (1928) *von H. P. Lovecraft bedroht das gelatinöse Wesen die Menschheit* 2 *Die Pazifische Auster* (Crassostrea gigas), *hier geöffnet, gilt als Aphrodisiakum* 3 Das fliegende Bett (1932) *der mexikanischen Malerin Frida Kahlo*

Dabei wollte sie so gern Männer wollen: Ein Leben lang haderte Highsmith mit ihrer Homosexualität, versuchte sogar, sich die unerwünschte Neigung wegtherapieren zu lassen. Ihre zahlreichen Affären und Beziehungen zu Partnern beiderlei Geschlechts waren meist kurzlebig. Sie starb 1995 allein in einer Klinik im schweizerischen Locarno an Krebs, wobei ihre verletzende Art und ihr schwieriger Charakter sicher zur Isolation beitrugen. So drängte sich Highsmith nicht nur mit Vorliebe zwischen andere Paare, sondern schrieb unter falschem Namen auch zahlreiche antisemitische Briefe an Zeitungen und Regierungsstellen.

Doch sie suchte auch die Einsamkeit, schrieb ihre Geschichten und Bücher am liebsten im Bett, nach eigener Aussage in fast fötaler Haltung mit Aschenbecher und harten Drinks in Reichweite. Das Bett sei ihr »womb of my own«, schrieb sie, ihr ureigener Mutterleib, womöglich in lautmalerischer Anlehnung an den Titel *A Room of One's Own* (*Ein Zimmer für sich allein*) – das eigene Zimmer, das Virginia Woolf im gleichnamigen Essay neben einem gesicherten Auskommen zu einer Voraussetzung für die Arbeit von Schriftstellerinnen erklärte. Highsmith mag sich geborgen gefühlt haben im Bett, wo sie Killer und Killerschnecken schuf. Einen ihrer Romane habe sie beim Schreiben als neun Monate alten Fötus in einem Mutterleib der literarischen Schöpfung gesehen, berichtet Wilson. Menschenkinder aber brachte sie hier nicht zur Welt. Sie waren ihr im wirklichen Leben zuwider und in ihren Geschichten wenig mehr als Statisten.

Anders bei der mexikanischen Malerin Frida Kahlo, deren Bilder zwar ebenfalls von der Abwesenheit von Kindern geprägt sind. Ihr Werk kreist allerdings um die blutige Leere, die schwere Leiden und mehrere Fehlgeburten hinterlassen hatten. Weibliche Fortpflanzung ist in der Kunst eine große Auslassung, von den beiden überdeutlich sichtbaren Klammern von oft pornografischem Sex und nicht selten mythisch verklärter Mutterschaft abgesehen. Was meist fehlt, ist die blutige und auch schleimige Realität von Frauenkörpern, ob in der Menstruation oder bei der Geburt. Hier spiegelt sich das ambivalente Verhältnis, das wir Menschen zu diesen Körpersäften pflegen. »Blutvergießen wurde historisch als männlicher Akt des Heldentums gesehen: von Faustkämpfen als Übergangsriten zu Kontaktsport und Schlacht«, schreibt die Schriftstellerin Sinéad Gleeson. »Weibliches Bluten ist banaler, häufiger, mehr mach-schon-weiter, obwohl seine Existenz ursächlich dafür ist, dass jedes einzelne Leben beginnt.«

Der schmerzhafte Verlust von Mutterschaft führt bei Kahlo zur Umkehrung dieser Auslassung, während sie in Charlotte Roches Bestseller *Feuchtgebiete* auf die Spitze getrieben wird. Schleim, Blut und andere Körpersekrete werden hier weniger zelebriert als im grellen Scheinwerferlicht ausgeleuchtet. Mit einer Ausnahme: Die Heldin beeilt sich zu berichten, dass sie sich am Tage ihrer Volljährigkeit habe sterilisieren lassen. Hier erfolgt der Verzicht auf Geburt und Mutterschaft freiwillig und greift einer weiteren immer noch tabuisierten Phase weiblicher Reproduktion voraus, den Wechseljahren. »Die Menopause ist wahrscheinlich das am wenigsten glamouröse Thema, das man sich vorstellen kann«, schreibt die amerikanische Autorin Ursula K. Le Guin.

> *Die Frau, die willig ist, den Wandel zu vollziehen, muss zu guter Letzt mit sich selbst schwanger gehen. Sie muss sich gebären, ihr drittes Selbst, ihr hohes Alter, mit Mühe und allein. Nicht viele werden ihr mit dieser*

Geburt helfen ... Diese Schwangerschaft ist lang, die Wehen hart. Nur eine ist härter und das ist die allerletzte, die auch Männer erleiden und vollziehen müssen.

Die Wiedergeburt: In der Kunst gehört dieses Motiv – wohl auch dank der christlichen Tradition – häufig zu den Männern. Sie dürfen gebären – und zwar meist eine andere Version ihrer selbst. Neo beispielsweise schluckt in dem Film *Matrix* die rote Pille der Realität und erwacht nackt und haarlos in einer synthetischen Schleimschote, über groteske Nabelschnüre in die Matrix eingeloggt. Die Verbindungen werden gekappt und der erleuchtete Held über eine Art sanitären Geburtskanal ins Freie gespült. Die Läuterung gelingt nicht immer: »Rasendste Schmerzen« waren Zeichen der Wandlung des guten Dr. Jekyll in den bösen Mr Hyde: »... ein Knirschen in den Knochen, tödliche Übelkeit und ein Gefühl der Panik, das in der Stunde der Geburt oder des Todes nicht schlimmer sein kann.«

Aber auch sein Experiment hatte den Menschen – sprich: Mann – von allem Niederen befreien und in seiner edelsten Form hervorbringen sollen. Stattdessen entstieg das Tier dem »Schleim der Grube«, ein Misserfolg, den Jekyll auf fehlende Gottesfürchtigkeit zurückführt. Unter einem besseren Stern wiedergeboren, wäre er »aus diesen Todesqualen und Geburtswehen als Engel hervorgegangen anstatt als Teufel«. Und wenn das Gebären doch den Frauen überlassen wird? In *Die Fliege* bringt die Freundin des mutierten Helden in einer Traumsequenz den gemeinsamen Nachwuchs als blutig sich windende Made zur Welt: ganz der Vater und nur der Vater oder zumindest dessen innerer Hyde.

Männer und die fatale Weichheit in ihrem Inneren, die es loszuwerden gilt. Ende der 1970er-Jahre beackerte Klaus Theweleit auf weit mehr als tausend Seiten in den *männerphantasien* mit dem Untertitel »frauen, fluten, körper, geschichte« literarische Quellen aus der Zeit zwischen den Weltkriegen. Er wollte den Mann dieser Zeit auf dem Weg in den Faschismus ergründen, dessen Männlichkeit nach Theweleit durch die Abgrenzung zum Fremden sowie zum vermeintlich Weiblichen und Weibischen geprägt war. Hart und unnachgiebig musste der Geist des Mannes an den Werten der deutschen Kultur und Seele festhalten, sich schützen vor der Auflösung in Fluten aller Art – auch der roten aus dem Osten – sowie vor Sumpf, Schlamm und Schleim.

Oft seien diese Begriffe von den Soldaten austauschbar verwendet worden, schreibt auch der britische Historiker Santanu Das, der das trügerische Terrain der Schützengräben und langen Märsche als »slimescapes« bezeichnet, also Landschaften aus Schleim. Nicht nur aufgelöste Erde habe die Männer als »saugender Schlamm« festgehalten und in manchen Fällen sogar ertrinken lassen, schreibt Das. Vielmehr habe der nachgiebige Boden auch Trümmer aus Metall, menschliche Ausscheidungen sowie verrottendes Fleisch enthalten. Ein viskoser Untergrund, der ein Eigenleben zu haben schien. Wie ein riesiger Oktopus habe er beobachtet, um sich dann auf seine Opfer zu werfen, sie zu umschließen und zu begraben: »Männer sterben am Schlamm, wie sie von den Kugeln sterben, aber entsetzlicher«, zitiert Das einen Soldaten. »Die Hölle ist Schlamm.«

So auch im Kopf: Klaus Theweleit zitiert den Autor Ernst Jünger, hier als junger Mann vor einem Sturmangriff – »Schleimig mit tausend Gliedern kriecht Angst in uns, jede Faser mit saugenden Armen umfesselnd«. Der Weg zum »soldatisch-aufrechten Körper« und unnachgiebigen Geist verlangte aber, die eigene Natur zu negieren. Jeder weiche und auch erotische Anteil sei von dieser Art Mann als Schwäche interpretiert worden, so Theweleit. Es galt, die eigenen Gefühle unter einer Art Körperpanzer unter Verschluss zu halten, während die seit der Kindheit negativ besetzten Körperflüsse zur sinnlichen Erscheinung alles Schrecklichen wurden: »Alle diese Vorgänge, die vermischtes Fließen der Körper, am, im, auf, aus dem Körper sind: die Schleime und Fluten der saugenden Küsse, die Sümpfe der Vagina, ihre Schleime … der schleimige Strom der Menstruation.« Und die Frau? Sie blieb im ewigen Dreiklang der Weiblichkeit eingekerkert, als keusch asexuelle Mutter, als Gemahlin und hohe Frau oder als Hure.

Tapfere Männer sind Wirbeltiere; sie haben ihre Weichheit an der Oberfläche und ihre Stärke in der Mitte. Aber diese modernen Feiglinge sind alle Krebstiere; ihre Härte ist an der Außenseite und ihre Weichheit innen. Aber die Weichheit ist da.
G. K. CHESTERTON, *The Prehistoric Railway Station*, 1909

Ein extremes Bild von Männlichkeit in einer extremen Zeit, das von der Abgrenzung zur Frau lebt und bis heute nachklingt – mit tödlicher Konsequenz. So kommt es auch in vermeintlich aufgeklärten Gesellschaften des Westens immer wieder zu Attacken auf Frauen durch Männer, die sich um die ihnen zustehende Intimität betrogen fühlen. Sexueller Frust und Ekel vor der Frau halten sich hier wie im Fall von Scott Beierle die Waage, der sechs ihm unbekannte Frauen in einem Yoga-Studio in Florida anschoss und zwei von ihnen tötete. Laut der *Washington Post* hatte Beierle seinen Hass auf Frauen schon als Teenager in Gedichten, Liedern und anderen Texten festgehalten. »Direkt unter ihrem … unschuldigen Lächeln liegen die ranzigsten und verfaultesten, ekelhaftesten Essenzen«, heißt es dort. Und es geht noch weiter: Wie Klaus

Theweleit in einem Interview berichtet, habe einer der amerikanischen Killer an einen Kollegen geschrieben, alle Frauen müssten weg – und die Idee eines »KZs« für Frauen entworfen.

1 *Die Verseuchung der Themse als Cartoon aus dem Jahr 1850 im satirischen* Punch-*Magazin:* Die Wunder eines Londoner Wassertropfens 2 *Als »wortloser Wegelagerer« lauere der Tod auf dem Fluss, warnte die Zeitschrift 1858, im Jahr des ›Great Stink‹* 3 *Der Erreger* Vibrio cholerae

GESTANK DES TODES

Krankheit ist eine Schwäche, Sex eine Peinlichkeit und der Tod unsere größte Angst. Diese Grenzerfahrungen zwischen Gesundheit und Siechtum, Ich und Du, Leben und Auflösung sind allesamt schleimige Angelegenheiten. Wenn wir also Schleim aus unserem Bewusstsein verdrängen, können wir vielleicht auch unsere biologische Endlichkeit ignorieren – oder es zumindest versuchen. Doch es bleibt ein blinder Fleck. Und darin verbirgt sich Schleim, der Grenzen und Kontaktflächen in und auch auf vielen Organismen sowie in der Umwelt überzieht, dies aber mit solcher Zurückhaltung tut, dass wir ihn leicht an den Rand unserer Wahrnehmung verbannen können. Das aber wird Schleim nicht gerecht, der im menschlichen Organismus Erreger abfängt, die uns sonst infizieren könnten, bevorzugt – und hier schließt sich der Kreis – beim Sex, beim Kontakt mit Kranken und im Umgang mit Kadavern.

Wir gönnen uns ein paradoxes Verhältnis zu Schleim, unserem gern ignorierten Leibwächter, von dem wir als Bösewicht und Ekelerreger in Horrorfilmen nicht genug bekommen können. Warum ist Schleim so widerlich? Ekel ist eine der grundlegenden Emotionen und extrem elastisch, kann auf unliebsame Substanzen ebenso stark reagieren wie auf Verhaltensweisen, Ideen und sogar Worte – kurz: jede Art der Grenzüberschreitung. Die Auswahl scheint für fremde Augen oft willkürlich, ein Hauch von Lokalkolorit umweht unsere Aversionen.

»Ekel ist unglaublich wirkungsvoll, basiert aber nicht nur auf Logik und Vernunft«, sagt mir die Londoner Ekelforscherin Val Curtis im Gespräch. Bei einer Befragung nannten ihr etwa Britinnen obszöne Sprache, Frauen aus Burkina Faso dagegen Schweine und Niederländerinnen die Hände von Fischhändlern als abstoßende Beispiele. Die Abwehrreaktion kann auch Menschen selbst sowie ganze Gruppen, etwa Minderheiten, treffen. »Die Ausgrenzung basiert oft auf einer Rhetorik des Ekels«, schreibt die Philosophin Martha Nussbaum dazu. So nannten junge Inderinnen in Curtis' Befragung unter anderem auch den Kontakt zu Menschen niedriger Kasten als Ekelauslöser. Dalit heißen die für höherstehende Inder im Wortsinne Unberührbaren. Eine unsichtbare Grenze trennt sie vom Rest der Gesellschaft und zwingt sie oft in lebensgefährliche Gewerbe wie die Reinigung von Latrinen oder die Arbeit in der Kanalisation.

Der soziale Ausschluss führt also zum Kontakt mit Exkrement, was wiederum Ablehnung in der Gesellschaft nach sich zieht. Das hat auch in Europa eine lange Tradition, wie sich bei Victor Hugo nachlesen lässt. »Man könnte also sagen, daß seit zehn Jahrhunderten die Kloake eine Krankheit ist, an der Paris leidet, daß sie sein Blut vergiftet«, heißt es in *Les Misérables*, seinem 1862 erschienenen Roman über den wegen Mundraubs verurteilten und deswegen gebrandmarkten Jean Valjean. »In dieser Hinsicht hat der Instinkt des Volkes stets das Richtige getroffen. Die Beschäftigung des Kloakenreinigers war ehemals ebenso gefährlich und dem Volke fast ebenso widerwärtig wie das Handwerk des Abdeckers, das so lange allgemein verabscheut und dem Henker überlassen wurde.«

Ein Teufelskreis aus sozialen Stigmata und Aversion gegenüber Körpersekreten, der überall und jederzeit funktioniert, weil die Listen der Ekelauslöser jenseits aller Eigenheiten weltweit meist von Körperabsonderungen wie Speichel, Schweiß und Fäkalien dominiert sind. Dazu kommen Kadaver und verdorbene Nahrung. Curtis kategorisierte die häufigsten Ekelerreger und sortierte sie in sechs Sparten, darunter schlechte Hygiene, promiskuitiver Sex sowie sichtbare Infektionen. Diffuser sind atypische Erscheinungsbilder wie Husten und Deformationen, aber auch Abweichungen von der Norm wie Obdachlosigkeit.

»An seiner äußeren Erscheinung stimmt etwas nicht«, heißt es bei Robert Louis Stevenson über das aus Dr. Jekyll geborene Monster Hyde.

> *... etwas Unangenehmes, etwas regelrecht Widerwärtiges hat er an sich. Noch nie ist mir jemand begegnet, der mir so zuwider war, und doch weiß ich kaum, warum. Irgendwo muss er missgebildet sein, jedenfalls vermittelt er einen starken Eindruck von Missbildung, obwohl ich nicht genau sagen könnte, woran es liegt.*

In der fünften Ekelkategorie wimmelt es von Mäusen, Moskitos und anderer Fauna, die Krankheiten überträgt und eng mit verdorbener Nahrung verbunden ist, der letzten Sparte. Fliegen beispielsweise wurden bei der Befragung durch Val Curtis in Großbritannien, in Indien, in Burkina Faso und in den Niederlanden als Ekelerreger genannt.

Die Kategorien mögen willkürlich wirken, sind aber über den roten Faden einer potenziellen Kontamination mit Erregern verknüpft. Sex mit vielen Partnern erhöht das Infektionsrisiko ebenso wie der Kontakt mit Kranken. Ekel kommt hier ins Spiel, weil er uns als essenzieller Schutzmechanismus vor allem vor Mikroben und anderen Parasiten bewahren soll. Dafür spricht die enge Kopplung der Emotion mit der Körperabwehr, die bei akutem Ekel kurzfristig hochgefahren wird. Andere Phänomene sind weniger leicht zu erklären: Warum ekeln sich Frauen meist mehr und schneller als Männer? Denkbar ist, dass ihre besonders sensitive Abscheu vorübergehende Immunschwächen zu kompensieren hilft – und nicht nur in Bezug auf ihren eigenen Körper.

Schwangerschaften gehören hier zu den kritischen Lebensphasen, weil die Abwehr der Frauen so verändert ist, dass der Nachwuchs als biologischer Fremdkörper nicht ins immunologische Fadenkreuz des mütterlichen Organismus geraten kann. Der molekulare Maulkorb kommt aber gerade zu einer Zeit, wenn eine besonders bissige Abwehr vonnöten wäre, weil die embryonale Entwicklung in den ersten drei Monaten außerordentlich störanfällig ist. Wird der mütterliche Ekel jetzt besonders leicht ausgelöst, hält dies vielleicht potenziell gefährliche Erreger fern. Die generell niedrige Abscheuschwelle von Frauen könnte die Kinder außerdem auch in den ersten Lebensjahren schützen, wenn sie meist nah bei der Mutter bleiben, ihr eigenes Immunsystem aber noch nicht ausgereift ist.

Ekel ist eine menschliche Emotion, deren biologische Wurzeln tief reichen. Auch andere Arten wie Ameisen und Krebstiere machen einen großen Bogen um kranke Artgenossen, während Primaten zudem potenziell infektiöses Material meiden. Als Warnsignal scheint schon zu genügen, dass sich dieses organisch weich, warm und feucht anfühlt, also etwa wie Schleim oder andere zähflüssige Ausscheidungen. Die Vorsicht lohnt sich, weil in allen Körpersekretionen Killer lauern können. Beim Menschen sind dies unter anderem die Spirochäten der Syphilis im Sperma, die Mykobakterien der Tuberkulose im Nasenschleim, das HI-Virus im Blut und Cholera-Vibrionen in den Fäkalien. Das Bakterium *Clostridium botulinum* wiederum produziert sein Nervengift bevorzugt in mangelhaft konservierten Lebensmitteln. Wie potent das Toxin ist, zeigt sich beispielhaft in Hollywood – so viele schöne Gesichter, so wenig Mimik. Unter die Haut gespritzt kann eine niedrige Dosis Botox tiefe Falten per Muskellähmung ausbügeln. Bei einer Vergiftung durch verdorbene Nahrungsmittel droht hingegen ein tödlicher Atemstillstand.

Ekel ist also essenziell, hat aber einen toten Winkel: Wie soll er vor Krankheitsherden warnen, wenn wir die Mikroben mit keinem unserer Sinne wahrnehmen können? Unser Abscheu-Frühwarnsystem muss deshalb auf häufige Begleiterscheinungen von Infektionsquellen ausweichen, gewissermaßen auf den kleinsten gemeinsamen Nenner reagieren. Was aber teilen die breit gestreuten Gefährdungen rund um Krankheit, Sex, Tod und Fäulnis? Natürlich: Schleim. Er ist ein Phänomen, das häufig eng mit Mikroben assoziiert ist und sich als Ekelauslöser anbietet, weil er mehrere Sinne gleichzeitig anspricht. Infektionsquellen lassen sich mit seiner Hilfe schnell entlarven, weil er auf einen Blick erkannt und mit einer Berührung ertastet werden kann.

Schleim als Signal: Darauf können wir blitzschnell reagieren, was dann allerdings auf Kosten der Tiefenschärfe geht. Ist es nun tatsächlich ein Schleim und noch dazu ein gefährlicher Vertreter, vor dem wir zurückschrecken? Doch langes Nachdenken können wir uns beim Umgang mit einer möglichen Kontamination nicht leisten. Die Abwehr geht lieber auf Nummer sicher und nimmt Fehlalarme in Kauf. Wenn es um die Vermeidung von gefährlichen Infektionen geht, scheint dieser Preis nicht zu hoch. Doch Ekel, der immer mit dem Holzhammer statt dem Skalpell operiert, wird zum stumpfen Instrument und richtet sich unabhängig vom tatsächlichen Risiko gegen Schleime jeder Art. Die logische Konsequenz ist, dass wir Schleim in unserer hochhygienischen Welt so weit wie möglich verdrängen. Damit bleibt er aber der große Unbekannte, ein im Organismus und der Natur essenzielles Material, das dennoch weitgehend ignoriert wird. Wenn wir Schleim weder wahrnehmen noch wirklich kennen, wie können wir ihn dann wertschätzen oder gar für unsere Zwecke einspannen?

Der Ekel vor Schleim ist kein ehernes Gesetz und darf es auch nicht sein. Absolute Aversionen lähmen und lassen das Verhalten erstarren. Die Menschheit wäre längst ausgestorben, wenn wir alle beim Sex konsequent auf Sartres Spuren der romantischen Trockenübungen wandelten. Das weiß die Natur zu verhindern, die die Ekelschwelle justieren kann. So wird verdächtige Nahrung immer appetitlicher, je verzweifelter der Hunger nagt. Die Ekelschwelle steigt aber auch mit der sexuellen Erregung an, sodass Speichel, Sperma und andere Fluide des fremden Körpers gar nicht mehr so abstoßend scheinen. Postkoital kann sich das schnell ändern und Abstand zu fremden Sekretionen plötzlich wieder angeraten scheinen. Unsere Emotion Ekel hat also eine Stellschraube, die sich dem aktuellen Bedarf anpasst. Und der Mode.

Marie Duplessis galt als eine der schönsten Frauen ihrer Zeit, doch die edle Blässe, die ausdrucksstarken Augen und die zarte Figur hatten einen hohen Preis. Am 3. Februar 1847 starb sie mit nur 23 Jahren an der Tuberkulose, wurde von einem ihrer Liebhaber, Alexandre Dumas, aber als »Kameliendame« Marguerite Gaultier verewigt. »Wie ist es möglich, dass ein Leiden, das von Husten, Auszehrung, unerbittlichem Durchfall, Fieber sowie Auswurf von Schleim und Blut charakterisiert ist, nicht nur zum Zeichen von Schönheit, sondern zur Modekrankheit wurde?«, fragt die Historikerin Carolyn Day in ihrem Buch *Consumptive Chic* und hat auch eine Antwort parat: Die Symptome des Leidens hätten das damals herrschende Schönheitsideal überzeichnet. Die Patienten magerten ab, während eine leicht erhöhte Temperatur die Wangen rosig und die Augen glänzend zeichnete.

Kurzum, es leuchtete in den Augen dieser Frau, mochte das nun in ihrer Natur liegen oder eine Folge ihrer Krankheit sein, ab und zu ein begehrliches Funkeln auf, das dem von ihr geliebten Manne den Himmel verheißen musste.
ALEXANDRE DUMAS,
Die Kameliendame

Waren Damen mit robuster Gesundheit geschlagen, gaben sie sich mit eng geschnürten Korsetts und Make-up gar schwindsüchtiger, als sie waren. Der fatale Appeal ließ erst gegen Ende des 19. Jahrhunderts nach, als Robert Koch den Tuberkuloseerreger identifiziert hatte und das Leiden als ansteckend entlarvt war. Der Nachweis infektiöser Mikroben brachte eine Zeitenwende. Zuvor waren übertragbare Krankheiten auf schlechte Dämpfe zurückgeführt worden, die sogenannten Miasmen. Sie galten als gefährliche Ausdünstungen in der Luft, manchmal wurden sogar Gerüche jeglicher Art als Risiko gesehen – denen aber nicht leicht zu entkommen war. »Hier nun, am allerstinkendsten Ort des gesamten Königreichs, wurde am 17. Juli 1738 Jean-Baptiste Grenouille geboren«, heißt es in Patrick Süskinds *Das Parfum*. »Es war einer der heißesten Tage des Jahres. Die Hitze lag wie Blei über dem Friedhof und quetschte den nach einer Mischung aus fauligen Melonen und verbranntem Horn riechenden Verwesungsbrodem in die benachbarten Gassen.«

Jede Windstille habe als Gesundheitsrisiko gegolten, schreibt der französische Historiker Alain Corbin in seiner Geschichte des Geruchs, *Pesthauch und Blütenduft*. »Wenn die Stadt so schlecht riecht, so liegt das in erster Linie an den unterirdischen Miasmen«, heißt es auch bei Victor Hugo. »Die Luft über einem Misthaufen ist, wie man wissenschaftlich festgestellt hat, reiner als die Luft über Paris.« Wie aber den faulen Dämpfen entkommen, die nicht nur Aas und Jauche, sondern unablässig auch der Erde entstiegen? Straßenpflaster sollten die Bürger in Paris und später auch in anderen Städten als steinerne Isolierschicht vor dieser Gefahr bewahren. Selbst eine neumodische Idee aus England fasste langsam Fuß in der französischen Hauptstadt: der Bürgersteig. Um den gefährlichen Dämpfen aus dem Boden zu entkommen, wurden die Betten in Hospitälern immer hochbeiniger, während kuppelförmige Decken finsteren Miasmen – anders als Nischen und Ecken – keinen Unterschlupf bieten sollten. Schleim war also nicht das erste

Phänomen, das als Signal einer Kontamination herhalten musste und Opfer eines ekelbedingten Rufmordes wurde. Zuerst kam der Gestank.

Im Jahr 1858 dann ließen der medizinisch sanktionierte Aberglaube und eine extreme Wetterlage das Leben in London beinahe zum Erliegen kommen. Bürger verbargen sich in ihren Häusern und die Regierung gab fast das Regieren auf. Schuld an der Misere waren aber nicht die Rekordtemperaturen jener Sommermonate, in denen das Thermometer mehrfach auf über 30 Grad stieg. Schuld waren hohe Haufen von Exkrement, die die Metropole in eine erstickende Dunstwolke hüllten. Das veraltete und hoffnungslos überlastete Abwassersystem der Drei-Millionen-Metropole mündete ungeklärt in die Themse, was Charles Dickens in *Little Dorrit* beschrieb: »Durch das Herz der Stadt ebbte und flutete eine tödliche Kloake anstelle eines edel erfrischenden Flusses«. Als der Wasserspiegel der Themse in der Hitze sank, legten sich Fäkalien und anderer Unrat zum Teil meterhoch am Ufer ab. Einem ähnlichen Schicksal entging die Seine in Paris nur, weil menschliche Exkremente nicht mehr eingeleitet, sondern als wertvoller Dünger verwertet wurden. »Kein Guano, so kräftig er auch sein mag, ist dem Unrath einer Stadt gleichzustellen«, heißt es dazu bei Hugo. »Würde man ihn zur Fruchtbarmachung des Erdbodens benutzen, so wäre man des größten Erfolges sicher, so würde man Mist in Gold verwandeln.«

In London ging dagegen die Angst vor einem erneuten Ausbrechen der Cholera um. Mit desinfizierendem Chlorkalk versetzte Tücher sollten die Miasmen der Jauche und damit die Seuchengefahr bannen. Doch sterile Vorhänge richten wenig aus gegen den Erreger der Cholera, einer verheerenden Epidemie, die London immer wieder heimsuchte. Dies auch, weil viele Haushalte mit Trinkwasser beliefert wurden, das direkt aus der Themse stammte, eine nach dem Zeitzeugen und berühmten Physiker Michael Faraday »trübe, fahlbraune Brühe«. Es sei anzunehmen, dass die Menschen dieses widerliche Wasser irgendwann nicht mehr zu sich nahmen, schreibt die Historikerin Rosemary Ashton in ihrem Buch über den *Great Stink*.

Der Beleg für eine entsprechende Ekelreaktion steht allerdings aus, komplexe Emotionen lassen sich nur schwer anhand historischer Aufzeichnungen rekonstruieren. Vielmehr fällt auf, dass die Miasmen über Jahrhunderte und auch während des *Great Stink* eloquent beklagt wurden, während der Unrat selbst kaum als ekelhaft verteufelt wurde. Empfanden Londons Bewohner die Fäkalien als weniger abschreckend, weil sie wie andere Abfälle sichtbarer Bestandteil des Alltags waren? Wie sonst ließe sich Queen Victorias Versuch einer Vergnügungsfahrt auf der verseuchten Themse erklären, der wegen des unerträglichen Gestanks dann doch ein abruptes Ende nahm?

In unserer hyperhygienischen Zeit lässt sich dieser Gleichmut kaum nachvollziehen. Ich weiß das, weil ich Anfang der Siebzigerjahre im Norden Münchens aufwuchs, am »Arsch der Welt« in den Worten meiner Großmutter. Das war übertrieben, hatte für den Großraum aber durchaus seine Berechtigung. Denn unweit unseres Häuschens lag die Kläranlage Großlappen mit damals noch offener Kanalisation. Aus den dunklen Eingeweiden der Stadt ergoss sich hier Unrat aller Art in eine betonierte Rinne und floss gen Klärwerk. Es war eine unbeschreibliche Brühe, die uns Kinder – auch hier der Reiz des Tabus – faszinierte, aber ganz gewiss nicht zu einer Bootsfahrt verführt hätte. Zudem musste so manche sonntägliche Kaffeetafel im Garten abrupt unterbrochen werden, weil die ganze Gesellschaft ins Haus flüchtete. Dann hatte der Wind gedreht und der Großlappener Pesthauch trieb uns vor sich her.

Angst vor Ansteckung hatte natürlich niemand, aber der Gestank war unerträglich – einfach ekelhaft. Eine für mich reflexhafte Reaktion, die ich in zeitgenössischen Berichten zum *Great Stink* aber nicht wiederfinde. Irgendwann löste sich das Londoner Problem des gefährlichen Geruchs, weil die Stadt ein für damalige Zeit modernes Abwassersystem bekam, die Fäkalien also ungesehen und ungerochen entsorgt wurden. Als dann gut hundert Jahre später auch die offene Klärrinne im Münchner Norden verschlossen wurde, war es auch mit dem *Small Stink* meiner Kindheit endgültig vorbei.

Und die Miasmen? Sie sind mittlerweile auf dem Abstellgleis der Medizingeschichte geparkt. Ihr Killer-Image verblasste, als sich die Lehre der infektiösen Mikroben auch in der Öffentlichkeit unwiderruflich etabliert hatte. Erst dann verlor auch die Auszehrung an Attraktivität in der viktorianischen Gesellschaft. Die Mode veränderte sich und wurde sogar in den Kampf gegen Infektionen wie die Tuberkulose eingespannt. So waren versteifte Korsetts plötzlich verpönt. Das Blut sollte ungehindert im Körper zirkulieren und der Atem in der jetzt gänzlich miasmenlosen Luft frei fließen können. Die Schuhe rückten als Modeartikel verstärkt ins Rampenlicht, weil die vormals mindestens bodenlangen Rocksäume nach oben wanderten. Das sollte verhindern, die mikroskopisch kleinen Erreger auf der Straße aufzuwirbeln ober über die Schleppen in die Wohnungen zu tragen.

Nicht einmal der Mann kam ungeschoren davon. Buschige Backenbärte, schneidige Schnurrbärte und voluminöse Vollbärte sollten bis dahin das Gesicht auf dem Schlachtfeld wärmen und Rasuren mit unhygienischen Messern vermeiden lassen. Weil Bärte dann aber als Gefahr für die Allgemeinheit entlarvt wurden, mussten die Männer Haare lassen. Carolyn Day zitiert in ihrem Buch einen amerikanischen Arzt, der die unermessliche Zahl an Bakterien und gefährlichen Keimen beklagt, die in den »amazonischen Urwäldern« eines bärtigen Gesichts lauern sollten. Masern, Scharlach, Diphterie, Tuberkulose, Keuchhusten und viele andere Leiden wurden demnach über die »Backenbart-Route« übertragen.

Wenn es um Erreger geht, spielt unser Ekel auch über Bande. Historisch verkörperten die unsichtbaren Miasmen das enge Band zwischen Kontamination und Gestank, der immer noch als abschreckend gilt und ein Warnzeichen sein kann. Modergeruch im Haus weist auf Schimmelbefall hin und Cadaverine werden bei Fäulnisprozessen freigesetzt. All diese Ausdünstungen sind selbst meist ungefährlich, können aber auf Kontaminationen hinweisen. Harmlose Gerüche wiederum haben ihren Schrecken verloren und Düfte können sogar lieblich sein. Diese Unterscheidung hat in der Wissenschaft eine lange Tradition, weil spezifischen Aromen eine therapeutische Wirkung nachgesagt wurde: Sie sollten krankmachenden Gestank neutralisieren können. So lässt sich erklären, dass Blumen und Kräuter unter der Nase häufig als Schutz vor Miasmen galten.

»Chemiker und Ärzte machen sich daran, ein Vokabular auszufeilen, das ihnen die Möglichkeit geben soll, Geruchsbeobachtungen zu beschreiben«, berichtet Alain Corbin über die Chemie des späten 18. Jahrhunderts. »Die Aufmerksamkeit, die dem Riechbaren hinfort zuteil wird, schlägt sich in der wissenschaftlichen Sprache deutlich nieder und führt zu einem beeindruckenden Anstieg von Geruchserwähnungen in der Literatur.« Auch der menschliche Körper mit seinen Dünsten und Ausscheidungen kam auf den Prüfstand. Der Geruchssinn sollte laut Corbin die unterirdische Physiologie des Organismus enthüllen und die Veränderung seiner Säfte überwachen: »Die Kompliziertheit des Vokabulars verrät die neuen Ansprüche. Anhand eines ganzen Systems von Geruchsstufen muß der Arzt ... eine regelrechte Riechlehre durchmachen.«

Auch Schleim hätte als weitgehend unverdienter Unsympath einen derart nuancierten und für den jeweiligen Bedarf mal mehr oder weniger vorsichtigen Umgang verdient. Stattdessen regiert hier meist reflexhafte Abwehr. Schleim macht sich häufig allein aufgrund seiner Textur verdächtig. Doch Komplexität lässt sich ohne präzise Worte und eindeutige Definitionen sowie Abgrenzungen kaum vermitteln. Es fehlt am Vokabular. Die Alltagssprache kennt nur »Schleim« als vorwiegend negativ besetzten Ausdruck. Wertfreie Begriffe gibt es nicht, vom »Wohlfühl-Glibber« – entsprechend den Düften unter den Gerüchen – ganz zu schweigen. Das schien bislang vielleicht nicht nötig, ist Schleim doch schnell an seiner leicht klebrigen Konsistenz irgendwo zwischen fest und flüssig zu erkennen.

»Schleim ist eigentlich kein Material, sondern eine Eigenschaft«, sagt der Mikrobiologe Hans-Curt Flemming von der Universität Duisburg-Essen. Als Ekelerreger funktioniert Schleim also auch ohne treffende Worte und tiefgründige Analyse des Einzelfalles gut. Zur blitzschnellen Vermeidung von Kontaminationen genügt es, ihn mit einem Blick oder Griff zu erkennen und uns so schnell wie angewidert abzuwenden. Es reicht nicht, um dem Phänomen Schleim gerecht zu werden. Hier muss die Wissenschaft helfen, wie sie auch zur Rehabilitierung der Gerüche beigetragen hat. Der amerikanische Mikrobiologe Theodor Rosebury forderte schon vor einem halben Jahrhundert Ähnliches – hier allerdings auf Bakterien bezogen: »Wenn Wissenschaftler von dem Thema abgestoßen sind, sind andere umso wahrscheinlicher davon angewidert. Manchmal aber wird mit zunehmendem Wissen aus Ekel Faszination.« Und uns wohlgesonnene Mikroben erleben mittlerweile sogar eine Art Imagewechsel. Warum sollte dies nicht auch bei Glibber gelingen? Das vorliegende Buch soll einen Einblick in die noch geheime Welt der Schleime, ihre Wissenschaft, ihren faszinierenden Reichtum und ihre überragende Bedeutung als biologische Materialien liefern – auch jenseits allen Ekels.

II

PHYSIK

Schleim ist ein biologisches Material, das sich nur schwer definieren lässt. Physikalisch gesehen gehören Substanzen dieser Art zwar überwiegend zu den extrem wasserhaltigen Hydrogelen, in denen ein dreidimensionales Gerüst die Flüssigkeit bindet. Nicht jeder Schleim ist aber ein Hydrogel – und nicht jedes Hydrogel würde als Schleim wahrgenommen werden. Die charakteristische Konsistenz von Schleim korrespondiert mit einem bestimmten physikalischen Verhalten: Schleime sind meist viskoelastisch, vereinen also Eigenschaften von Fluiden und Feststoffen. Dabei sind sie flexibel und können ihre Eigenschaften an den Bedarf anpassen. Kein Wunder also, dass sie in der Natur extrem vielfältig eingesetzt werden, unter anderem als Gleitmittel und Klebstoff wie etwa bei den Schnecken. Schleim ist zudem essenziell als selektiv durchlässige Barriere, die auch im menschlichen Körper gezielt Atemgase, Nährstoffe und andere erwünschte Passagiere durchlässt, Erreger und Schadstoffe jedoch abhält.

1, 2, 3, 5 *Die Vielfalt gelatinöser Körper in verschiedenen Schirmquallen* **4** *Schriftzug aus* Werner's Nomenclature of Colours *(1814), einer Klassifikation der Farben für Künstler und Wissenschaftler*
6 *Kopf eines Schleimaals* (Eptatretus cirrhatus) *mit Tentakeln und Zähnen in vier Reihen*

WASSER IN KETTEN

Als H.P. Lovecraft sein fiktives Küstenstädtchen Innsmouth entwarf, über dem wahrlich düstere Schatten liegen und vor dessen Küste das Teufelsriff droht, nahm er dafür Anleihen bei Newburyport in Massachusetts. Das ist eine der vielen Städte an Amerikas Küsten, deren Glanz aus glorreichen Zeiten der Fischerei lange vergangen ist. In Morro Bay in Kalifornien beispielsweise lebt das Gewerbe noch, profitabler ist mittlerweile aber der Tourismus. Wer hier nach finster dräuenden Omen sucht, muss mit dem Morro vorliebnehmen, dem rundgeschliffenen Rumpf einer erstarrten Lavasäule im Inneren eines längst erodierten Vulkans. Er ragt auf wie die Plombe eines bereits vermoderten Zahns und wirft einen bescheidenen Schatten, sodass sich Lovecraft'sches Grauen nur mit Mühe heraufbeschwören lässt.

Dafür ist das Wetter zu strahlend, die Küstenlinie zu pittoresk und die Tierwelt wie frisch aus einem Disneyfilm entsprungen. Seeotter spielen hier mit ihren Jungen in den Wellen, Reiher balzen am Strand und Robben recken ihre prallen Bäuche in die Sonne. Doch selbst im beschaulichen Morro Bay treibt ein Monster wie aus Lovecrafts Feder mit Schleim wie aus Sartres Albträumen sein Unwesen. Mehr extraterrestrisches Flair geht kaum: Zwei Herzen? Tentakeln am Kopf? Vier Reihen spitzer Zähne? Das Lächeln hochkant im Gesicht? Welches Lächeln überhaupt? Und welches Gesicht? Das ist der Schleimaal.

Er ist nicht jedermanns Sache, der Schriftsteller und Nobelpreisträger John Steinbeck beispielsweise konnte dem Monster nichts abgewinnen, schrieb aber über seinen engen Freund, den Meeresbiologen Ed Ricketts: »Ed teilte dieses Gefühl nicht, denn der Schleimaal erfüllte gewisse Funktionen, die er faszinierend fand.« Worum es sich dabei genau handelte, lässt sich nur spekulieren. Der Schleimaal hat einige Absonderlichkeiten zu bieten, und die fangen mit dem Namen an. Die Bezeichnung ist irreführend, handelt es sich bei dem langgestreckten Tier doch nicht um einen Aal oder auch nur um einen richtigen Fisch.

Stattdessen bilden die Schleimaale mit den parasitischen und ebenso sympathischen Neunaugen die letzten verbleibenden Vertreter der urtümlichen Rundmäuler. Der Name steht den Neunaugen besser zu Gesicht, weil sie mit ihrem scheibenförmigen Saugmaul mit viel zu vielen Zähnen an Fische andocken und Fleisch aus deren Flanke raspeln. Jüngst bestätigte ein Sensationsfund die einzigartige Evolution der Rundmäuler. Als erstmals ein hundert Millionen Jahre altes und herausragend erhaltenes Fossil eines Schleimaals mit Spuren von Schleim auftauchte, quasi ein »Niesen in Stein«, unterstrich dies die enge Verwandtschaft der Tiere zu den Neunaugen. Der Fund bewies auch, dass sich die Rundmäuler vor rund 500 Millionen Jahren – und zwar erst nach ihrer Abspaltung von der Linie der Wirbeltiere – entwickelt hatten, also nicht deren primitive Vorfahren waren, wie bislang von manchen Forschern vermutet worden war.

Anders als das Neunauge wirkt der Schleimaal fast harmlos, lebt er doch versteckt in den Tiefen der Ozeane, wo er sich vor allem von Kadavern ernährt. An Land bekommt ihn nur zu sehen, wer wie ich auf den Straßen von Morro Bay auf der Suche nach einem Großhändler für Fisch patrouilliert. Sandy Winston ist einer von ihnen, er erbarmt sich an diesem trüben Vormittag im Dezember so kurz vor Weihnachten und lässt mich auf seinen Hof, wo sich Hunderte von Schleimaalen in zwei großen Metallcontainern winden, in die ohne Unterlass über dicke Schläuche frisches Wasser fließt – das die Tiere umgehend zu zäher Gallerte erstarren lassen. Das kann ich sehen und auch fühlen, weil ich mit beiden Händen in dem transparenten Schleim wühle und versuche, einen der Schleimaale zu packen.

Sie sind schwerer als erwartet zu fassen, weil sie nie ruhighalten und durch meine Finger glitschen. Und da ist noch der Schleim, der so fest ist, dass ich ihn wie dichtes Gewebe hochheben kann. Er ist so zäh, dass er Schwimmhäute zwischen meinen Finger aufspannt, und so klebrig, dass ich ihn später nicht abwaschen, sondern nur mit einem längst steifgeschleimten Tuch abrubbeln kann, das mir Sandys Mitarbeiterin Becky wortlos reicht. Die blonde Amerikanerin mit dem offenen Lachen steht neben mir am Container und wühlt ebenfalls im Schleim. Sie ist verantwortlich für die Tiere und sucht jetzt den toten Schleimaal. »Ich kann ihn riechen«, sagt sie. Warum einen verendeten Schleimaal entfernen, der von aasliebenden Artgenossen umgeben ist? »Die fressen sich nicht gegenseitig«, sagt Becky. »Keiner isst Schleimaal. Nur die Koreaner.«

Auch ihre Schützlinge sind für den asiatischen Markt bestimmt, wo sie oft gehäutet und noch bei lebendigem Leib auf den Grill kommen. Die koreanischen Gewässer sind längst leergefischt und Nachschub kommt unter anderem aus Kalifornien, wo kaum Konkurrenz um den Fang droht. Großhändler Sandy hält sich zwar die Albino-Schleimaale, die gelegentlich ins Netz gehen, doch es ist nicht die Anhänglichkeit gegenüber seinen Haustieren, die ihn vom Barbecue abhält. Es ist der grauenhafte Geschmack. Einen Versuch habe er unter Anleitung seines koreanischen Einkäufers gewagt: »Aber das konnte man auch mit viel Soße kaum runterkriegen.«

Am Meeresboden spielt der abstoßende Geschmack vermutlich kaum eine Rolle, kommen Raubfische meist doch gar nicht bis zum ersten Biss. Dafür lässt sich die lose Haut der vermeintlichen Beute zu schwer packen und dafür ist ihre Abwehr zu wirkungsvoll. Sie mag auch Ed Ricketts fasziniert haben: Bei Gefahr setzen Schleimaale extrem lange Moleküle aus ihrer Haut frei, die dort platzsparend zu Spindeln aufgewickelt auf ihren Einsatz warten. Dann explodieren sie förmlich und binden binnen Sekunden so viel Wasser zu einem dichten Schleim, dass selbst Haien nicht viel mehr im Maul bleibt als ein gefährlich erstickender Knebel aus Gel. Die einzigartigen Fasern verhalten sich isoliert ähnlich wie robuste Seide und sollen den Weg zu widerstandsfähigen Ökotextilien weisen.

Doch damit nicht genug: Warum sollte das Material künftig nicht auch Taucheranzüge ausstatten, um nach Art der Schleimaale hungrige Haie auf Abstand zu halten? Ein Problem könnte sein, die Gelhülle wieder loszuwerden, lässt sich der Trick der Schleimaale doch kaum übertragen, die kurzerhand einen Knoten in ihren Körper schlingen und vom Schwanz bis zum Kopf durchwandern lassen – um den Schleim wie einen Pullover abzustreifen. Die US Navy erprobt sogar Möglichkeiten, verdächtige Schiffe per Schleim aus dem Militärlabor festzusetzen. Bisher werden Plastikseile auf den Propellerantrieb der fraglichen Schiffe katapultiert, wo sie sich verfangen sollen, ein wenig effizientes und gefährliches Unterfangen. Die Hoffnung ist nun, mithilfe der Schleimaalfasern ein Verfahren zu entwickeln, um das Meerwasser gezielt erstarren zu lassen. Es wäre eine Art modernes *Morimarusa*, das mysteriöse Lebermeer, von dem bereits in der griechischen und römischen Antike die Rede ist. »Seit über 2000 Jahren spukt in den geographischen Schriften die Kunde von einem ›geronnenen Meer‹, das den dorthin gelangenden Schiffen eine Weiterfahrt entweder überhaupt nicht gestattet oder doch stark erschwert«, schrieb der Historiker Richard Hennig in einer Arbeit aus dem Jahr 1926. »... auch im Mittelalter tritt uns dieselbe Kunde entgegen in den Fabeln vom ›Lebermeer‹, auch ›Klebermeer‹, mit lateinischem Namen hier und da Morimarusa genannt.«

Der Schleimaal mag der König allen Glibbers sein, ist bei Weitem aber nicht der einzige hoch spezialisierte Schleimer. Vielmehr gibt es kaum eine evolutionäre Frage, auf die die Natur nicht auch mindestens eine Antwort aus Schleim gefunden hat. Sollte es ein gänzlich schleimfreies Lebewesen geben, so ist es mir in den Jahren der Recherche nicht untergekommen. Die meisten Arten erweisen sich sogar als besonders kreativ und vielseitig. Wie der Biomechaniker Mark Denny von der Stanford University in einer richtungsweisenden Publikation aus dem Jahr 1989 schrieb, setzen vor allem wirbellose Tiere bei der Fortbewegung, der Kommunikation, der Fortpflanzung, der Verteidigung und sogar bei der Ernährung auf Schleim, wobei Quallen, Rippenquallen und andere marine Arten ganz aus gelatinöser Mesogloea und ähnlichen Gallerten bestehen.

Die wirbel- oder eigentlich knochenlosen Invertebraten sind keine Sackgasse oder ein abgelegenes Ufer der Evolution, sondern machen nach Schätzungen bis zu 97 Prozent aller Arten aus. Ihre Schleime sind also auch keine obskuren Ausnahmen, sondern die Regel und essenziell für das Überleben. Während einer schweren Krankheit hält sich Elisabeth Tova Bailey eine Gartenschnecke, beobachtet und studiert sie. »Schleim ist die klebrige Essenz der Schneckenseele, das Medium für jegliche Lebensäußerung der Gastropoden: Fortbewegung, Verteidigung, Heilung, Liebesspiel, Begattung und Schutz der Eier«, schreibt die Journalistin. Wir Wirbeltiere und auch Pflanzen stehen dem aber nicht nach, sondern nutzen Schleim ebenfalls auf vielfältige Weise, gehen vielleicht nur weniger offenkundig damit um. Das ist vor allem bei terrestrischen Arten eine Notwendigkeit, weil der extrem wasserhaltige Schleim schnell austrocknet. Wer ihn an Land in großem Umfang nutzt, versteckt ihn lieber im Körperinneren, wo sich der Wasserverlust besser kontrollieren lässt. Was aber ist Schleim genau?

Diese Frage ist zentral für das vorliegende Buch, aber überraschend schwer zu beantworten. Eindeutig definiert sind nur einzelne Varianten von Schleim, vielleicht entzieht sich das ungeheuer facettenreiche Material aber auch einer umfassenden Beschreibung. Den einen prototypischen Schleim gibt es nicht, er verbirgt sich abhängig von seiner Herkunft und Funktion hinter einer Vielzahl von Pseudonymen wie Gel, Biofilm, Mucilage, Glykokalyx, aber auch in Lebensgemeinschaften wie den biologischen Bodenkrusten oder in unersetzlichen Abfallprodukten wie dem Meeresschnee. Wer kann hier Unterschiede und Gemeinsamkeiten schon schnell aufdröseln? Selbst in wissenschaftlichen Publikationen wird glibberigen Substanzen oft pauschal das Etikett ›Schleim‹ angehängt, ohne ihr molekulares Innenleben wirklich zu beleuchten.

Welche Definition sollte also diesem Buch zugrunde liegen? Die Frage hat mich lange beschäftigt. Am Ende habe ich mich für eine großzügige Interpretation entschieden. Viele biologische Schleime sind für konkrete Aussagen nicht genug untersucht. Aber in diesem Buch soll es ohnehin weniger um die physikalischen Details des Schleims gehen als um das Phänomen seiner Vielfalt, seiner unterschiedlichen Funktionen und seiner überragenden Bedeutung. Kurz gesagt: Was aussieht wie Schleim, sich verhält wie Schleim und von wissenschaftlicher Seite als Schleim gesehen wird, gehört in dieses Buch. Im Lauf der Recherche wurde die wenig greifbare Definition von Schleim aber ohnehin von einer ebenso quälenden Frage verdrängt: Wie sollte ich aus der überwältigenden Fülle faszinierender Schleime ein paar wenige Beispiele auswählen?

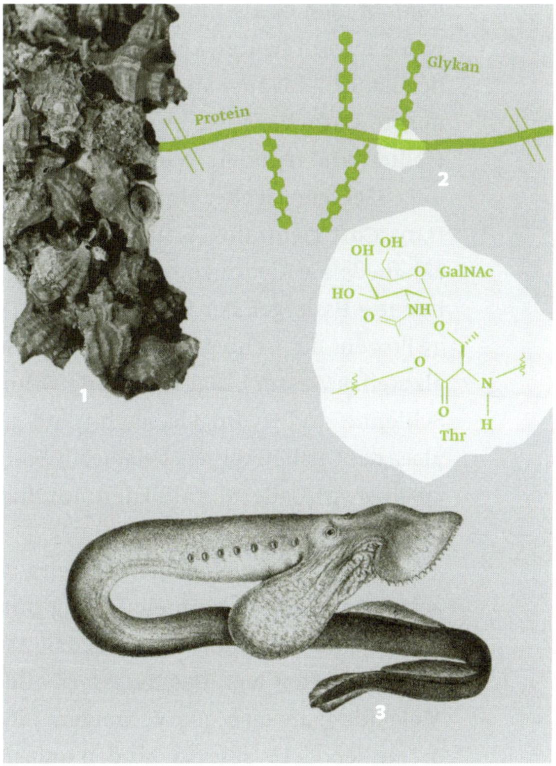

1 *Stumpfe Stachelschnecken* (Hexaplex trunculus) *produzieren purpurnen Farbstoff* 2 *Schema eines Mucin-Moleküls, Verknüpfung mit Zuckerkette ist stark vergrößert* 3 *Männliches Neunauge der Art* Geotria australis *mit in der Paarungszeit vergrößertem Kehlsack*

Hier habe ich mich in den Jahren der Recherche in die Welt versetzt gefühlt, die J.K. Rowling nicht nur für Harry Potter, sondern unter anderem auch für Zauberer wie Newt Scamander erdacht hat, für den es nur engstirnige Menschen, aber keine seltsamen Geschöpfe gibt. Wer sie sehen möchte, muss wissen, wo er zu suchen hat. Und hier lohnt sich ein Blick auf Scamanders schäbigen Lederkoffer. Aufgeklappt entpuppt er sich als Tor in eine andere Welt, eine Treppe führt in die Tiefe, wo sich ein Lebensraum nach dem anderen von der Steppe bis zur Eiswüste offenbart. Belebt sind diese Habitate von den wunderlichsten Geschöpfen wie dem Graphorn, einer Art Säbelzahntiger mit schleimigen Tentakeln, dem rosafarbenen Fwooper in der Luft – oder den großäugigen Mondkälbern. Für mich wiederum war der Schlüssel zu meiner eigenen Terra incognita kein alter Koffer – sondern der Schleim.

Die Definition von Schleim mag so wenig greifbar sein wie das Material selbst, aber ganz zufällig wird das Etikett ›Schleim‹ natürlich nicht vergeben, es gibt wichtige Merkmale. Das Material Schleim kommt besonders häufig an Interfaces vor, also an Grenzflächen und Übergängen. Sie finden sich bei uns und anderen Lebewesen im Organismus selbst, und an dessen Kontaktflächen zur Außenwelt. Sie finden sich aber auch in der Umwelt zwischen Sphären wie Luft, Land und Wasser. Hier moduliert Schleim die Interaktion und erfüllt dabei drei übergeordnete Funktionen: Als Gleitmittel sorgt er für möglichst reibungslosen Kontakt, den er als Klebstoff aber auch stabilisieren kann. Schnecken beispielsweise nutzen beides, können kriechen und fest an der Wand hängen. Unersetzlich ist Schleim aber auch als selektiv durchlässige Barriere für Grenzflächen wie unsere Darmwand, wo er den Austausch zwischen Gewebe und Außenwelt kontrolliert und reguliert. Wie kann das gelingen?

»Schleim ist eher eine Stoffeigenschaft als ein Material«, sagt der Mikrobiologe Hans-Curt Flemming. Schleim als Eigenschaft, das ist auch die charakteristisch zäh fließende Klebrigkeit. Sie basiert auf der inneren Struktur von Schleim als sogenanntes Hydrogel. Der Name verrät es: Der Wassergehalt ist sehr hoch, kann bis zu 99 Prozent der Gelmasse ausmachen. »Schleim ist deshalb eigentlich nicht mehr als steifes Wasser«, sagt Flemming. Grundsätzlich gilt: Die meisten oder sogar alle Schleime sind Hydrogele, auch wenn sie fester als erwartet scheinen. Die Mesogloea des Quallenkörpers beispielsweise ist durch eingeflochtene elastische Fasern zu einer Art Gallerte stabilisiert. Im Buch verwende ich die Begriffe Schleim und Hydrogel weitgehend synonym.

Wie sich ein einzelner Schleim verhält, hängt von seinem Aufbau sowie seiner genauen Zusammensetzung mit zwei zentralen Akteuren ab: Da ist das Wasser und da ist das dreidimensionale Gerüst, das ebendieses Wasser in molekulare Ketten legt. Das Netzwerk bildet sich aus Polymeren, also langkettigen Molekülen, die sich quervernetzen. Eine Besonderheit ist ihre Fähigkeit, außerordentlich viel Wasser zu binden und so das Hydrogel zu bilden. Ist eine Schleimschicht defekt, kann der gesunde Organismus Nachschub liefern, der sich nahtlos in das vorhandene Gel einklinkt und die Lücke in der Barriere schließt. Häufig ist die ohnehin vielseitige Schleim-Matrix noch nach Bedarf aufgerüstet. Dann werden etwa antimikrobielle Wirkstoffe und Immunzellen zur besseren Abwehr eingelagert, oder Schnecken hinterlassen Lockstoffe für potenzielle Partner in ihrer Schleimspur. Doch auch das Material selbst kann flexibel sein. Schleimbarrieren im weiblichen Genitaltrakt beispielsweise sind im Zyklus mal mehr und mal weniger durchlässig – Spermien brauchen also gutes Timing.

In der Umwelt kann Schleim trotz seines eher fadenscheinigen Aufbaus außerordentlich stabil sein. Die Spuren bestimmter Schnecken in der Gezeitenzone beispielsweise wurden noch Wochen später nachgewiesen. Diese Stabilität erlaubt biologischen Schleimen, ganze Lebensräume an Land und im Wasser tiefgreifend zu gestalten. Und auch den Organismus: Eine Besonderheit von Hydrogelen ist, dass sie über ihren hohen Wassergehalt und das dreidimensionale Gerüst die Eigenschaften von Flüssigkeiten und von elastischen Feststoffen vereinen, die ähnlich wie Gummi nach einer Deformation in ihre alte Gestalt zurückkehren.

Diese sogenannte Viskoelastizität macht die charakteristische Schleimigkeit aus, wenn das Wasser fließen möchte, vom molekularen Netzwerk aber an der kurzen, wenn auch elastischen Leine gehalten wird. Dieses Verhalten kann der Organismus in vielen Fällen über molekulare Stellschrauben anpassen: Dann wird das entsprechende Gel mehr oder weniger zähflüssig, als Barriere also mehr oder weniger dicht. Als ob diese Fähigkeit zur Anpassung der Forschung nicht schon genug Kopfzerbrechen bereiten würde, können Schleime unter Stress auch noch unberechenbar reagieren.

Ein Vergleich: Wasser ist sehr beständig in seinem Verhalten, wird weder dichter noch dünnflüssiger, nur weil es gerührt wird. Bei Hydrogelen dagegen hängt das Verhalten auch davon ab, wie lange und wie intensiv bestimmte Kräfte auf sie wirken. Das macht sie als Gleitmittel, als Klebstoff und als Barriere so vielseitig, obwohl sie rein rechnerisch aus wenig mehr als Wasser bestehen. Materialwissenschaftler würden Hydrogele gern genauer verstehen und nach ihrem Vorbild eigene Anwendungen etwa für anpassungsfähige Roboter entwickeln, was in Ansätzen auch bereits gelingt. Noch aber erweist sich das Verhalten der zäh fließenden Schleime häufig als zu komplex. Warum also nicht lieber beschreiben, was sich nicht erfassen lässt?

*28. August. Lat 38° 25' S …
Gefangen mit einem Haken ein Exemplar der Gattung Squalus: …
Sein Auge war das Schönste, das ich je gesehen. – bleiche Pupille ›Verdegris Grün‹, aber mit Glanz eines Juwels, erschien wie Saphir oder Beryllium. Perlmutterne Iris Rand dunkel …*

CHARLES DARWIN
über ein Dornhai-Weibchen, 1832

Fantastische Farben und wo sie zu finden sind: Im Oktober 1836 kehrte Charles Darwin von seiner Weltreise nach England zurück. Manche der Kostbarkeiten in seinem Gepäck, etwa präparierte Fische und Vogelbälge, hatten aber bereits eine wichtige Qualität eingebüßt, ihre Farben. Über den Körper eines Tintenfischs können irisierende Schauer jagen, nach Tod und Konservierung bleibt meist nicht mehr als fahle Gallerte mit trüben Augen. Das stellte die Naturforschung vor das ästhetische und wissenschaftliche Problem, dass sich die Pracht natürlicher Kolorierung oft weder vergleichen noch einem heimischen Publikum vermitteln ließ. Der deutsche Geologe Abraham Gottlob Werner legte deshalb früh im 19. Jahrhundert erstmals eine einheitliche Klassifikation der Farben vor, die der schottische Maler Patrick Syme ergänzte.

Für den direkten Vergleich sind die Farben in Paletten angeordnet, werden in ihrer Komposition aus anderen Tönungen aufgeschlüsselt und mit Beispielen aus der Natur ergänzt. Darwin hatte das Buch dabei, nutzte es auch, um das Auge des toten Dornhais zu beschreiben. ›Verdigris‹ fand er passend, das Blaugrün der aufgewühlten See, was für die Wissenschaft kaum präzise genug ist. Deshalb lieber mit Werner, der es als Smaragdgrün mit viel Berlin-Blau und einem Schuss Weiß beschreibt, zu finden beim kleinen Langschwanzpapagei. Darwin schrieb irrtümlich ›Verdegris‹, hatte er die Farbtöne bereits im Kopf, zog er das Buch nicht mehr zu Rate?

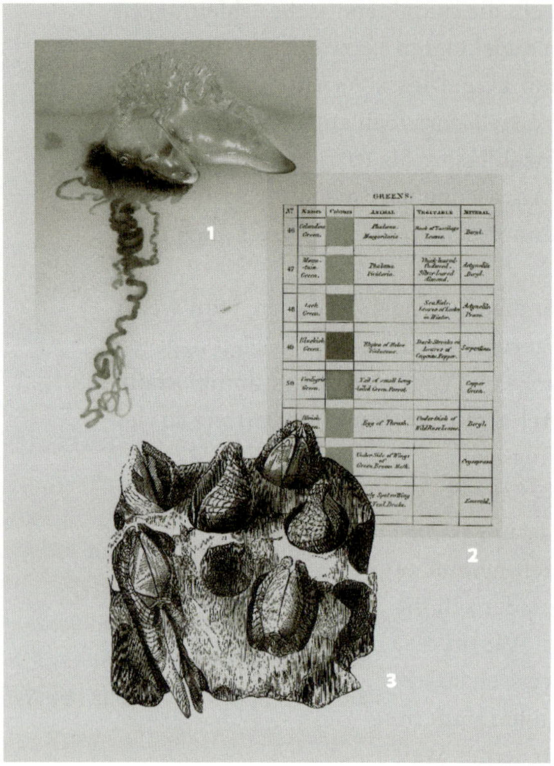

1 *Die Portugiesische Galeere, eine hochgiftige Staatsqualle der Art* Physalia physalis 2 *Eine Klassifikation für Künstler und Wissenschaftler:* Werner's Nomenclature of Colours *aus dem Jahr 1814* 3 *Bohrmuscheln der Art* Pholas dactylus *verbergen sich in Gestein*

Eine entsprechende Nomenklatur für Schleim gibt es nicht. Sie könnte aber kaum mehr als *fifty shades* von Transparenz enthalten, von Werners Magermilch-Weiß zu Grünlich-Weiß vielleicht, um die meist durchsichtigen Schleime zu beschreiben. Rühmliche Ausnahmen gibt es, etwa der gelbe Schleim der Purpurschnecken, der im Sonnenlicht in ein tiefes Violett übergeht. Abertausende der Weichtiere wurden im alten Rom, später auch an europäischen Königshäusern für Prunkgewänder in imperialem oder kaiserlichem Purpur (Werner Nr. 40) geopfert. Auch die Große Bohrmuschel *Pholas dactylus* hatte das Pech, außerordentlich begehrt zu sein. Eigentlich fräsen die Tiere mit ihren langgezogenen Schalen Löcher ins Gestein, um sich darin ein Leben lang zu verstecken. Die Römer fanden sie trotzdem und Plinius berichtet von nächtlichen *Pholas*-Festessen, bei denen die Münder, die Hände und die Kleidung der Gäste in der Dunkelheit aufleuchteten, weil sie mit biolumineszentem Muschelschleim bespritzt waren. Ein Riesenspaß!

Andere Arten produzieren grün oder blau leuchtenden Schleim, während etwa die marine Raubschnecke *Navanax inermis*, deren dunkler Leib Streifen und Punkte in leuchtenden Discofarben trägt, einen gelben Schreckschleim hinterlässt, der Verfolger auf unbekannte Weise das Weite suchen lässt. Dennoch ist Werners Nomenklatur der Farben in puncto Schleim wenig relevant. Solange sich die Physik biologischer Hydrogele als undurchdringlich erweist, könnte vielleicht aber eine Klassifikation der zäh fließenden Klebrigkeit helfen. Wie Darwin einst mit Werners Werk ausgestattet war, müssten moderne Forscher standardisierte Hydrogele mitführen. Eine neu entdeckte Variante ließe sich dann möglicherweise plastisch beschreiben als ›zu gleichen Teilen Kriechschleim der Schnirkelschnecke und schwerer Katarrh mit einer Prise *Pholas*‹ – anstatt sie auch weiterhin nur mit dem nichtssagenden Etikett ›Schleim‹ abzutun.

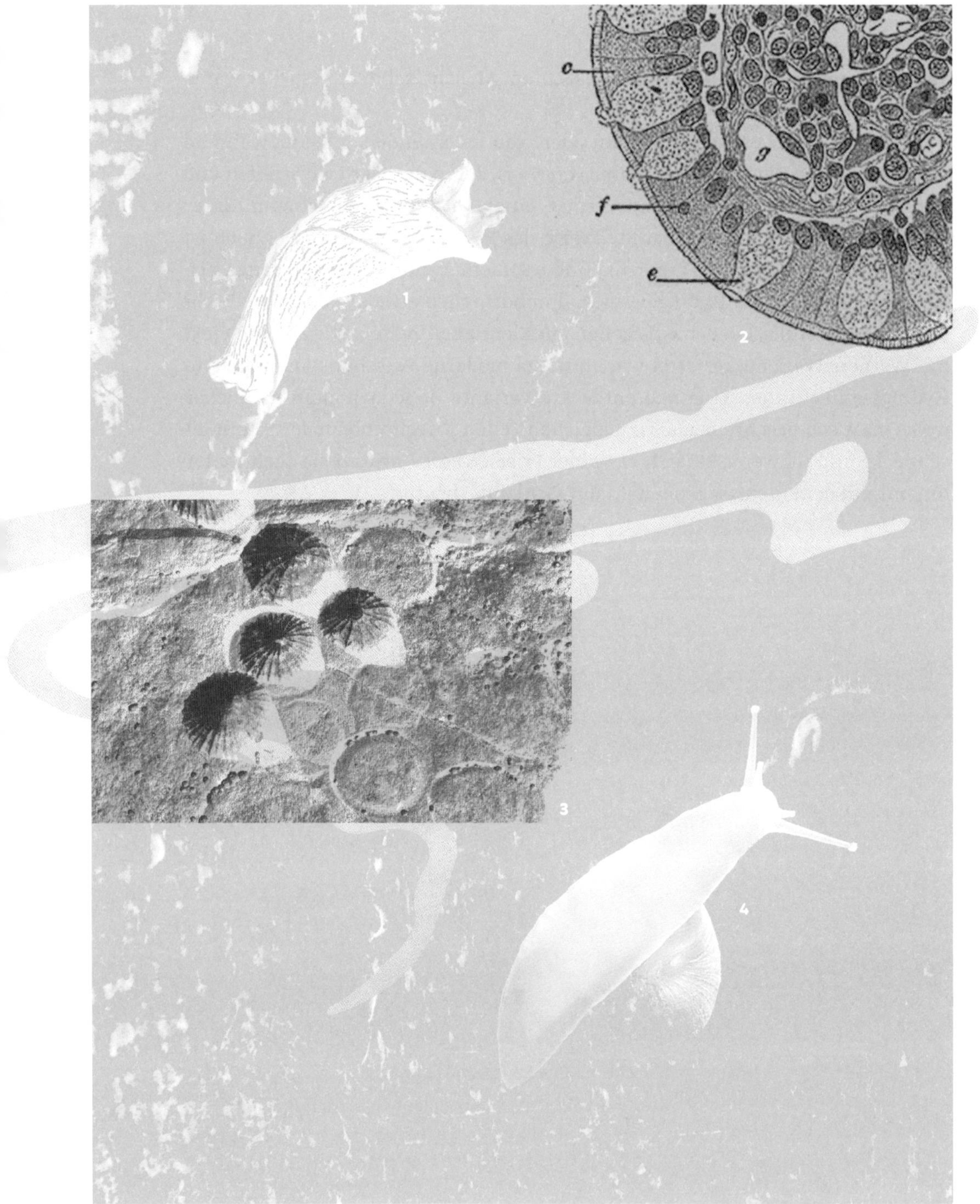

1 *Die Raubschnecke* Navanax inermis *folgt Schleimspuren* 2 *Querschnitt einer Darmzotte mit Schleim produzierenden Becherzellen (e)* 3 *Gemeine Napfschnecken* (Patella vulgata) *mit schützenden Dellen* (Home Scars) *im Gestein* 4 *Die Sohle der zuweilen hüpfenden Gefleckten Weinbergschnecke* (Cornu aspersum)

GEL IM STRESS

… strich ich mit dem Zeigefinger über eine Schnecke und kostete ein wenig von dem Schleime. Der Erfolg war glänzend; erstens gebärdete ich mich ungefähr so wie der Strauß, zweitens mußte ich einen Kognak trinken, und als das auch nichts half, einen Bitteren und dann noch einen, drittens verlor ich für drei Tage den Appetit, und viertens, die Zuneigung eines sehr hübschen Mädchens, dem ich in meiner unglaublichen Torheit von dem Versuche Mitteilung machte …

HERMANN LÖNS, *Ein eckliges Tier*

Die Vermählung fand am 20. September 1881 statt: Viktoria von Baden, eine deutsche Prinzessin, ehelichte Kronprinz Gustav V. von Schweden und Norwegen und wurde Jahre später an seiner Seite Königin. Die Ehe bestand aber trotz der drei gemeinsamen Söhne nur auf dem Papier, Gustav war homosexuell und Viktoria führte bis zu ihrem Tod eine Beziehung mit ihrem Leibarzt Axel Munthe. Er war auch der weltberühmte Autor von *Das Buch von San Michele*, seine mit reichlich Fiktion durchwobenen Lebenserinnerungen. Darin geht es vor allem um die Errichtung seiner Villa auf Capri, ein lichter Bau in schlichtem Weiß. Viktoria verbrachte hier oben über dem Meer viel Zeit im Lauf der Jahre.

Zuhause in Schweden muss sie das Idyll vermisst haben und lässt auf der Insel Öland das an Munthes Villa erinnernde Schloss Solliden errichten, die Sommerresidenz der Königsfamilie. Kein Detail ist zu unbedeutend für Viktoria, weder im Schloss noch im Park, der fortan ein Kuriosum beherbergen wird. Als Gartendekoration lässt Viktoria *Arion rufus* aussetzen, die meist rotbraun gefärbte Große Wegschnecke, obwohl eine nahe verwandte Art in Schweden bereits heimisch ist. Das ist die häufig schwarz gefärbte Nacktschnecke der Art *Arion ater*, die im vorindustriellen Schweden und noch bis ins 20. Jahrhundert herhalten musste, wenn der Teer als Wagenschmiere ausging.

Wie der Ethnologe Ingvar Svanberg schreibt, musste man sich dann mit zerquetschten Fröschen, Regenwürmern, vor allem aber schwarzen Nacktschnecken behelfen. Kinder sammelten die Weichtiere, die in eigenen Behältern am Fuhrwerk gehalten wurden. Begann die trockene Achse zu quietschen, wurde eine Schnecke auf die Radnabe gesetzt und bei der Weiterfahrt zermalmt. Die Praxis scheint weitverbreitet gewesen zu sein, auch der Heimatdichter Hermann Löns erwähnt, dass Frachtkutscher die Schnecken als Wagenschmiere einsetzten. In England ging die Praxis sogar mit der Zeit: Kinder verkauften die Schnecken entlang der Gleise, wo sie die eisernen Reifen der Züge geschmeidig laufen ließen.

Schnecken hinterlassen Schleim als Abrieb (1), wenn Scherung auftritt, die Schnecke also zieht (2) und der Untergrund über die Reibung (3) dagegenhält. Durch den Druck der Schneckensohle (4) wird der Schleim zudem vorübergehend flüssiger und erlaubt so das Kriechen.

Zu viel Schneckenschmiere kann allerdings auch schiefgehen: Im Sommer 2016 sorgte ein Unfall auf der Autobahn vor Paderborn weltweit für Schlagzeilen. Ein Trabant war auf einer breiten Schleimspur ins Schleudern geraten, die eine nächtliche Massenwanderung von Schnecken hinterlassen hatte. Den phlegmatischen Tieren droht in ähnlicher Situation dagegen nie Gefahr und nicht nur, weil ihre Höchstgeschwindigkeit nicht der Rede wert ist. Sie rutschen weder auf taunassem Asphalt noch auf körnigem Sand oder glitschigem Schlamm aus der Spur, sondern bleiben immer auf Tuchfühlung mit dem Untergrund. So können sie jedes noch so unwegsame Gelände an Land und im Wasser erobern.

Dafür lässt sich ihr Schleim buchstäblich aufreiben, wenn der Schneckenfuß in Bewegung das viskoelastische Hydrogel in eine Richtung zieht, während der Untergrund über die Reibung in die andere Richtung wirkt. Zwei parallele Kräfte mit gegensätzlicher Orientierung: Diese komplexe Variante von mechanischem

Stress heißt Scherung. Im Alltag tritt sie etwa auf, wenn ein Auto schlittert. Ähnlich wie bei den Schnecken presst dann der Wagen voran, während die Fahrbahn nach hinten abbremst. Der Konflikt geht auf Kosten der Autoreifen, die zwischen den konkurrierenden Kräften aufgerieben werden.

Gleiches Prinzip, anderes Material: Gummi geben Schnecken nicht, dafür hinterlassen sie als Abrieb eine Spur aus Schleim. Diese Art des Kriechens ist Viskoelastizität für Fortgeschrittene, und Schnecken haben die Technik perfektioniert, indem sie ihre eigene Brandung für ein Wellenreiten in Zeitlupe erzeugen. Über Kontraktionen lassen sie viele kleine Wellen hintereinander über ihre Sohle laufen. Das lässt sich wie bei Elisabeth Tova Baileys Hausschnecke beobachten: »Meine Schnecke schied eine besondere Art von Schleim aus, auf dem sie sich fortbewegte: den Kriechschleim. Wenn sie übers Moos glitt, wirkte das völlig mühelos, kroch sie aber an der Glaswand des Terrariums hinauf, konnte ich sehen, wie winzige Wellen über die Unterseite ihres Fußes liefen.« Was aber passiert dabei? Jede Erhebung presst auf den Schleim direkt darunter, dessen molekulares Gerüst bei ausreichend Druck zusammenbricht. Der Schneckenfuß kann über den jetzt flüssigeren Schleim an dieser Stelle gleiten. Ist die Welle durchgelaufen, lässt der Druck nach und das molekulare Gerüst erholt sich. Der Schleim härtet wieder aus und der Schneckenfuß stößt sich ab – bis die nächste Woge anbrandet.

Spezielle Haftschleime helfen den Tieren dagegen, in der echten Brandung der Gezeitenzone in Position zu bleiben oder etwa kopfunter an Ästen zu hängen. Die Nacktschnecke *Arion subfuscus* verankert sich damit sogar so fest am Untergrund, dass sie von hungrigen Vögeln nicht weggepickt werden kann. Von diesem starken Haftschleim haben sich amerikanische Forscher strukturelle Tricks für einen neuen Kleber abgeschaut, der herkömmlichen Produkten überlegen ist. So funktioniert dieser Haftstoff auch in feuchten und nassen Milieus, konnte etwa ein Loch in einem blutigen Schweineherzen flicken – über viele tausend Kontraktionen hinweg. Ein Mitarbeiter berichtet mir bei einem Gespräch, das Produkt solle nun weiterentwickelt werden, um sich im Körper nach Plan selbst aufzulösen.

Die australische Nacktschnecke *Triboniophorus graeffei* trägt ein blutrotes Dreieck auf dem Rücken, das mich bei der ersten Begegnung irrtümlich glauben ließ, ein Tierquäler habe sie mit einem Rasiermesser traktiert. Dabei werden vor allem Baumfrösche den Schnecken gefährlich, die sich aber zu wehren wissen. Anstatt sich selbst festzukleben, leimen sie lieber den Angreifer. Das fanden Forscher heraus, denen ein unglückseliger Baumfrosch unterkam, der sich in Reichweite einer solchen Schnecke an einen Ast klammerte, aber weder fraß noch floh. Das Tier war seit Tagen über den Klebeschleim der Schnecke so unverrückbar zementiert, dass ihn auch die Forscher nur mit Mühe ablösen konnten. Ohne Hilfe wäre er wohl ausgetrocknet oder selbst einem Fressfeind zum Opfer gefallen. Auch dieser biologische Kampfkleber könnte neue Anwendungen eröffnen, weil er über den Kontakt mit Wasser immer wieder aktiviert werden kann. Wie funktionieren diese Haftstoffe? Der klebrige Abwehrschleim der Hellbraunen Wegschnecke beispielsweise enthält elf spezielle Proteine, die für ein besonders steifes Molekülgerüst im Gel sorgen und für die Klebkraft essenziell sind. Doch die Entschlüsselung dieser hoch spezialisierten Substanzen steht noch am Anfang, es wird dauern, bis sie genutzt oder bedarfsgerecht imitiert werden können.

»Wie kann ein Tier mit nur einem Fuß auf Klebstoff laufen?«, fragte Mark Denny in einer Publikation. Mittlerweile wissen wir, dass das sprichwörtliche Schneckentempo vom Kriechschleim erzwungen wird, der selbst in seiner Funktion als Gleitmittel noch so stark klebt, dass sich das Tier nur schwer vom Schleim und der Schleim nur schwer vom Boden lösen können. Bei dieser hoch spezialisierten Art der Fortbewegung muss die Schnecke ihren Fuß unablässig wie von einem klebrigen Kaugummi abziehen. Das drosselt die Geschwindigkeit, kostet Zeit, Kraft sowie weitere Energie, weil die kostbare Ressource Schleim auf der Strecke bleibt. Die exorbitanten Ausgaben machen das Kriechen auf Schleim zu einer Extravaganz, in die Schnecken ein Drittel ihrer Gesamtenergie investieren. Im Vergleich dazu sind alle anderen Arten der Fortbewegung im Tierreich wie Hüpfen, Laufen, Schwimmen und Schlängeln energetische Schnäppchen. Sogar Fliegen kommt billiger.

Sparen ist also angesagt, wenn Gefleckte Weinbergschnecken (*Cornu aspersum*) auf porösem Untergrund noch mehr Kriechschleim produzieren müssen. Eine Prasserei, die sich mithilfe einer athletischen Gangart vermeiden lässt. Die Tiere wölben ihren Fuß über den Boden und schieben sich im Raupenmodus voran. Manche Forscher sprechen hier von Hüpfen, obwohl die Tiere nicht schneller werden. Tempo ist auch nicht das Thema, sondern eine bessere Bilanz. Der gefleckte Geizkragen drosselt die Materialkosten und hinterlässt anstelle einer langen Spur nur einzelne Schleimpunkte. Andere Energiesparschnecken können oder wollen keine Gymnastik betreiben und setzen auf Mehrweg statt Einweg. Sie folgen den Schleimspuren ihrer Artgenossen und füllen das Gelprofil nur nach Bedarf auf.

Trittbrettkriecher können also Ressourcen sparen und unter Umständen zur selben Zeit ihr Liebesleben fördern, wenn sie auf eine interessante Fährte stoßen. Die Männchen mancher Strandschneckenarten erkennen potenzielle Partnerinnen anhand der Schleimspuren, die sie wie ausführliche Kontaktanzeigen zu lesen wissen. Die Spezies, das Geschlecht, die Kriechrichtung und sogar die Attraktivität des Weibchens stehen hier in Schleim geschrieben. Besonders beliebt sind übrigens wohlgenährte Damen mit breiter Spur ohne Parasitenbefall. Ob sich die Männchen sonst ekeln? Das Inserat per Schleim hilft Schnecken, die sich selten zufällig treffen und von Speeddating nicht einmal träumen können.

Das klappt, wenn kein Lügenschleim ins Spiel kommt. Bei der Art *Littorina saxatilis* sind die Männchen massiv in der Überzahl, und die Gelege eines einzigen Weibchens können von mehr als zwanzig Vätern befruchtet sein. Wird der Verfolgungsdruck durch die Interessenten zu hoch, hinterlässt so manch bedrängtes Weibchen eine geschlechtsneutrale Schleimspur. Ein Etikettenschwindel mit ungeahnten Konsequenzen, weil er die männlichen Verfolger auf völlig falsche Fährten lockt. So konnten Forscher bei keiner Art mehr Kopulationsversuche zwischen verwirrten Männchen beobachten, die sich irrtümlich gefolgt waren.

Setzt man vier Partula-Schnecken und eine Rosige Wolfsschnecke zusammen, so ist nach 24 Stunden nichts mehr von den Partuliden übrig.

FLORIAN WERNER
Schnecken. Ein Portrait, 2015

Doch es kann auch zu kriecherischen Auseinandersetzungen kommen. Die Rosige Wolfsschnecke (*Euglandina rosea*) frisst andere Gastropoden, die sie über deren Schleimspur aufspürt. Dafür hat sie einen beweglichen Ausläufer ihrer Lippe zu einem eigenen Sinnesorgan umfunktioniert, eine Art Scanner für Schleim. Das räuberische Weichtier folgt nahezu allen Spuren, frisst auch Landschnecken jeglicher Art. Besser ergeht es Angehörigen ihrer eigenen Spezies, mit der es vielleicht zur Paarung kommt – wenn sie nicht im Experiment mit dem Schleim potenzieller Beuteschnecken eingeschmiert sind. Dann werden sie gnadenlos angegriffen, während sich Beuteschnecken mit Euglandina-Schleim in der Rolle potenzieller Paarungspartner wiederfinden. Doch auch marine Weichtiere müssen sich auf unliebsamen Besuch einstellen. Manche Blasenschnecken beispielsweise produzieren ununterbrochen Schleim, der sie wie ein hauchfeines Gewebe mitsamt ihrem Haus umhüllt und als zarter Schlauch zurückbleibt. Er hilft den Tieren, geschmeidig in das Sediment abzutauchen, kann aber auch Räuber auf den Plan rufen, darunter *Navanax inermis*. Auch diese große Schnecke mit der eleganten Zeichnung folgt den Gelspuren ihrer Beute, darunter den verlassenen Schleimtunneln der Blasenschnecke. Interessanterweise wandelt auch der Räuber auf und im selbstproduzierten Schleim, dem *Navanax* bei Gefahr leuchtend gelbe Abwehrstoffe beimischt.

Und manchmal wird auch die eigene Verwandtschaft zum Problem: Das Leben der Großen Eulen-Napfschnecken (*Lottia gigantea*) teilt sich in zwei Phasen: Die Jungtiere sind alle männlich, wandeln sich erst später zu Weibchen um – und das Verhalten passt sich an. So können renitente Jünglinge zum Problem werden, das die älteren Damen kurzerhand mit Gewalt lösen. Nostalgie für die eigene rebellische Kindheit können sie sich nicht leisten, dafür steht zu viel auf dem Spiel. Die weiblichen Tiere leben als Einsiedler und haben wie viele Napfschnecken in der Gezeitenzone ein Eigenheim zu verteidigen. Das ist eine auf den ersten Blick unscheinbare Delle im Gestein, ein sogenannter *home scar*.

Der Rand der Delle passt fast perfekt zum Haus der jeweils ansässigen Schnecke, die hier bei Ebbe vor Austrocknung geschützt ist. Dafür muss sie zuerst aber den Weg zurück finden. Die eigene Kriechspur hilft dabei als externes räumliches Gedächtnis, das wie ein schleimiger Ariadnefaden durch das Labyrinth Gezeitenzone führt. Der kalifornische Forscher Willis G. Hewatt ging schon in den 1940er-Jahren dem damals noch mysteriösen Verhalten nach und ritzte eine tiefe Rille über den Heimweg eines der Tiere, wie Rachel Carson in ihrer wundervollen Trilogie über die See berichtet: »Die Napfschnecke hielt am Rand der Rille an und verbrachte einige Zeit damit, sich dem Dilemma zu stellen. Aber bei der nächsten Ebbe bewegte sie sich um die Ecke der Rille und kehrte nach Hause zurück.«

Für die Großen Eulen-Napfschnecken geht es allerdings um mehr als Schutz bei Niedrigwasser. Rund um die heimatliche Delle sammelt sich eine Schleimschicht an, auf der die Schneckenweibchen einen Garten nahrhafter Mikroalgen kultivieren, über ihren reichhaltigen Schleim möglicherweise sogar gezielt düngen. Konkurrierende Gewächse halten sie klein und weiden den Bewuchs nachhaltig ab. Den jugendlichen Männchen fehlt dagegen jede gärtnerische Ambition, und sie wildern lieber in fremden Anlagen. Wenn sie dabei auf die Eigentümerinnen treffen, wird es schmerzhaft, weil diese mit allen Mitteln gegen verfressene Nachbarn und Mundraub vorgehen. Das bedeutet, dass sie Eindringlinge aus dem Weg bulldozern und bei Bedarf auch Hauskantenschläge verteilen: *My home scar is my castle.*

Als Gleitmittel und Klebstoff ist Schleim also außerordentlich vielseitig und kostbar, nicht weniger wichtig aber als selektive Barriere. Alle Organismen brauchen Schleimbarrieren, und die Mehrzeller hätten sich ohne den Schutz durch hoch spezialisierte Hydrogele möglicherweise nicht entwickeln können. Den menschlichen Organismus allein rüsten vier verschiedene Hydrogelsysteme zur Wehranlage auf, indem sie den Zugang zu allen funktionellen Einheiten vom Zellkern über die Gewebe und Organe bis zum Verdauungstrakt kontrollieren. Unsere Gesundheit und letztlich auch unser Leben hängen davon ab, dass dieses hauchzarte Material, das aus wenig mehr als Wasser besteht, passend zum jeweiligen Bedarf die richtige Balance findet. Nährstoff versus Schadstoff, gefährlicher Erreger versus ansässige Mikrobe, Spermium versus Immunzelle oder Krebszelle: Wer darf passieren? Und wer muss draußen bleiben?

1 *Mit schützender Glykokalyx ausgekleidete Blutgefäße im Querschnitt* **2** *Der Königssohn und die Hecke in einer Szene aus dem Scherenschnittfilm* Dornröschen *von Lotte Reiniger (1945)*
3 *Langgestreckte Zellfortsätze mit Glykokalyx*

WANDELBARE GRENZEN

Es ging aber die Sage in dem Land von dem schönen schlafenden Dornröschen, denn so ward die Königstochter genannt, also dass von Zeit zu Zeit Königssöhne kamen und durch die Hecke in das Schloss dringen wollten. Es war ihnen aber nicht möglich, denn die Dornen, als hätten sie Hände, hielten fest zusammen, und die Jünglinge blieben darin hängen, konnten sich nicht wieder losmachen und starben eines jämmerlichen Todes.

JACOB UND WILHELM GRIMM, *Dornröschen*

Die Operation Overlord begann im Morgengrauen des 6. Juni 1944 mit der Landung der Alliierten in der Normandie, wo sie sich in erbitterten Auseinandersetzungen mit den deutschen Truppen einen Weg ins Inland erkämpften. Dort stießen sie in der Landschaft des *Bocage* auf einen unerwarteten Gegner. »Die Hecken der Normandie, die die kleinen Felder umgaben und an jeder Straße, an jedem Weg standen, waren mindestens dreimal so hoch wie die in England, wucherten über dicken Wällen und waren so dicht, dass nicht einmal ein Panzer sie zu durchbrechen vermochte«, wie der Historiker Antony Beevor schreibt. Hilfe brachten erst die eilends mit starken Stahlzinken ausgestatteten *Rhino tanks*, also Nashorn-Panzer, die in wenigen Minuten ein Loch durch Wall und Hecke fräsen konnten.

Das ist unerwartet viel Aufwand für eine Grenze, die nicht aus Stein und Zement gemauert, sondern aus lebendigen Zweigen geflochten ist. »Die Hecke ist Schwelle, Grenzland«, schreibt der Literaturwissenschaftler Ian Rodwell auf seinem Blog *Liminal Narratives*. »Sie umreißt, markiert und trennt. In Balance zwischen Feld und Feld oder Wiese und Weg signalisiert sie die Grenze, die sie gleichzeitig selbst darstellt.« In der Natur sind Hecken porös und kein Hindernis für Luft und Wasser sowie Vögel und anderes kleines Getier. Gleichzeitig sind sie undurchlässig für Wild und Weidetiere, auch den Menschen – und bei Bedarf sogar Königssöhne. In ihrer Bedeutung sind sie eher Schwelle als absolute Grenze, vielleicht auch liminale Zonen des Übergangs. Darin besteht die Gemeinsamkeit mit Schleimbarrieren, die ebenfalls selektiv filtern müssen.

Der Autor John Wright vermutet in *A Natural History of Hedgerows*, seiner Naturgeschichte der Hecken, dass sie eine uralte Tradition haben und vielleicht schon früh in Britannien halfen, das grasende Vieh vom angepflanzten Getreide fernzuhalten – und Weide wie Acker vor Reh, Wolf und anderen Wildtieren zu schützen. Um im Bild zu bleiben: Unser eigenes Gewebe ist das Kulturland, das vor eingedrungenen Erregern wie auch vor unseren domestizierten Mikroben bewahrt werden muss. Ganz dicht sind Hydrogele nie, dafür enthalten sie zu viel Wasser, das nur durch ein dreidimensionales Netzwerk zusammengehalten wird. Beide Bestandteile spielen für die Funktionen der Barriere und für die Selektion eine wichtige Rolle, die auf mehreren Ebenen erfolgt, zu deren Entschlüsselung das Labor von Katharina Ribbeck am Massachusetts Institute of Technology (MIT) in Cambrigde, USA maßgeblich beigetragen hat.

Ob ein Teilchen ein Hydrogel passieren kann, hängt zunächst von seiner eigenen Größe und der Maschenweite des Schleimgerüsts ab. Winzige Partikel diffundieren in Hydrogelen meist so ungehindert, wie Insekten eine Hecke passieren. Ausladende Teilchen bleiben dagegen ab einer gewissen Größe schlicht stecken, ob im botanischen oder im molekularen Dickicht. Der Schleim als Sieb erlaubt also schon auf dieser rein mechanischen Ebene eine simple und wirkungsvolle Selektion, weil viele große Schadstoffe und auch Erreger ohne Spezialwerkzeug außen vor bleiben.

Die Selektionsmethoden unserer Hydrogelhürden sind für uns allerdings nicht immer nur von Vorteil, weil sie manchmal Freund von Feind nicht unterscheiden können und medizinische Wirkstoffe abfangen. Werden die Barrieren bei der Entwicklung neuer Medikamente ignoriert, stranden diese möglicherweise lange, bevor sie ihr Ziel im Organismus erreicht haben. Das bedeutet, dass jedes Therapeutikum, das auf eine Schleimbarriere treffen wird, den korrekten Passierschein mitbringen muss. Brachialgewalt nach Art der Nashorn-Panzer richtet hier mehr Schaden als Nutzen an, weil Breschen in der Barriere auch gefährlichen Erregern ein Durchschlüpfen erlauben. Die biomedizinische Forschung arbeitet deshalb an molekularen Sesam-öffne-dich-Mechanismen, die Hydrogelhürden für Wirkstoffe durchlässig machen, sich nach deren Passage aber sofort wieder schließen.

Aber nicht immer entscheidet die Größe allein, das molekulare Gerüst kann auch auf andere Weise selektieren. Hat ein Partikel Pech, besteht er zwar den Siebtest, bleibt aber trotzdem im Gel stecken. Dann hat sich das Teilchen über elektrostatische Interaktionen zwischen seiner eigenen Oberfläche und dem Gelgerüst verfangen und bleibt hängen – wie an Dornen im Dickicht. Die umgekehrte Variante gibt es allerdings auch: Hat ein großes Teilchen Glück, erweisen sich seine Wechselwirkungen als Schlüssel für den gezielten Transport durch das Gel. Manche Erreger haben sich in ihrer Evolution entsprechend angepasst und bringen enzymatische Spezialzangen mit, die ein Loch durch das Hydrogel schneiden. Wieder andere gehen eleganter vor und kopieren den Code, der in manchen Gelen eigene Passagen öffnet. Die Spermien des Menschen wiederum müssen den Gelpfropf am Muttermund durchdringen. Ihr Erfolg hängt von der Konsistenz des Schleims ab, die der Organismus nach Bedarf über Stellschrauben justiert. Anders gesagt: Es kommt auf das perfekte Timing an.

Nun waren aber gerade die hundert Jahre verflossen, und der Tag war gekommen, wo Dornröschen wieder erwachen sollte. Als der Königssohn sich der Dornenhecke näherte, waren es lauter große, schöne Blumen, die taten sich von selbst auseinander und ließen ihn unbeschädigt hindurch, und hinter ihm taten sie sich wieder als eine Hecke zusammen.

JACOB UND WILHELM GRIMM, *Dornröschen*

»Ich will da nicht raus, wer weiß, was uns da draußen erwartet«, sagt Woody Allen als bebrilltes Spermium in der Komödie *Was Sie schon immer über Sex wissen wollten, aber bisher nicht zu fragen wagten.* Er fürchtet sich zu Recht. Der Spießrutenlauf der Spermien in Richtung Eizelle führt sie als wenig willkommene Fremdkörper zunächst durch ein tödlich saures Vaginalmilieu und dann an den Schleimpfropf, der den Zugang zur Gebärmutter sichert. Diese Barriere ist fast immer dick und dicht genug, um Erreger und auch Spermien abzuwehren. Das ändert sich während der Ovulation, wenn eine reife Eizelle vorliegt und befruchtet werden kann. Ein entscheidender Faktor ist der pH-Wert, wobei meist gilt: Je saurer ein Milieu, desto dichter das betreffende Gel.

Mit dem Eisprung steigt der pH-Wert an. Dann bindet das Hydrogel am Muttermund mehr Wasser, weicht auf und wird poröser – also durchlässiger. Die Zähigkeit der Hürde nimmt um den Faktor 100 ab. Dann und nur dann dürfen fitte Spermien ausnahmsweise passieren. Doch nicht nur der weibliche Körper weiß zu manipulieren. Auch die männliche Samenflüssigkeit kann den vaginalen pH-Wert anheben und so ein milderes Klima für Woody und Konsorten schaffen, die sonst im aggressiv sauren Milieu vor der Gelbarrikade stranden und nur kurz überdauern würden. Ungelenke sowie defekte Schwimmer werden wie Mikroben schnell ausgesiebt – wenn es denn gelingt. Die Bedeutung der Schleimbarrieren im Organismus zeigt sich am eindrucksvollsten an ihrem Versagen, wie eine weitere Studie am Ribbeck-Labor gezeigt hat.

Eine Frühgeburt ist noch immer die häufigste Todesursache bei Neugeborenen und kann bei überlebenden Kindern zu schweren Komplikationen führen. Es ist bekannt, dass Infektionen im Mutterleib eine wichtige Rolle dabei spielen können. Doch lange war unklar, wie die Erreger in die Gebärmutter eindringen, wenn der Zugang durch den Schleimpfropf blockiert ist, der während der gesamten Schwangerschaft undurchlässig sein sollte. In einer Studie zeigte sich, dass die Barriere bei vielen Frauen mit Risiko zur Frühgeburt möglicherweise nicht dicht genug ist, sondern so porös wie während der fruchtbaren Tage. Erreger könnten dann leichtes Spiel haben. Sollte sich das Ergebnis bestätigen, könnte vielleicht synthetischer Schleimersatz die schwache Barriere verstärken, um das ungeborene Kind zu schützen.

Ebenso eindrucksvoll wie im Genitaltrakt wirkt der pH-Wert im Magen, der lange Zeit als steril galt. Welcher Erreger sollte auch in einem Organ siedeln können, dessen Milieu extrem sauer ist und dessen Wände von einer zweifachen Lage kompakten Schleims geschützt werden? Dem Bakterium *Helicobacter pylori* gelingt das, indem es enzymatisch die Magensäure in seiner unmittelbaren Umgebung entschärft. Diese lokale Pufferzone ist sehr viel lebensfreundlicher und weicht gleichzeitig über den veränderten pH-Wert eine Schneise in die Schleimbarriere. Hier kann der Erreger bequem durch das dünne Gel bis zur Magenwand schwimmen und dort siedeln. *Helicobacter pylori* muss früh gelernt haben, unsere Stellschrauben zu bedienen, weil seine Spuren bereits bei der steinzeitlichen Gletschermumie Ötzi nachgewiesen wurden.

Wie viele biologische Hydrogele wird der Schleim im Magen von Mucinen gebildet. Das sind extrem große, extrem komplexe und evolutionär extrem alte Moleküle. Im Menschen kommen sie in vielfacher Ausführung vor, sind aber auch in anderen Organismen weitverbreitet. Von den vier verschiedenen Hydrogelsystemen, die den Menschen angesichts seiner feindlichen Umwelt sichern, basieren zwei auf Mucinen. Ein Hydrogelsystem bildet großflächige Gele, die vor allem unsere inneren Oberflächen in den Atemwegen, im Verdauungs- und Genitaltrakt bedecken – die Schleimhäute. Die wichtigsten Bausteine sind hier die sogenannten gelbildenden Mucine. Sie werden von Becherzellen in den Schleimhäuten produziert und so lange gespeichert, bis sie bei Bedarf freigesetzt werden.

Das zweite Hydrogelsystem, das auf Mucinen, aber auch anderen Komponenten beruht, ist die sogenannte Glykokalyx. Das ist eine Gelhülle, die jede einzelne Zelle im Körper umgibt. Lange galt sie einfach als mechanischer Schutz, eine Art weiche Pufferzone. Mittlerweile weiß man, dass sie höchst komplex aufgebaut ist und essenzielle Funktionen erfüllt. Ihre Mucine sind dadurch gekennzeichnet, dass sie anders als die gelbildenden Cousins nicht komplett freigesetzt werden. Sie verbleiben vielmehr mit einem Ende in der Membran der Zelle verankert und heißen entsprechend auch membranständige Mucine. Sie tragen entscheidend zur Bildung der Gelhülle bei, sind aber auch für die Kommunikation zwischen Zelle und Umwelt wichtig.

Ob frei oder fest verankert, ob im Menschen, in Fischen, Amphibien, Weichtieren, Insekten, Vögeln oder einem anderen Organismus: Alle Mucine ähneln sich in ihrer Struktur – und sehen aus wie Flaschenbürsten. Denn immer bildet ein einzelnes Protein eine Art Rückgrat, an das zum Teil Hunderte Glykane andocken. Das sind lange und stark verzweigte Zuckerketten, die hier dicht an dicht wie Borsten abstehen und bis zu achtzig Prozent der Molekülmasse ausmachen können.

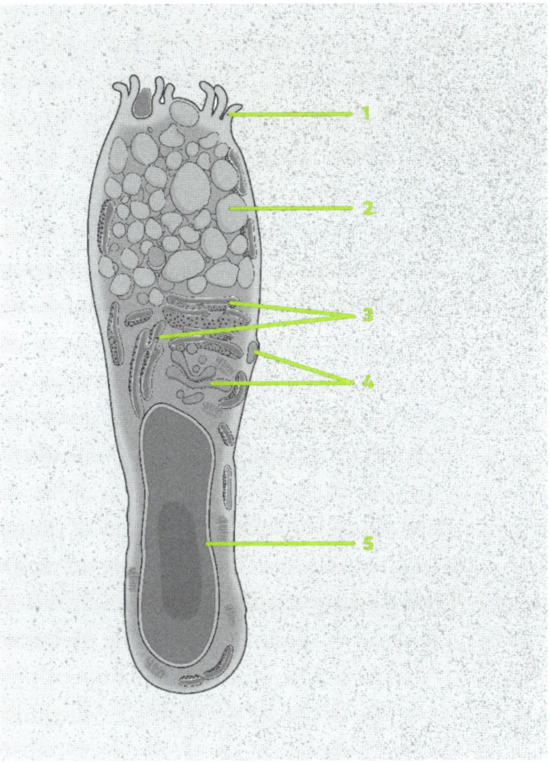

Die Becherzelle mit ihren Zellfortsätzen (1) ist dicht mit Bläschen gefüllt, die Mucine bis zur Freisetzung speichern (2). Das raue Ergastoplasma oder rER (3) ist der Ort der Proteinsynthese, während der Golgi-Apparat (4) die Bläschen produziert. Der Zellkern (5) ist die Schaltzentrale der Zelle.

Die Glykane machen die ohnehin großen Mucine aber auch so sperrig, dass die Handhabung der gigantischen Moleküle im Organismus lange umstritten war. Nun wurde aber ein neues Modell am Beispiel des MUC2-Moleküls entwickelt, des entscheidenden Schleimproduzenten im Verdauungstrakt. Wie also gehen die aufgeschwollenen Becherzellen in den Schleimhäuten mit dieser Last in ihrem Inneren um? Die gespeicherten Mucine schließen sich wohl zu Dreiergruppen zusammen und unterdrücken im speziellen Milieu der Becherzellen vorübergehend ihre molekulare Antipathie. Einmal in Freiheit können sie sich aber nicht schnell genug voneinander entfernen und entfalten sich explosiv – vielleicht wie automatische Regenschirme. Innerhalb von Millisekunden können sie um das Dreitausendfache auf ein Gel anschwellen, das sich nahtlos in den vorhandenen Schleim einfügt.

Abschließend bewiesen ist das noch nicht und auch die Rolle der Glykane ist noch längst nicht restlos entschlüsselt. Sie sind sicher essenziell für die Bindung von Wasser und damit die Gelbildung, aber ihre Bedeutung geht weit über Schleim hinaus. Diese Zucker sind eine zentrale Stellschraube im Organismus. Mehr noch: Sie sind neben den Proteinen, Fetten und Nukleinsäuren einer der vier großen Bausteine des Lebens. Nur fehlten lange Zeit die Methoden, um diese komplexen Strukturen zu entschlüsseln. Zwar basieren die Glykane in Säugern auf nur neun einfachen Zuckern. Diese werden aber allein im menschlichen Körper zu mehreren Zehntausend unterschiedlichen Glykanketten zusammengesetzt, die in verschiedenen Kombinationen an Mucine und andere Proteine sowie Fette andocken, um deren Verhalten, Eigenschaften und Stabilität zu beeinflussen.

Die zelluläre Gelhülle beispielsweise kann von Millionen Glykanen verziert sein und ist dank dieser Vielfalt jeweils einzigartig aufgebaut. Das macht die Glykokalyx zum Aushängeschild der Zellen, die sich über diesen molekularen Barcode ausweisen. Auch gegenüber dem Feind: Pathogene identifizieren ihre Zielzellen im Wirt über deren Glykane und docken daran an. Das vereitelt der Organismus, indem er die Gele der Schleimhäute nicht nur mit antimikrobiellen Substanzen spickt, sondern auch mit Ködern anreichert. Das sind Moleküle wie Mucine, die derart verlockende Glykane tragen, dass ihnen Erreger hoffentlich auf den Leim gehen und schnell entsorgt werden können.

Doch die gemeinsame Evolution haben viele Erreger genutzt, um entsprechend aufzurüsten und entsprechende Gegenmaßnahmen zu entwickeln. Influenzaviren beispielsweise tragen zwei essenzielle Moleküle an ihrer Oberfläche. Eines davon bindet an spezifische Mucinglykane – bevorzugt natürlich auf der Zielzelle. Bleibt das Virus aber über einen Köder im dornigen Dickicht des Schleims hängen, sorgt das andere Molekül für den Befreiungsschlag und kappt als enzymatische Machete die Verbindung.

Bin ich Freund oder Feind? Auf die Erkennung per Zucker setzt auch das Immunsystem, das Körperzellen und Erreger anhand des Glykocodes unterscheidet. Gefährliche Gruppe-B-Streptokokken kleiden sich aber kurzerhand in menschliche Glykane, um der Enttarnung zu entgehen. Falsche Identitäten nehmen in gewisser Weise auch Tumorzellen an, die etwa ihre Mucine gezielt verändern. Diese charakteristische Krebs-Glykokalyx hilft ihnen bei der Ausbreitung im Körper und der Abwehr von Therapien.

Wie weitreichend der Einfluss der Glykokalyx und ihrer Zucker ist, zeigt sich auch an Leiden wie der erblichen Mukoviszidose. Hier akkumuliert zäher und besonders klebriger Schleim in mehreren Organen. In der Lunge liefert er pathogenen Bakterien einen idealen Nährboden, was die Atemwege irreparabel schädigt. Die Schleimbarriere wird nicht ausreichend hydriert, und das stark veränderte Glykanmuster eines Mucins könnte dazu beitragen. Diese spezielle Zuckerkombination wurde bislang nur bei dieser Krankheit nachgewiesen. Ob und welche Rolle dies spielt, soll künftig die noch junge Disziplin der Glykobiologie aufklären. Hier geht es um die Entschlüsselung ganzer Glykome, also aller Zucker einer Zelle, eines Organs oder Organismus – in Gesundheit und Krankheit. Dieses Wissen könnte letztlich den Weg ebnen für eine alles vereinende Theorie der Biologie und möglicherweise eine neue Ära der modernen Medizin einleiten.

Und die Königssöhne? Spermien sind von besonders dicken Gelhüllen umgeben, die bei der gefährlichen Passage durch den weiblichen Genitaltrakt helfen und vielleicht die Tauglichkeit des Anwärters unter Beweis stellen. Es wird vermutet, dass die ebenfalls dick in Schleim gehüllte Eizelle anhand der Glykokalyx des Spermiums mögliche Defekte aufspüren sowie die passende Spezies erkennen kann – damit es es sich bei dem Anwärter sicher um einen Prinzen und nicht etwa um einen verkappten Froschkönig handelt.

III

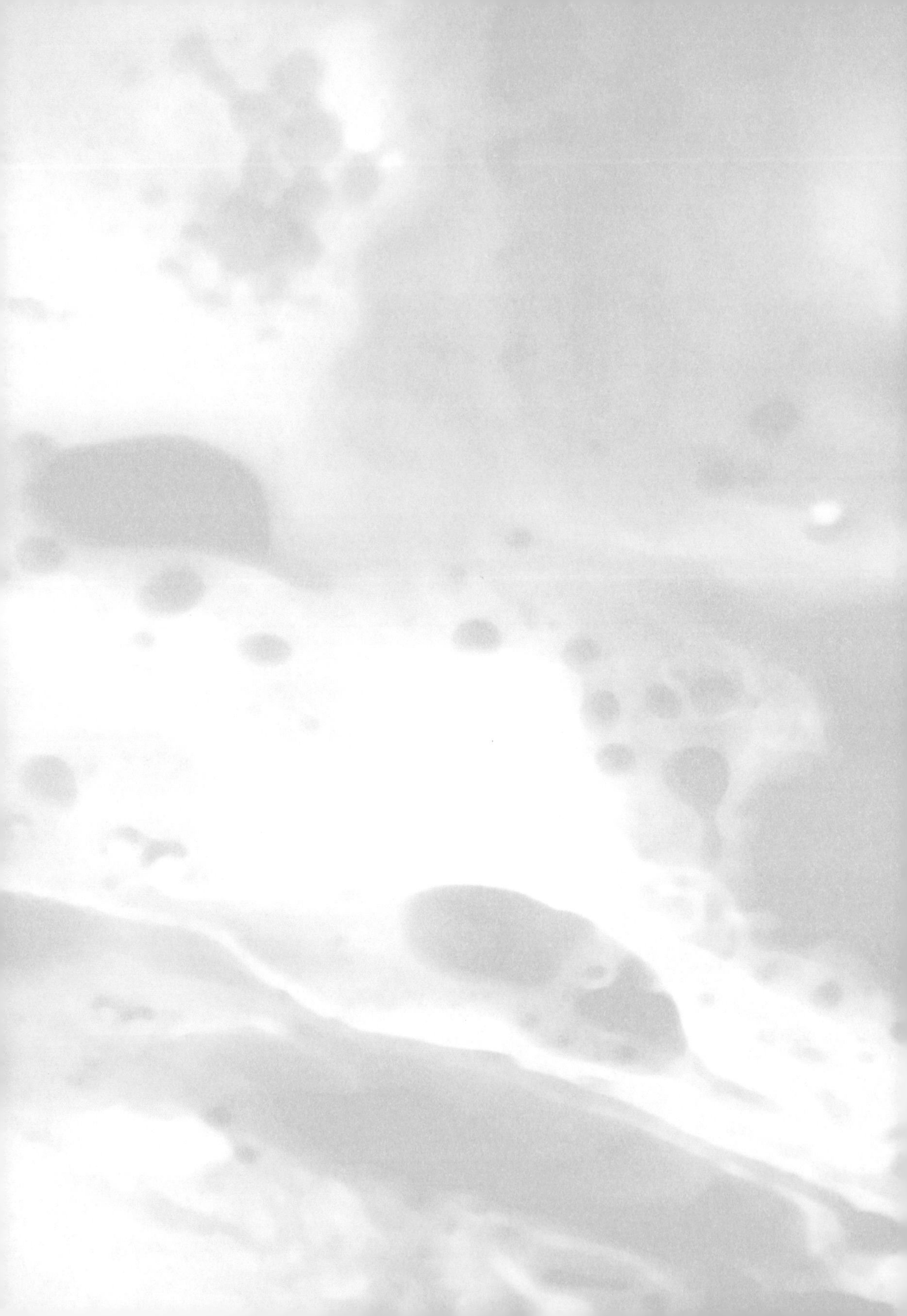

III ORGANISMUS

Wahrscheinlich gibt es keine gänzlich schleimlosen Lebewesen. Der Mensch ist in dieser Hinsicht also nichts Besonderes, aber besonders gut untersucht. Vier verschiedene Hydrogelhürden rüsten unseren Körper zur Festung auf, sodass Erreger auf dem Weg in unseren Organismus auf jeder Ebene vor einer weiteren Schleimbarriere landen. Diese Hydrogele sind hoch spezialisiert, an den jeweiligen Bedarf angepasst und kooperieren mit dem Immunsystem. Die ausgedehnten Schleimbarrieren an unseren inneren Grenzflächen, etwa in den Atemwegen und im Verdauungstrakt, interagieren aber auch mit Milliarden ansässigen Mikroben, die in und mit uns leben und dabei zu unserem Wohlbefinden beitragen. Diese Lebensgemeinschaft ist so eng verzahnt, dass höhere Organismen kaum mehr als Individuen zu sehen sind. Sie bilden mit ihrem Mikrobiom sogenannte Holobionten, also eine Einheit aus einem Mehrzeller und unzähligen Mikroorganismen.

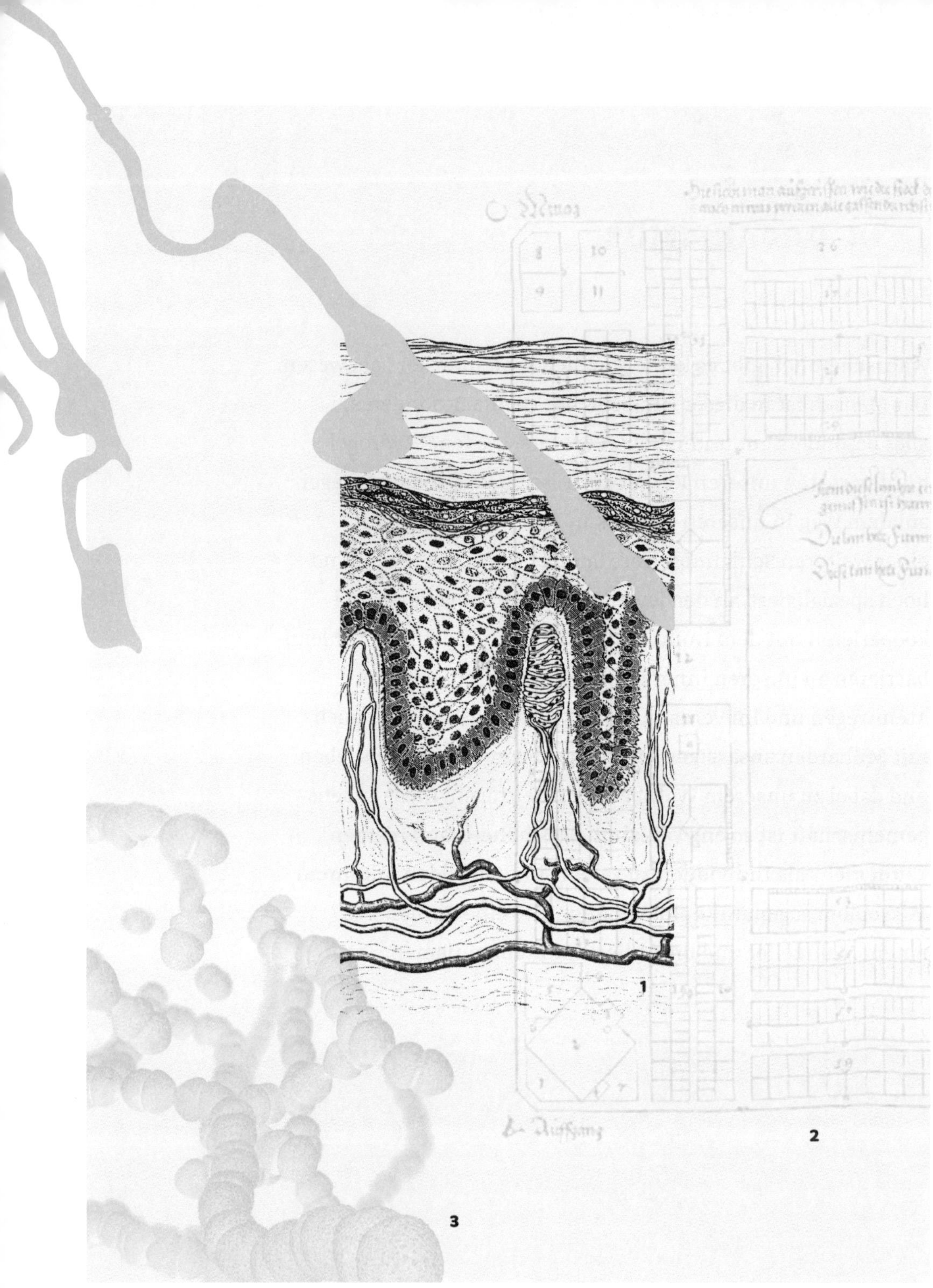

1 *Menschliche Haut im Querschnitt mit aufliegender Schicht aus verhornten Zellen* 2 *Albrecht Dürers utopischer Entwurf einer Idealstadt (Ausschnitt), 1527* 3 *Der bakterielle Erreger* Streptococcus pneumoniae *verursacht Lungenentzündungen beim Menschen*

FESTUNG MENSCH

»Und ich hab all mein lebtag nichts gesehen, das mein hercz also erfreuet hat …«, schrieb Albrecht Dürer in sein Tagebuch über die »wunderbahrlicher ding zu maniglichem brauch«, die er im August 1520 in Brüssel zu Gesicht bekommen hatte. Es waren die von spanischen Eroberern erbeuteten Schätze des Moctezuma, letzter Herrscher der Azteken. Goldene Sonnen, silberne Monde und andere filigrane Kunstwerke, dazu Waffen und kostbare Textilien bekam das erlesene Publikum hier zu sehen. Vielleicht wurde auf diese Weise Dürers Interesse an den Azteken geweckt, sodass er Jahre später den auch im heimischen Nürnberg kursierenden Druck der prachtvollen Kapitale Tenochtitlán intensiv studierte und Elemente ihres Grundrisses in sein Werk einfließen ließ.

Es war das Zeitalter der Zukunftsentwürfe, der *Utopia* des Thomas Morus, seines Zeichens Kanzler des englischen Königs, der mit seiner fiktiven Insel dem idealen Gemeinwesen einen Namen gab. Auch Dürer versuchte sich an der idealen Stadt, wollte als *uomo universale* seine vielseitige Bildung und Fertigkeiten in Praxis und Theorie unter Beweis stellen. Die militärische Sicherung war unverzichtbar, Burgenbau alleine genügte aber nicht mehr, vielmehr sollten Abwehr und ziviles Gemeinwesen nun in perfekter Harmonie und nach strengen Grundsätzen der Ästhetik verschmelzen. Dürer skizzierte seine bis ins Detail durchdachte steinerne Utopie neben allerlei ausgeklügelten Fortifikationen in der 1527 erschienenen Befestigungslehre *Etlich underricht zu befestigung der Stett, Schloss und flecken.*

Eine Stadt, bis ins kleinste Längenmaß durchdacht, rechnerisch perfekt wie ein Mühlebrett und genauso langweilig. Wie so vielen utopischen Entwürfen fehlt ihr notwendigerweise der Charme einer organisch gewachsenen Struktur. Um es mit Morus zu sagen: »… wer eine Stadt kenne, kennt sie alle.« Was aber hat die ideale Stadt mit dem menschlichen Organismus und seinen Schleimen gemein? Die Parallelen liegen in den Herausforderungen, die es in Stein ebenso zu meistern gilt wie in Fleisch, in Blut – und in Schleim: Wie kann eine beständig durch fremde Armeen oder mikrobielle Horden bedrohte Anlage geschützt werden, ohne den Ablauf essenzieller Prozesse des Lebens und Überlebens wie die Versorgung mit Nahrung zu stören?

Dürers Festungsstadt ist streng hierarchisch angelegt, das Schloss als Schaltzentrale gut gesichert in der Mitte. Wer hier das Kommando an sich reißen möchte, muss viele Straßenzüge und mehrere Stufen der Abwehr überwinden – oder eine Hintertür finden. Unterkünfte und Arbeitsstätten, Läden und Ställe bilden bei Dürer funktionale Einheiten. Das spiegelt die soziale Ordnung wider, sorgt aber auch für effiziente Arbeitsteilung, wenn etwa die Schmiede nahe bei den Gießern, der Klerus bei der Kirche sowie die Adligen und das Rathaus beim Schloss angesiedelt werden. Das übergeordnete Prinzip bleibt aber die Abwehr, der nicht enden wollende Andrang von Eindringlingen drückt Stadt wie Mensch seinen Stempel auf.

Unsere zivile Seite hält den Organismus am Laufen mit den Zellen als kleinster Einheit, die sich abhängig von ihrer Funktion zu Geweben und Organen zusammenfügen, die sich dann wiederum zu ganzen Systemen wie dem Verdauungstrakt gruppieren. Auch hier findet also zusammen, was zusammengehört. Aber die stringente Anordnung geht über die reine Anordnung der Organe hinaus: Der Darm muss mit der Abwehr von Pathogenen und der Aufnahme von Nährstoffen zwei gegensätzliche Funktionen vereinbaren und geht dabei sehr differenziert vor. Das auf den ersten Blick gleichförmig gebaute Gewebe des Verdauungskanals ist in Segmente unterteilt. So liegt der Schwerpunkt zu Beginn auf der Aufnahme der Nährstoffe, während sich das Immunsystem eher zurückhält. Pathogene werden erst in den hinteren Abschnitten des Darms aggressiv bekämpft, wo eine starke Abwehr die Verdauung nicht mehr behindern kann.

Wo der Erhalt und die Versorgung des Organismus Vorrang haben, leisten wir uns also ein wenig Nachsicht gegenüber den Pathogenen. Doch grundsätzlich gilt: All die lebenswichtigen Prozesse können nur ungestört ablaufen, wenn der Zugang wie bei einer Festungsstadt streng kontrolliert ist, mit höchster Alarmbereitschaft gegenüber fremden Aggressoren, aber auch inneren Saboteuren. So lässt Dürer Invasoren gegen ein mehrstufiges System aus Wall und Graben anrennen. Unsere erste Linie der Verteidigung aber kann man nicht sehen. Es sind all die Prozesse, die uns dabei helfen, Pathogenen möglichst aus dem Weg zu gehen. Manche Forscher sprechen von einem Immunsystem des Verhaltens, bei dem der Emotion Ekel eine Schlüsselrolle zukommt. Doch nicht immer lässt sich jeder Kontakt mit Krankheitserregern vermeiden, und die physische Abwehr kommt zum Tragen.

Unser Bollwerk ist die Haut, seit jeher Ausdruck für die Unversehrtheit des Körpers. So berichtet Steven Connor in seinem *Book of Skin* von komplexen

Ritualen des Einbalsamierens im alten Ägypten. So ungeheuerlich sei der erste Schnitt in den Leib gewesen, dass der dafür zuständige »Schlitzer« dann sofort den Schauplatz habe fliehen müssen, weil er mit Steinen beworfen und mit Flüchen belegt wurde. Wie scheinheilig, ermöglichte sein Tabubruch doch erst das Werk der Einbalsamierer, die nur am offenen Körper arbeiten durften. Die Hülle des Menschen wurde auch im antiken Griechenland idealisiert, galt hier überraschend profan aber als an der Luft geronnene Oberfläche des gelatinös-klebrigen Körpers.

Die Haut ist als Barriere so dicht, weil sie wenig Grenzverkehr erlauben und in erster Linie den Wasserverlust regulieren soll. Als biologischer Wall schottet sie sich mit einer dicken Schicht aus toten, verhornten und verklebten Hautzellen ab. Es ist ein trockenes, nährstoffarmes, saures Milieu, in dem Pathogene schlecht siedeln können. Dazu kommt, dass die gesamte Haut bereits von erwünschten Mikroben kolonisiert ist, die speziell angepasst sind und meist keine Nebenbuhler erlauben. In den Organismus über die Haut vorzudringen, ist häufig nur über offene Wunden möglich – eine Bresche. Kein Wall kann komplett verschlossen sein, jede Festung muss im Austausch mit ihrer Umwelt stehen, und sei es, um neue Vorräte anzulegen. So auch die Haut: Erreger können ihr Glück jenseits ihrer Einfallstore versuchen.

Mund und Nase gehören dazu und sind entsprechend schwer bewacht. Strukturell markieren sie Übergänge von der dichten Haut zu den porösen Schleimhäuten, die neben den Augenoberflächen sowie dem Innenohr alle inneren Kontaktflächen zur Außenwelt mit Hydrogel auskleiden. Abriegeln wie die Haut dürfen sie sich nicht, das macht diese Interfaces und damit den gesamten Organismus verwundbar. Invasoren landen hier in ungeheurer Zahl an, nach einer Studie der Stanford University können allein über die Mahlzeiten mehr als eine Milliarde Mikroben täglich in den Organismus gelangen.

Zwar ist nicht jeder Keim ein Risiko, die Mikroorganismen in verdorbenen Lebensmitteln und ihre Toxine allerdings schon. Jeder Bissen wird deshalb von Torhütern streng geprüft – unseren Sinnen. Ist er schleimig, riecht oder schmeckt er verdächtig? Dann wird er zurückgewiesen. Meistens zumindest. Eine Reihe traditioneller Gerichte wie die japanischen Nattō-Bohnen sind so stark fermentiert, also mikrobiell zersetzt, dass sie lange Schleimfäden ziehen. Wer das Aroma und die Textur solcher Spezialitäten nicht schon als Kind schätzen lernt, wird später den Kampf gegen den eigenen Ekelalarm nur schwer gewinnen können. Ähnlich gewöhnungsbedürftig sind ein ranziger Geschmack oder ein fauliger Geruch wie etwa bei der asiatischen Stinkfrucht Durian, auch sie eine lokale Spezialität, die sich von Weitem bemerkbar macht.

Duftmoleküle und auch Geschmacksstoffe registrieren wir, wenn sie an Rezeptoren im Nasenraum und auf der Zunge andocken, wofür sie aber im gelhaltigen Speichel oder im Schleim der Nase gelöst sein müssen. Es ist eine erste kritische Prüfung am Eingang der Festung Mensch. »So kommt dem Riechorgan in seiner Eigenschaft als Wachposten eine neue Bedeutung zu«, heißt es bei Alain Corbin, »die Nase, Vorhut des Geschmacks, warnt vor giftigen Substanzen.« Wie essenziell diese Funktion ist, zeigt sich auch daran, dass funktionierende Riechrezeptoren nicht nur in der Nase vorkommen, sondern auch auf der Zunge. Die Sinne scheinen hier zu interagieren, was möglicherweise erklärt, wie Geruchsmoleküle die Wahrnehmung von Geschmack verändern. Es zeigt aber auch, dass die Informationen über Geschmack und Geruch nicht erst im Gehirn zusammengeführt werden.

Der Vergleich zu Dürers Stadt soll nicht überstrapaziert werden, aber hier wie im Organismus verteilt sich die gestaffelte Abwehr auf mehrere Ebenen. Das bedeutete bei steinernen Befestigungen aller Art, dass fremde Invasoren häufig einen Wassergraben überwinden, massive Mauern stürmen sowie die Verteidiger der Anlage niederschlagen oder austricksen mussten. Bei uns bilden vier Hydrogelsysteme eigene und doch eng verzahnte Schleimbarrieren mit ziviler sowie militärischer Funktion, weil sie Grenzflächen sichern, die zugleich Lebensadern sind. Die Hydrogele müssen Eindringlinge bannen, Nachschub für das Gemeinwesen etwa als Atemgase und Nährstoffe sichern und zudem für innere Ordnung sorgen. Wer dazu nicht beiträgt, hat weder hier noch in Dürers Stadt einen Platz: »Der König soll nicht unnütze leut in diesem schloß wonen lassen, sunder geschickte, frumme, weyse, manliche, erfarne kunstreyche menner, gute handwercksleut die zum schloß düglich sind, püchsengiesser und gute schützen.«

Bei uns sind Erreger und Parasiten unerwünscht, aber auch Tumorzellen spielen nicht nach den Regeln, sondern entziehen sich der Kontrolle, wachsen und verbreiten sich ohne Abstimmung und unter Verbrauch wertvoller Ressourcen. Söldner dagegen sind höchst willkommen, müssen sich aber gegenseitig in Schach halten. Das ist das Mikrobiom, die billionenstarke Truppe aus Mikroorganismen aller Art, darunter Bakterien, Archaeen und Pilze, die unseren Organismus vor allem in den Schleimschichten besiedeln und unverzichtbar für unser Wohlbefinden sind. Der Fokus der Forschung liegt vorerst auf den Bakterien, dabei werden sie in ihrer Zahl um ein Vielfaches von den Viren übertrumpft.

Dieses Virom oder auch Phageom ist für uns ungefährlich, weil es aus sogenannten Bakteriophagen besteht. Diese viralen Prädatoren befallen ausschließlich Bakterien. Ihre Opfer finden die Viren, weil sie an unsere Mucine binden und sich so in den Schleimschichten anreichern. Hier limitieren sie die Zahl unserer bakteriellen Kolonisatoren und sorgen für ein gesundes und diverses Mikrobiom, machen aber auch Pathogenen auf der Durchreise den Garaus.

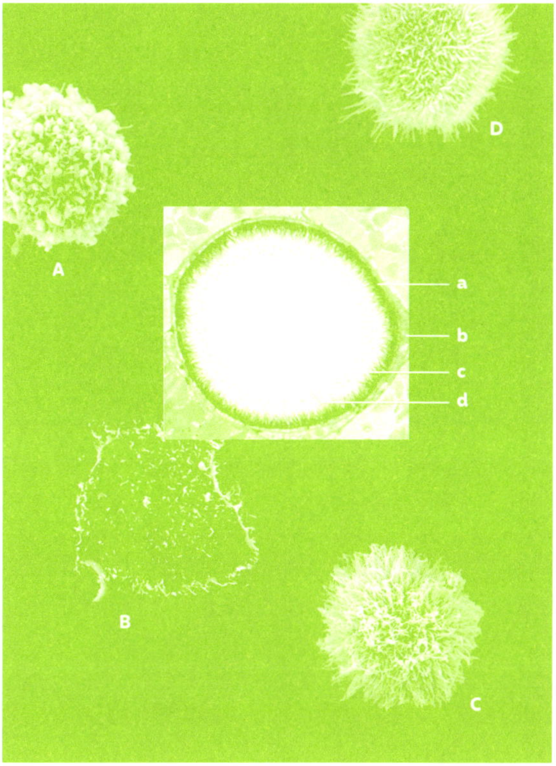

*Die Glykokalyx als Zellhülle: Querschnitt einer Zelle (**a**) mit Zellkern (**b**) sowie Glykokalyx (**d**), deren Moleküle (**c**) in der Zellwand verankert sind. Abhängig von der Dichte dieser Mucine und anderer Bestandteile verändert sich die äußere Zellform (**A–D**).*

Aber der Reihe nach: Die erste Stufe unserer physischen Abwehr besteht aus großflächigen Gelschichten, eine Art Burggraben, der unsere Einfallstore und Durchgangsstraßen mit Schleim flutet. Mit der Atemluft, der Nahrung oder anderweitig eindringende Mikroben kleben hier fest, werden ausgefiltert, weggespült oder in Tiefschlaf versetzt. Doch das funktioniert nicht immer: Kann ein Keim etwa im Verdauungstrakt das Gel durchschwimmen, trifft er auf die Schleimhaut darunter. Deren Zellen stehen hier dicht an dicht, ein einfaches Durchschlüpfen ist unmöglich. Diese Phalanx trägt einen Wall aus Schilden vor sich her, die außerordentlich dicke Glykokalyx der Zellen, also ihre äußere Gelhülle, in deren molekularem Dickicht viele Erreger hängen bleiben. Infektiöse Spezialisten wie *Streptococcus pneumoniae* bringen dafür aber eine enzymatische Heckenschere mit und schneiden eine Schneise, indem sie bestimmte Mucine kappen.

Ein Enzym dieser Art könnte nun aber auch in der Medizin zum Einsatz kommen. Alle Zellen im Körper tragen eine Glykokalyx wie eine individuell zugeschnittene Ritterrüstung. Die Körperabwehr kann hier Fremd von Selbst unterscheiden, identifiziert also Pathogene, reagiert aber auch auf transplantiertes Gewebe oder Transfusionen von Blut mit nicht kompatibler Blutgruppe. In diesen Fällen ist die Abwehrreaktion unerwünscht und kann lebensgefährlich sein. Amerikanische Forscher verwenden deshalb nun das Mucin-schneidende Enzym eines Darmbakteriums, um gewissermaßen gesichtslose Blutzellen zu schaffen, die universell übertragen werden können. An anderer Stelle wäre es wichtig, die Glykokalyx zu reparieren. So ist beispielsweise bekannt, dass die Zellen der Aderwände eine robuste Gelhülle brauchen, um nicht vom Blutstrom geschreddert zu werden. Bei Volkskrankheiten wie Bluthochdruck und Schlaganfall ist sie aber häufig degeneriert. Noch ist nicht bekannt, ob dieser Schaden Ursache oder Folge des Leidens ist. Die Wiederherstellung der Glykokalyx scheint aber in jedem Fall angeraten – um die empfindlichen Gefäßwände zu schützen und weiteren Schäden vorzubeugen.

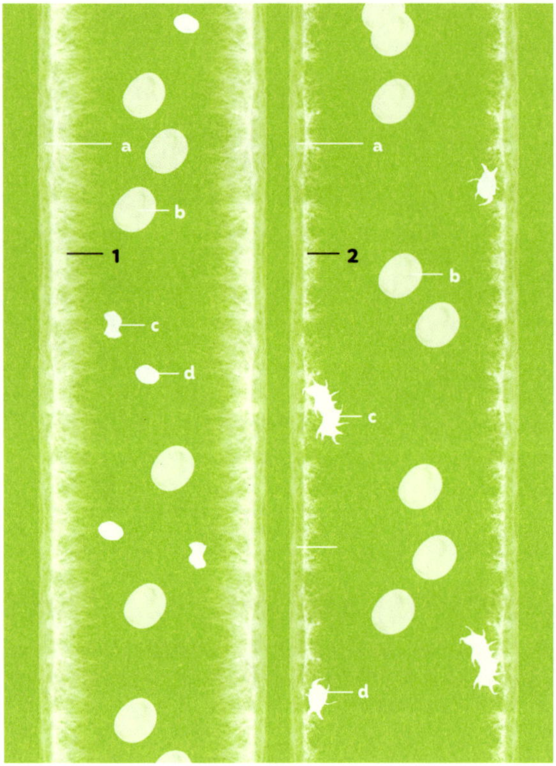

*Blutgefäße, hier im Querschnitt mit roten Blutkörperchen (**b**), sind mit einer robusten Glykokalyx (**1a**) ausgekleidet, die bei vielen Leiden aber degeneriert (**2a**). Dann können sich Blutzellen (**c**) und Immunzellen (**d**) ungehindert anlagern und etwa Entzündungen auslösen.*

Um das Bild der Festungsstadt ein weiteres Mal zu bemühen: Die Aufgaben legten den Radius fest, der Stallbursche hatte also nichts im Schloss verloren, während sich Ordnungshüter aller Art sehr frei im Gemeinwesen bewegen konnten. Entsprechend ungehindert patrouilliert unsere Körperabwehr, obwohl fast alle anderen Zellen auf ihr Gewebe festgelegt sind. Wanderlustige Ausnahmen brauchen einen Passierschein in Form der passenden Glykokalyx oder müssen ihn wie etwa Tumorzellen fälschen. Normalerweise verbinden sich Zellen im Gewebe sogar über ihre Gelhüllen und verankern sich dort mithilfe eines Kleisters, ein weiteres Hydrogelsystem im Organismus.

Das ist die extrazelluläre Matrix, die uns als Bindegewebe buchstäblich zusammenhält, indem sie aus einzelnen Zellen dreidimensionale Gewebe schafft.

Ohne sie gäbe es weder Organe noch Muskelfasern, Adern, Knochen, Bänder, Sehnen, Knorpel oder Haut. »Viele Leiden, wahrscheinlich sogar die meisten Leiden, sind Krankheiten der extrazellulären Matrix«, sagt Zena Werb, die seit mehreren Jahrzehnten dieses Hydrogel und seine Rolle bei Brustkrebs erforscht. Ganz sicher spielt die extrazelluläre Matrix bei Infektionen und Krebs eine Rolle, weil sie die Grenzen nach außen wie innen kontrolliert. Möchten Tumorzellen wandern und anderswo wuchern, müssen sie sich aus dem angestammten Bindegewebe lösen und in ein fremdes Matrixmilieu einklinken.

Die Biomedizin möchte diesen Eroberungsfeldzug gerne entschlüsseln, weil die meisten Todesfälle durch Krebs auf Metastasen zurückgehen. Bislang lag der Fokus auf den komplexen Veränderungen der Tumorzellen, doch nun rückt ein weiterer Faktor ins Rampenlicht: das neue Wirtsgewebe. Bereits im Jahr 1889 entwickelte der englische Arzt Stephen Paget die *Seed-and-Soil-Theory*, wonach metastasierende Krebszellen ebenso auf ein geeignetes Milieu angewiesen sind, wie Pflanzensamen (*seed*) fruchtbaren Ackerboden (*soil*) benötigen. Dieser Ansatz sollte erklären, warum Metastasen nicht willkürlich auftreten, sondern abhängig vom Ursprungstumor meist nur spezifische Organe und Gewebe befallen. Nun gibt es weitere Hinweise darauf, dass wandernde Krebszellen neue Habitate nicht bezwingen, sondern vielmehr ein maßgeschneidertes Nest vorfinden müssen, das unter anderem von der extrazellulären Matrix bereitet wird.

Mikroben wiederum müssen zunächst den Burggraben sowie die Glykokalyx der Schleimhäute überwinden, um auf die Matrix zu stoßen. Als Basalmembran bildet sie dicht unter der Oberfläche von Geweben und Organen eine zähe Lage Gel, die in der Festung Mensch die Gemäuer wie eine undurchdringlich verflochtene Hecke durchzieht. Ein biologisches Dornröschenschloss, in dem die Immunzellen aber nicht in einen hundertjährigen Schlaf verfallen sind, sondern hellwach patrouillieren und effizient Erreger abfangen. Die extrazelluläre Matrix bildet viele Varianten, bietet den in ihr Bindegewebe eingebetteten Zellen also eigene Milieus als dreidimensionale Umgebung.

Sie reguliert die Signale, die Zellen wachsen und sich in funktionale Gewebe organisieren lassen. Werden diese Prozesse im Detail entschlüsselt, können Gewebe gezüchtet, im 3-D-Drucker gedruckt oder im Organismus selbst regeneriert werden. Erste Ansätze und Erfolge gibt es bereits. In allen Fällen aber ist das Gerüst essenziell, das die Zellen umgibt. Die extrazelluläre Matrix setzt sich etwa bei Säugern aus Kombinationen von mehr als dreihundert Komponenten zusammen, ist in ihrer Vielseitigkeit zu komplex, um vollständig ersetzt zu werden.

Das ist aber auch nicht nötig, wenn etwa in der regenerativen Medizin künftig ein bestimmtes Organ im Patienten nachwachsen soll, um so Transplantationen überflüssig zu machen. Es gibt bereits neuartige Hydrogele, die aus Meeresalgen gewonnen werden und nach dem Vorbild der extrazellulären Matrix mit spezifischen Signalstoffen ausgestattet sind, die die Aderbildung initiieren. In ersten frühen Versuchen wurde dieses Hydrogel in Muskel injiziert, um dort vor Ort die nötigen körpereigenen Zellen zu rekrutieren und Gefäße zu bilden. Andere Botenstoffe und mechanische Signale der extrazellulären Matrix steuern je nach Bedarf die Entwicklung verschiedener Zelltypen aus gemeinsamen Vorläufern – ein weiterer Fokus der biomedizinischen Forschung.

Burggraben, Ritterrüstungen und dicht bewachsene Gemäuer: Nur wenige Erreger überstehen diese Abwehrmaßnahmen. Wer durchkommt, ist aber auch nicht immer gleich am Ziel. Viren beispielsweise müssen die Zellkerne kapern, um die Schaltzentralen des Wirts für die eigene Reproduktion einzuspannen. Dafür aber gilt es, ein viertes und letztes Hydrogel zu überwinden. Anders als bei Dürers Schloss in der Mitte der Idealstadt wird unser Organismus in enger Abstimmung, aber dezentral regiert. Jeder Zellkern enthält sein eigenes Erbmaterial, führt sein eigenes genetisches Kommando und ist vom Rest der Zelle durch eine eigene Hülle abgeschirmt. Import und Export laufen hier über Tausende Poren, von denen jede bis zu tausend molekulare Lieferungen pro Sekunde abfertigt. Die Rate ist erstaunlich hoch, läuft die Passage doch durch ein ungeordnetes Hydrogel im Inneren der Pore – eine Hochsicherheitsschleuse.

Knacken lässt sie sich nur schwer, aber einige Spezialisten warten auch hier mit ausgeklügeltem Werkzeug zur feindlichen Übernahme auf. So gibt es unter den Mikroben den Typ Panzerknacker, der ohnehin zu groß ist für die Kernporen und kurzerhand ein Loch in die Kernhülle sprengt. Die Gauner mit langem Geduldsfaden warten lieber auf eine Phase im Leben der Zelle, wenn sich die Kernhülle von selbst auflöst und den Weg zum Erbmaterial freigibt. Zuletzt gibt es dann aber auch noch Trickbetrüger wie die Herpesviren, die wohl falsche Papiere präsentieren, um als trojanische Erreger den eleganten Weg zu nehmen: Sie können den molekularen Shuttle aktivieren, der das Hydrogel lokal aufschmelzen kann und sie wie harmlose Passagiere durch die Pore schleust.

Es ist ein Wettrüsten zwischen unserer Abwehr und den vielen Invasoren, die einen Weg in unseren Organismus suchen. Ein Parasit aber ist einzigartig in seinem Vorgehen und auf die Hilfe des Wirts angewiesen, der dafür sogar die eigene Körperabwehr dämpft: Der menschliche Embryo bleibt als eingenisteter Fremdkörper nicht nur geschützt, sondern wird vom mütterlichen Organismus auch über die Nabelschnur versorgt. Und die Zufuhr wird über einen eigenen Schleim gesichert: Die Gefäße im Inneren der Nabelschnur können nicht knicken, weil sie in ein spezialisiertes Bindegewebe eingebettet sind. Man nennt es die Wharton-Sulze, ein bis zum Ende wichtiges Gel, das nach der Geburt noch die Verbindung zwischen Mutter und Kind kappt, indem es kollabiert und die Adern abklemmt.

1 *Die blau fluoreszierenden Feuerwalzen* (Pyrosoma) *bestehen aus vielen Hundert oder Tausend in Gallerte gebetteten Einzeltieren* **2** *Diese Meeresschnecke jagt mit einem Schleimnetz* **3** *Der schraubenförmige Erreger* Campylobacter jejuni **4** *Das marine Krebstier* Phronima *höhlt gelatinöse Salpen zur Bruthammer aus*

WETTRÜSTEN MIT MIKROBEN

Ich habe gerade den Mond untergehen sehen
in all seiner Pracht und diese geringeren Monde erblickt,
die wunderschönen Pyrosoma, *die wie weißglühende*
Zylinder im Wasser leuchten.

T. H. HUXLEY, *Diary of the Voyage of H.M.S. Rattlesnake*

Die königlichen Gemächer sind in dunklem Jugendstil gehalten. Schwarze Wände glänzen wie vernarbtes Gewebe mit Schleim, eine metallische Wirbelsäule entrollt sich zum Xenomorph. Die Queen ist beschäftigt, platziert ein weiteres glitschiges Ei in das Gelege. Wer die finstere Königin mit den spindeldürren Armen, dem skelettierten Schwanz und dem eleganten Nackenschild im zweiten *Alien*-Film gesehen hat, vergisst sie so schnell nicht wieder. Der Schweizer Illustrator HR Giger hat das imposante Wesen erdacht, nachdem er sich bereits für das Design des ersten Films mit Illustrationen für ein Werk empfohlen hatte, das es gar nicht gibt.

H.P. Lovecraft, Meister des kosmischen Horrors und damit indirekt auch geistiger Vater von *Alien,* hatte in seine Geschichten ein fiktives Necronomicon eingebaut, ein mit magischem Wissen gefülltes Grimoire, also ein Zauberbuch. Gigers düstere Bilder dazu lieferten den Entwurf für den ersten Xenomorph. Die Königin aber musste Giger erst entwickeln, und wenn über seine Inspiration gerätselt wird, fällt immer wieder der Name *Phronima*. Auch sie ist eine ruchlose Übermutter und mit ihrer Brut in der Schwärze unendlicher Weiten unterwegs. Spinnenfeine Greifarme und tiefliegende Augen unter dem prächtigen Schild: Keine Frage, sie ähnelt der Königin Xenomorph Regina, und doch ist umstritten, ob sie Gigers Design tatsächlich anregte.

Schließlich ist *Phronima* nur wenige Zentimeter groß und treibt wie Diogenes' durchsichtige Schwester in einer ebenfalls transparenten Tonne im lichtlosen offenen Ozean. Die Behausung ist die äußere Hülle und der letzte Rest eines

Tieres, das die parasitische *Phronima* kapert und zur Bruthöhle leerfrisst, eine sogenannte Salpe. Sie ist ein Vertreter der einfach gebauten Tunikaten oder Manteltiere, die uns Wirbeltieren trotz des simplen Designs so nahestehen, dass sie an mancher Stelle helfen können, unsere eigene Evolution besser zu verstehen. Viele Tunikaten sehen aus wie gelatinöse Fässer und funktionieren nach einem einfachen Prinzip: Meerwasser strömt über eine Öffnung ein und über eine andere als Antrieb wieder aus. Das Plankton aber bleibt, es wird im Inneren über ein Schleimnetz aus dem Wasser gefiltert und verdaut.

Die Lebenszyklen der meisten Tunikaten sind ungeheuer komplex mit solitären und kolonialen Phasen, bei denen Tausende von Salpen meterlange Ketten bilden. Andere Tunikaten betten sich gemeinsam in eine gelatinöse Matrix ein und bilden auf diese Weise bis zu zwanzig Meter lange Pyrosomen oder Feuerwalzen, die in auffallend hellem Licht erstrahlen, das in blauen Wellen über die gigantischen Röhren wandert, wie schon der Evolutionsbiologe Thomas Henry Huxley beobachten konnte. Deren Öffnung ist weit genug für einen Menschen, vom Durchschwimmen wird Tauchern aber abgeraten. Die Matrix ist extrem zäh und gibt kaum nach. Fische sollen sich in Pyrosomen bereits verfangen haben und angeblich wurde auch ein ertrunkener Pinguin in einer Feuerwalze gesichtet.

Die eleganten Appendikularien oder Larvaceen wiederum sehen aus wie Kaulquappen und tragen ihren Schleimfilter wie eine fein gefältelte Halskrause mit sich herum. Der undulierende Schwanz der Tiere lässt das Meerwasser durch diese lamellierten Kammern in ihr noch größeres Haus aus Schleim strömen, um die nahrhaften Partikel in immer höherer Konzentration zu sammeln. Die Tunikaten sind eine von vielen marinen Tiergruppen, die mit einem klebrigen Schleimnetz arbeiten, das flexibel genug ist, die Beute nach Größe und Form zu selektieren. Auf sogenannte Teflon-Bakterien wie *Pelagibacter ubique* müssen sie dennoch verzichten, weil diese Mikroben wohl dank einer hoch spezialisierten Oberfläche durch die Schleimnetze schlüpfen.

Die Häuser sind dennoch schnell gefüllt und werden komplett gefressen, bevor das Tier ein neues Schleimhaus produziert – bei manchen Appendikularien können es bis zu vierzig Behausungen pro Tag sein. Viele davon sinken auch als wichtige Nahrungsquelle für andere Spezies zum Meeresboden. Dies ist ein Grund, warum die pelagisch im offenen Ozean lebenden Tunikaten wie Salpen, Pyrosomen und Appendikularien so wichtig für marine Nahrungsnetze sind. Sie sind zudem weitverbreitet, in ihrem unendlich großen Lebensraum aber schwer aufzuspüren und zu fragil für viele Analysemethoden. Die Forschung setzt deshalb häufig auf robustere Tunikaten, die einfacher aufzufinden sind.

Die sessile und allgegenwärtige Schlauchseescheide *Ciona intestinalis* gehört dazu. Sie hat sich schon lange als Tunikate der Wahl für die Arbeit im Labor etabliert. Dabei geht es nicht immer nur um die Geheimnisse dieser mysteriösen Tiergruppe: In einer groß angelegten Studie konnte das Manteltier helfen, die Entwicklung unseres eigenen Verdauungssystems zu entschlüsseln, das evolutionär ein wenig aus der Reihe tanzt, weil nur Säuger ihren Darm ausschließlich mit Schleim auskleiden. Wirbellose Tiere verwenden das weitverbreitete Chitin als Barriere, während *Ciona intestinalis* beides nutzt, wenn die aus dem Meer gefilterten Partikel in Schleim gehüllt und zum Strang gezwirbelt in den Darm kommen.

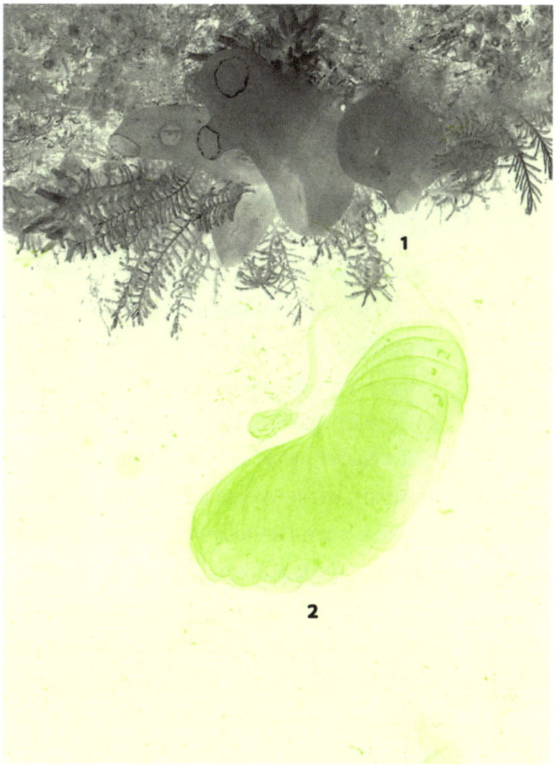

1 *Die sesshafte Schlauchseescheide* Ciona intestinalis *gehört zu den Manteltieren* 2 *Larvaceen wie* Bathochordaeus charon *nutzen komplexe Filterreusen aus Schleim, um Nahrungspartikel aus dem Wasser zu filtern*

Mikroben sind immer als blinde Passagiere dabei, treffen hier aber auf eine Chitinwand, die das Gewebe als physikalische Barriere abschirmt. Ohne das Material stirbt die Tunikate. Die Chitinfasern sind in eine schleimige Matrix eingebettet, die ähnlich wie die Gele in unserem Darm auf einem Mucin basiert. Hier endet die Ähnlichkeit, weil unser Schleim im Vergleich zur simplen Matrix der Manteltiere hochgerüstet ist im Kampf gegen Pathogene. So lockt er etwa Mikroben mithilfe molekularer Köder an, die deren Andockstellen im Gewebe ähneln – aber nur zum schnellen Recycling führen. Außerdem siedeln im Säugerschleim hilfreiche Mikroben, das Mikrobiom, die Pathogenen keinen Platz zugestehen, unser Immunsystem reifen lassen und mit ihm zusammenarbeiten. Zudem ist unser Verdauungstrakt – anders als bei *Ciona* – in Etappen mit je maßgeschneiderter Schleimschicht und Abwehr unterteilt.

Schlaf, Keimlein, schlaf: Der Mund ist für Mikroben ein trügerisch sanftes Milieu. Die Mucine im schleimigen Speichel gehen ganz unterschiedlich gegen Invasoren vor. MUC5B beispielsweise versetzt *Streptococcus mutans* in eine Art Dornröschenschlaf, hält den Karieserreger also harmlos, weil er gar nicht erst an die Zähne andocken kann. Eine Vermutung ist, dass diese Taktik die einzelnen Erreger, die nur gemeinsam angreifen, voneinander getrennt hält. Wieder andere Mucine treiben die Mikroben dagegen zusammen und entsorgen sie in den körpereigenen Schredder. Das ist der Magen mit seinem Bad aus Salzsäure.

Sie setzt Mikroben zu, und auch das Magengewebe selbst würde sich ohne doppelte Schleimschicht schnell auflösen. Die innere Lage ist ein außerordentlich zähes Gel, dem eine zweite Schicht aus lockerem Schleim aufliegt. Wie erwähnt, kann wenigstens ein Überlebenskünstler diese Hürde knacken. Das Bakterium *Helicobacter pylori* neutralisiert die Säure in seiner unmittelbaren Umgebung und kann auf diese Weise auch eine Schneise in den Schleim schmelzen, bekommt also Zugang zum Gewebe, um dort zu siedeln, was wiederum Magengeschwüre und sogar Krebs auslösen kann.

Der Dünndarm ist die nächste Station, er muss mit dem sauren Nahrungsbrei aus dem Magen und aggressiven Verdauungssekreten der Bauchspeicheldrüse fertigwerden, kommt dennoch aber mit einem lockeren Hydrogel aus. Versagt die Barriere, setzt Selbstverdauung ein, die innerhalb weniger Stunden zum tödlichen Organversagen führen kann. Der Schleim ist auch auf den Kampf gegen Mikroben eingerichtet, enthält potente Abwehrstoffe und transportiert die gefährliche Ladung vor allem schnell weiter. Erreger müssen sich also beeilen, der Klebkraft des Gels widerstehen und gegen den reißenden Schleimfluss schwimmen können. *Vibrio cholerae* etwa rudert mit einem beweglichen Anhängsel gegen die Strömung und mäht zudem das Mucin-Dickicht nieder.

Der Durchfallerreger *Campylobacter jejuni* ist ebenfalls motorisiert, kommt aber ohne Brachialgewalt aus. Das Bakterium ist wie ein Korkenzieher gebaut und schlängelt sich durch das Gelgerüst. Wird es trotzdem weitergeschwemmt, versucht es sein Glück im Dickdarm, was für die Flexibilität der Mikrobe spricht. Oberflächlich betrachtet ähnelt die Auskleidung im Dickdarm eher dem zweifach vermummten Magen, in beiden Organen liegt eine Lage zähen Schleims dicht am Gewebe, die von weniger kompaktem Gel bedeckt ist. Warum kann der Erreger dann doch die beiden Darmabschnitte befallen? Die Gemeinsamkeit liegt im Aufbau der Gele, die alle auf dem Mucin MUC2 basieren.

Wie vielseitig dieses Molekül sein muss, zeigt sich schon im Dickdarm allein, einem neben dem Blinddarm lange verkannten Organ. Im viktorianischen England galt es gar als banale und vielleicht sogar verzichtbare Röhre, die ihren Zweck nur erfüllte, als der Mensch noch von Raubtieren bedroht war. Nach dieser Theorie mussten Ausscheidungen bei Gefahr im Enddarm zurückgehalten werden, um keine gefährlichen Tiere anzulocken. Der ansonsten brillante Chirurg Arbuthnot Lane verstieg sich sogar zu der These, der gärende Nahrungsbrei könne den Organismus von innen heraus vergiften – und schnitt Dickdärme deshalb kurz entschlossen heraus.

Ganz unrecht hatte Arbuthnot Lane zumindest in einer Hinsicht nicht: Der Dickdarm ist eine Art Reaktor, in dem sich Mikroben um für uns verdauliche Reste kümmern und den Nahrungsbrei vergären. Das ist das Mikrobiom, kurz für Billionen Bakterien, Pilze und andere Mikroorganismen, die uns auch anderswo im Organismus besiedeln, vor allem aber im Dickdarm aktiv sind. Sie helfen bei der Abwehr von Pathogenen, auch indem sie ihnen keinen Platz zur Kolonisierung lassen – ähnlich wie die aggressiven Brüter in der Hecke in Nigel Hintons Roman *Im Herzen des Tals*. Denn wo alle guten oder zumindest verfügbaren Plätze bereits vergeben sind, müssen Neuankömmlinge im botanischen wie molekularen Dickicht unverrichteter Dinge abziehen. Und die Analogie geht noch weiter, weil sich die Mietparteien gegenseitig unterstützen. So wie sich etwa Vögel unterschiedlicher Arten in einer Hecke gegenseitig vor Fuchs und Katze warnen, sorgen auch verschiedene Spezies in unserem Mikrobiom füreinander. So liefern manche Bakterien ihren mikrobiellen Nachbarn sowie dem ganzen Organismus wichtige Stoffwechselprodukte wie Vitamine und energiereiche Fettsäuren. Nicht zuletzt haben sie aber auch weitreichenden Einfluss auf unsere Entwicklung und unser Wohlbefinden. Im Gegenzug bietet der Dickdarm Kost und Unterkunft, zähmt den winzigen Zoo und behält dank seiner Schleime die Kontrolle.

An dem Morgen, nachdem ihr Nest zerstört worden war, machten sich die beiden Braunellen auf die Suche nach einem neuen Nistplatz … Auf dem Rückweg flogen sie kurz an der Ligusterhecke entlang, die den Garten säumte, doch sie wurden von einem winzigen, aber furchtlosen Zaunkönig vertrieben. Die besten Plätze waren bereits von anderen Vögeln besetzt, und sie gewöhnten sich daran, von den empörten Besitzern verjagt zu werden.

NIGEL HINTON, *Im Herzen des Tals*

Es ist eine logistische Meisterleistung, Pathogene fernzuhalten und gleichzeitig erwünschten Mikroben limitierten Zugang zu erlauben. Nur an einer Stelle werden sie gleich behandelt: Die undurchdringlich kompakte und mit antimikrobiellen Substanzen getränkte Schleimschicht an der Darmwand soll Mikroben aller Art vom Gewebe weghalten. Das darauf aufliegende lockere Gel ist aber poröser, hier darf sich das billionenstarke Mikrobiom gern einnisten. Je höher die Biodiversität in natürlichen Ökosystemen ist, desto widerstandsfähiger können sie in der Regel auf Störungen reagieren. Das gilt wohl auch für unseren Organismus, dessen mikrobieller Artenreichtum gerade in industrialisierten Ländern reduziert ist. Dabei scheint nicht jede Spezies gleich wichtig und unverzichtbar, manche Arten nehmen Schlüsselpositionen ein.

Das Bakterium *Akkermansia muciniphila* beispielsweise ist Landschaftsgärtner unserer Hydrogele, Bodyguard des Darms und Manager seiner Besiedlung – auch wenn es auf den ersten Blick den Bösewicht gibt. Die Mikrobe frisst die Zuckerketten der Mucine im Darmschleim, regt damit aber die Produktion von neuem Hydrogel an. Das stabilisiert die Barriere, ähnlich wie dichte Hecken vom regelmäßigen Zuschnitt profitieren. »Die natürliche Neigung einer Hecke ist, ein Wald zu werden«, schreibt John Wright. »Ohne jedes Management wird die Hecke einfach weiterwachsen, die Strauchschicht verschwindet und die gesamte Hecke bekommt Beine, hat also Lücken.«

Im Darm sorgt der mikrobielle Schleimfresser selbst für den Nachschub, der ihn so gut im Futter hält, dass er sich ausbreiten und Erreger fernhalten kann, während der Rest des Mikrobioms von den Stoffwechselprodukten der *Akkermansia muciniphila* profitiert. Leidet diese Spezies, geht es wohl dem gesamten Mikrobiom und auch uns schlecht. Übergewicht, chronische Darmentzündungen und andere Leiden werden in diesem Zusammenhang diskutiert, darunter auch akute Blinddarmentzündungen. Wo nun der Dickdarm als Organ rehabilitiert ist: Wie wichtig ist eigentlich der armselige Wurmfortsatz? Es gibt Hinweise darauf, dass er eine Notration höchst diversen Mikrobioms für die Wiederbesiedlung des Darms bereithält, etwa nach dem Kahlschlag einer schweren Durchfallerkrankung.

Auch auf die Frage nach den zwei strukturell unterschiedlichen Gelen im Dickdarm wissen wir nun die Antwort: Es gibt nur einen Schleim, der allerdings zwei Lebensphasen durchläuft. Den Anfang machen MUC2-Tripletts, die außerhalb der Becherzellen explosiv anschwellen und Wasser für ein Gel binden, das so dicht ist, dass etwa der Parasit *Entamoeba histolytica* nur mithilfe seiner Enzymschere durchkommt, die Mucine und damit Löcher in die Barriere schneidet. Das Dickicht kann der Körper selbst auch ausdünnen, nimmt aber anstelle der Heckenschere lieber das Skalpell. Unser eigenes Enzym schneidet so kontrolliert an der Oberfläche des dichten Schleims, dass sein Mucin-Netzwerk erhalten bleibt, sich aber entspannt und grobmaschiger wird – als lockeres Gel.

Hier entsteht ein gänzlich neues Habitat: Während sich oben das billionenstarke Mikrobiom ansiedeln kann und soll, dringen Mikroben nur im Ausnahmefall in die untere Lage vor. Die Quarantäne wirkt, solange die dichte Schleimschicht intakt ist, die dank ihrer antimikrobiellen Wirkstoffe auch chemisch aufrüstet. Entwickeln sich Lücken in der Hürde, können aber Mikroben aller Art zur Darmwand vordringen, was das Immunsystem letztlich mit massiven Abwehrreaktionen beantwortet. Wird die erhitzte Auseinandersetzung zum Dauerzustand, drohen chronische Darmentzündungen wie Colitis ulcerosa und Morbus Crohn, die das Gewebe dauerhaft schädigen und ein Risikofaktor für Krebs sind. Ähnlich verheerend sind überschießende Immunantworten auf Nahrungsmittel.

Die Gele dieser großflächigen Grenzgebiete müssen Pathogene fern- und das Mikrobiom als unser erweitertes Selbst kontrolliert auf Abstand halten, bekommen dabei aber Unterstützung. Sie sind Teil der sogenannten mukosalen Immunität, ein Zweig der Körperabwehr, der nur mit Schleimhäuten assoziiert ist und seine Akteure eng verzahnt kooperieren lässt. Die Becherzellen beispielsweise produzieren Mucine, schieben gleichzeitig aber Schicht als Wachposten, wenn sie im Darm Partikel aus dem Nahrungsbrei ins Gewebe weiterreichen. Dort warten Immunzellen in der zähen Basalmembran der extrazellulären Matrix und prüfen das Material, um bei Bedarf selbst aktiv zu werden, Verstärkung anzufordern oder die Schleimproduktion hochzufahren.

Ist die Körperabwehr nun ein gnadenloser Killer oder ein maßvoller Manager der Mikroben? Sie ist beides, weil die mukosale Immunität neben der Abwehr auch freundliche Fremde wie das Mikrobiom in friedlicher Koexistenz tolerieren muss. Das gelingt nur, wenn die Weichen früh im Leben gestellt werden. Tatsächlich reift das unterentwickelte Immunsystem von Neugeborenen erst mit ihrer mikrobiellen Besiedlung aus, wenn das Mikrobiom, die Gewebe und die Körperabwehr kommunizieren können.

Noch sind diese präzise kalibrierten Interaktionen zwischen Mehrzeller und Mikrobe wenig verstanden. Sie sprechen aber für eine lange gemeinsame Evolution. Alle Mehrzeller sind von einem dichten Mikrobiom besiedelt und werden so intensiv von ihm geprägt, dass es kaum mehr sinnvoll scheint, von individuellen Organismen zu sprechen. Wir bilden eine untrennbar eng verzahnte Gemeinschaft mit unseren Mikroben, von denen mindestens eine auf jede menschliche Körperzelle kommt. Wir sind Holobionten.

1 *Der Zwergtintenfisch* Euprymna scolopes *lässt Leuchtbakterien in einer Bauchtasche siedeln*
2 *Die einzelligen* Choanoflagellaten *können Kolonien bilden* **3, 4** *Die Klasse der* Hydrozoa *vereint so unterschiedliche Vertreter wie die Qualle* Aglantha digitalis (**3**) *und den Süßwasserpolypen* Hydra (**4**)

DIE ILLUSION VOM INDIVIDUUM

Der Zwergtintenfisch *Euprymna scolopes* hat ein Problem, hebt er sich doch für tief unter ihm schwimmende und nach oben spähende Fressfeinde gut sichtbar vom mondhellen Himmel ab, wenn er nachts in den Gewässern vor der Küste Hawaiis unterwegs ist. Die Tiere sammeln deshalb schon kurz nach dem Schlüpfen lumineszente Bakterien der Art *Aliivibrio fischeri* ein und lassen sie in einer mit Schleim ausgekleideten Bauchtasche siedeln, die sich auch erst in der Interaktion mit den Mikroben vollends entwickeln kann. Nachts leuchten die Mikroben hell genug, um ihren Wirt optisch mit dem Hintergrund verschwimmen zu lassen. Tagsüber wird ihre Strahlkraft allerdings zum Risiko, weil sich das Licht nicht dimmen lässt. Ihr Wirt setzt sie deshalb morgens vor die Tür, behält nur eine Kerntruppe, die bis zum Abend wieder auf Mannschaftsstärke anwächst.

Interaktionen dieser Art zwischen Mehrzellern und Mikroben kommen häufig vor, sind selten aber so gut als konkrete Kooperation zu untersuchen wie bei dem dynamischen Duo aus dem Meer. In der Regel sind die mehrzelligen Wirte mit Hunderten Mikrobenarten in der komplexen Schicksalsgemeinschaft eines Holobionten verschmolzen. Sie bilden also eine eng verflochtene Einheit mit dem ansässigen Mikrobiom, das alle körpereigenen Ökosysteme eines höheren Organismus besiedelt. So eng ist die Kooperation, dass sich kaum mehr klären lässt, ob wir die Mikroben siedeln lassen oder ob sich die Mikroben einen Mehrzeller halten.

Das Individuum ist tot, lang lebe der Holobiont! Das letzte Wort zu den tatsächlichen Machtverhältnissen im Holobionten ist noch nicht gesprochen, das Konzept vom mehrzelligen Organismus als autonomer Einheit gilt aber bereits jetzt als überholt. Derart eng verzahnte Lebensgemeinschaften lassen sich nur über das gesamte Mikrobiom erklären und ein einfacher Organismus wie der Süßwasserpolyp Hydra bietet sich als Modell an. Es hilft, dass er als Tiermodell bereits in Laboren etabliert ist, die seine außerordentliche Regenerationsfähigkeit untersuchen, die ganze Polypen aus kleinen Fragmenten nachwachsen lässt. Hydra ähnelt in mancher Hinsicht aber auch dem menschlichen Darm, kann also vielleicht unsere Entwicklung zum Holobionten beleuchten.

Wie das Gewebe im Dickdarm ist der Polyp außen von einem mehrlagigen Gel überzogen, das sich grob aber ebenfalls in zwei Schichten teilt. Auch hier liegt nahe am Gewebe eine Verbotszone für Mikroben, die dafür aber in der äußeren Lage Unterschlupf finden. Die strenge Aufteilung des Schleims in Barriere und Habitat ist also im Darm wie im Polypen gegeben, wird von Hydra aber anders umgesetzt. Zur Erinnerung: Pathogene treffen im Darm auf das zweiteilige Gel der Schleimhäute, darunter wartet die Glykokalyx als dichte Gelhülle der Zellen in der Darmwand. Bei Hydra gibt es dagegen nur die fest mit den Zellen des Polypen verbundene Glykokalyx, die hier aber ganz alleine die zweiteilige Barriere ausbildet.

Anders gesagt: Der evolutionäre Druck scheint Mehrzeller zu zwingen, mithilfe von Schleim Pathogene abzuwehren und gleichzeitig das Mikrobiom nahe und doch strikt auf Abstand zu halten. Welches Gel diese Barriere bildet, ist vermutlich weniger relevant, obwohl sie das wohl wichtigste Interface zwischen dem Organismus und seiner Umwelt darstellt. Sie verkörpert unsere Ambivalenz im Umgang mit Mikroben, die wir in Erzfeinde und alte Freunde aufteilen, obwohl sie uns alle vom Leib bleiben sollen. Sie lässt zudem vermuten, dass sich eine derart enge und streng kontrollierte Interaktion über eine lange Zeit entwickelt haben muss.

Schleimbedeckte Oberflächen gibt es seit etwa 560 Millionen Jahren bei höheren Organismen, und manche Forscher halten sie für einen Meilenstein in der Evolution echter Mehrzelligkeit, wenn nicht sogar für deren Voraussetzung. Ein echter Mehrzeller ist nicht nur eine lose Ansammlung von Zellen, sondern hat differenzierte Gewebe und Organe. Frühe Vertreter und Pioniere großflächiger Schleime sind die Rippenquallen (*Ctenophora*) sowie Nesseltiere (*Cnidaria*), also Korallen, Quallen und Seeanemonen – mit echten Geweben. Anders die noch älteren Schwämme (*Porifera*), denen die Gelschichten, aber auch Gewebe, Organe sowie eine echte Abgrenzung zur Umwelt fehlen. Ihre Zellen sind schlicht in eine gallertige Matrix gebettet.

Die Entwicklung der Schwämme ist umstritten. Es gibt aber Hinweise auf eine mögliche Abstammung von aquatischen Einzellern. Diese vermuteten Vorfahren sollen den heutigen Choanoflagellaten oder Kragengeißeltierchen ähneln, die im Meer leben. Schwamm und Einzeller: Wer die Verbindung erkennen möchte, muss genau hinsehen. Der wichtigste Zelltyp der Schwämme ist die *Choanocyte*, sie sieht den Choanoflagellaten fast zum Verwechseln ähnlich. Außerdem fischt sie nach dem gleichen Prinzip organische Partikel mit Schleim aus dem Wasser. Und der Einzeller kann auch im Team: Choanoflagellaten zeigen ein auffälliges

Verhalten, wenn sie Signalstoffe ihrer bevorzugten Beute-Bakterien im Wasser erspüren. Dann teilt sich ein solcher Einzeller. Alle Tochterzellen bleiben aber über den molekularen Klebstoff der extrazellulären Matrix und die eigene Gelhülle verbunden, sodass sie als sogenannte Rosette gemeinsam effizient jagen können.

All dies könnte für einen gemeinsamen Vorfahren sprechen, von dem zwei Linien abzweigten: eine führte zu den einzelligen Choanoflagellaten mit Option zur Koloniebildung, die andere führte zu den mehrzelligen Schwämmen ohne Option zur Einzelligkeit. Denn Choanocyten können sich aus dem Verband im Schwamm nicht mehr lösen. Immer aber spielen Mikroben eine entscheidende Rolle, ob sie den Zusammenschluss zur Rosette initiieren oder bei Schwämmen bis zur Hälfte der Masse ausmachen. Hier könnte der Schlüssel zur evolutionären Bedeutung der großflächigen Schleime liegen.

Denn Schwämme haben zwar mucinartige Anlagen, aber keine echte Hydrogelgrenze zur Umwelt. Mit dem Meerwasser können also auch Mikroben ungehindert in ihren Körper eindringen. Unter diesem Ansturm konnte der Organismus vielleicht keine echten Gewebe und Organe ausbilden und muss sich nun mithilfe aggressiver Wirkstoffe gegen Erreger wehren, was seit Langem für die Forschung von Interesse ist. Die ebenfalls uralten Rippenquallen und Nesseltiere kontrollieren dagegen ihr Interface zum Ozean über großflächige Schleime, sind gewissermaßen eingehegt und halten so ihre Mikrobenlast gering. Ein weiterer Vorteil: Sie konnten erstmals einem handverlesenen Mikrobiom Zutritt gewähren.

Der Schleimbarriere verdanken wir also vielleicht unsere Existenz, ganz sicher aber den Darm – und als dessen unerwarteten Sprössling auch die Lunge. Eine Ausstülpung der Verdauungshöhle wandelte sich dafür zu einer respiratorischen Oberfläche für die Atmung um. Sie ermöglichte das Leben an Land und brachte im Lauf der Evolution auch unsere Lunge hervor. Dafür gibt es Zeitzeugen: Die Lungenfische sind die ältesten lebenden Vorfahren vierbeiniger Wirbeltiere. Sie atmen Luft und verfügen über Zellen mit haarähnlichen Auswüchsen. Das sind die sogenannten Zilien, die sich gemeinsam bewegen und Schleim abtransportieren. Im Lungenfisch *Protopterus aethiopicus* finden sie sich sowohl im Darm als auch im vorderen Teil der Lunge, was die evolutionäre Verwandtschaft beider Organe unterstreicht.

Es ist ein Erbe, das wir noch immer in uns tragen. Zwar fehlen die Zilien im menschlichen Darm, sie finden sich aber noch immer in den Atemwegen, wo sie helfen, den mit Mikroben und Schadstoffen beladenen Schleim zu entsorgen. Der Aufbau erinnert hier ein wenig an Zahnpasta auf der Bürste, weil die Zilien selbst in eine antimikrobielle Flüssigkeit eingebettet sind, die von einer doppelten Lage Gel bedeckt wird. Dabei ist die untere Schicht locker aufgebaut, während der zähe Schleim als Klebefalle für Erreger und schädliche Partikel obenauf liegt. Die Härchen müssen sich in ihrem wässrigen Medium frei bewegen und gleichzeitig gerade so an den Schleim heranreichen, um ihn abtransportieren zu können. Das gelingt nicht, wenn das Gel zu schwer auf den Zilien lastet.

Bei vielen Atemwegsinfekten und bei chronischen Leiden wie der Mukoviszidose kann der krankhaft zähe und klebrige Schleim nicht weggeschafft werden. Eine Entzündungsreaktion ist die Folge, bei der Moleküle freigesetzt werden, die gefährliche Erreger wie *Pseudomonas aeruginosa* anlocken, der sich bevorzugt im Gel ansiedelt und dem Gewebe schaden kann. Mittlerweile gibt es Hinweise darauf, dass auch der im Übermaß produzierte und besonders feste Schleim in Kombination mit der Entzündung zu Vernarbungen in der Lunge und dem zunehmenden Verlust ihrer Funktion beitragen könnte.

Unsere großflächigen Hydrogelhürden müssen allesamt Pathogene fernhalten, ködern sowie austricksen und gleichzeitig ein Mikrobiom beherbergen. Die Aufgaben ähneln sich, warum sind dann die Hydrogele so unterschiedlich? Sie kleiden verschiedenartige Grenzflächen aus und müssen dort neben der Abwehr jeweils spezifische Aufgaben übernehmen. Und daran sind sie angepasst: Die Gelschicht auf der Oberfläche unserer Augen beispielsweise ist hauchzart transparent, um den Durchblick nicht zu behindern. Dabei hilft, dass sie als Gleitmittel das Lid beim Zwinkern immer wieder aufgehen und nicht etwa auf dem feuchten Auge festkleben lässt. Am anderen Ende des Spektrums befindet sich der Schleimpfropf des Muttermunds, der im Zyklus abhängig von den fruchtbaren Tagen schrumpft und schwillt, mal mehr und mal weniger porös wird.

Unnachgiebig gegenüber Erregern, aber zuvorkommend als Habitat für unsere Mitbewohner: Wie wichtig die ansässigen Mikroben für den Holobionten sind, zeigt ihr Verlust. Ohne Mikrobiom stirbt der Polyp Hydra meist an einer Pilzinfektion, selbst wenn das Tier mit ausgewählten Bakterien neu besiedelt wird. Der Mikrobenmix muss wohl komplett sein, aber welche Kombination passt? Kein Mikrobiom ist von vornherein festgelegt oder statisch. Die individuellen Anlagen des Wirts, sein Immunsystem, die Schleimbarriere, aber auch die Diät, Krankheiten sowie Kontakte zu Artgenossen tragen zur Besiedlung bei, die damit extrem individuell und bis ins Alter dynamisch ist.

Ein perfektes Mikrobiom oder breit wirksame Mikrobenmischungen lassen sich kaum definieren. Vielfalt im Ökosystem Mensch scheint widerstandsfähiger zu machen, ist aber fast nur noch in vorindustrialisierten Gesellschaften gegeben, eine Arche unserer Evolution als Holobiont. Sonst fällt die mikrobielle Diversität meist einer einseitigen Diät, exzessiver Hygiene sowie medikamentösen Mikrobenkillern zum Opfer, auch Stress und Infektionen können sie aus der Balance bringen. Dysbiose heißt die systemische Verschiebung der Artenverteilung, und sie könnte bei vielen Leiden wie Asthma und Autismus, Autoimmunleiden und Typ-2-Diabetes eine Rolle spielen.

Kommt es zu einem Ungleichgewicht im Darm, können gefährliche Keime wie das Bakterium *Clostridium difficile* profitieren. Antibiotika sind unersetzliche Wirkstoffe, müssen aber mit Bedacht eingesetzt werden, weil sie auch unserem Mikrobiom zusetzen. Entfällt diese Konkurrenz, kann sich unter Umständen der Erreger breitmachen. Noch mehr Antibiotika helfen selten, dafür hat sich ein eher unorthodoxer Ansatz erfolgreich etabliert – die Fäkalspende. Dann wird dem Patienten entsprechend präpariertes Material eines gesunden Verwandten als Neustart für das Mikrobiom übertragen, mit im Fall von Infektionen mit *Clostridium difficile* extrem hoher Erfolgsrate. Das Verfahren soll künftig auch bei anderen Dysbiosen Anwendung finden.

Denn die Entwicklung des Mikrobioms ist in mehrfacher Hinsicht und von Anfang an gefährdet. Viele Mütter geben ihrem Nachwuchs eine mikrobielle Erstausstattung mit auf den Weg. Pflanzen rüsten ihre Samen und Tiere ihre Eier bakteriell auf. Die mikrobielle Eroberung der Menschenkinder beginnt mit der Geburt. Ein Kaiserschnitt kann die Kaskade der Kolonisierung verändern, weil dann Hautkeime der Mutter anstelle von Mikroben aus Vagina und Darm zuerst zum Zug kommen. Ob und inwieweit sich das später auf die Gesundheit des Kindes auswirkt, ist allerdings noch unklar. Immerhin liefert die Muttermilch weitere Darmbakterien sowie Mucine zur Abwehr von Pathogenen. Sobald die Kinder mikrobiell abgenabelt sind, müssen sie ihr Mikrobiom selbst kultivieren, dessen Zusammensetzung allerdings nur bedingt verhandelbar ist.

Eine Kerntruppe an Spezies ist nötig oder vielleicht gilt es auch nur, bestimmte fundamentale Funktionen zu erfüllen. Bei Bedarf kommen Spezialisten dazu. Diesen Bedarf wiederum bestimmt im Darm vor allem die Diät, wie eine Studie zeigte, die bei amerikanischen Probanden vor allem bakterielle Experten für fett- und proteinreiche Nahrung fand. Bei Teilnehmern aus dem ländlichen Afrika dominierten dagegen Arten, die komplexe Kohlenhydrate in Bohnen und anderen Gemüsesorten knacken konnten. Nach nur zwei Wochen Tellertausch zeigten die Amerikaner aber bereits ein leicht ›afrikanisiertes‹ Profil in ihrem

Darm-Mikrobiom – sowie bessere Laborwerte. Die Teilnehmer aus Malawi hatten dafür dank Pommes, Burger und Würstchen mikrobiell erstmals typisch ›amerikanische‹ Charakteristika inklusive geringfügig erhöhter Risikomarker für Diabetes und Dickdarmkrebs.

Das Mikrobiom ist unermüdlich und flexibel für den gemeinsamen Organismus im Dienst. Warum aber leisten wir diese Aufgabe nicht selbst? Einer Theorie zufolge waren frühe Mehrzeller möglicherweise von den steigenden Anforderungen ihrer komplexen Körper überfordert. In der Verdauung etwa hätten sie sich demnach auf das Outsourcing einzelner Aufgaben an Mikroben verlegt, denen sie im Gegenzug die Oberflächen unserer Organismen als Lebensraum anboten, Unterkunft, Schutz und Versorgung also. Wenn es denn eine Wahl gab: Die ersten Tiere fanden sich in einer Welt wieder, in der Bakterien seit drei Milliarden Jahren dominant waren. Sie waren ein zentraler Bestandteil unserer Umwelt und nutzten die mehrzelligen Newcomer sicher als willkommene Habitate, wenn sie nicht sogar den Startschuss für unsere Entwicklung gaben.

IV

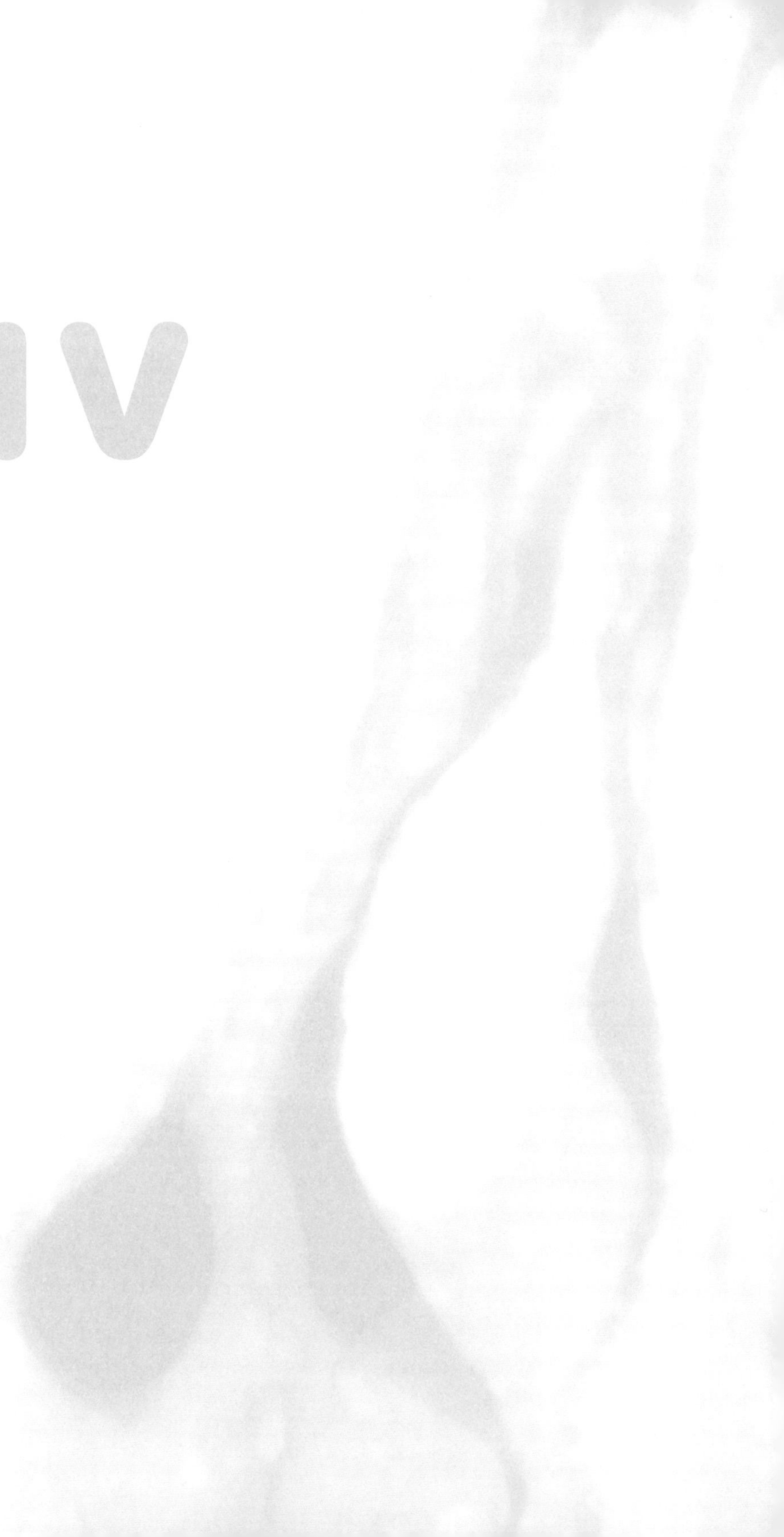

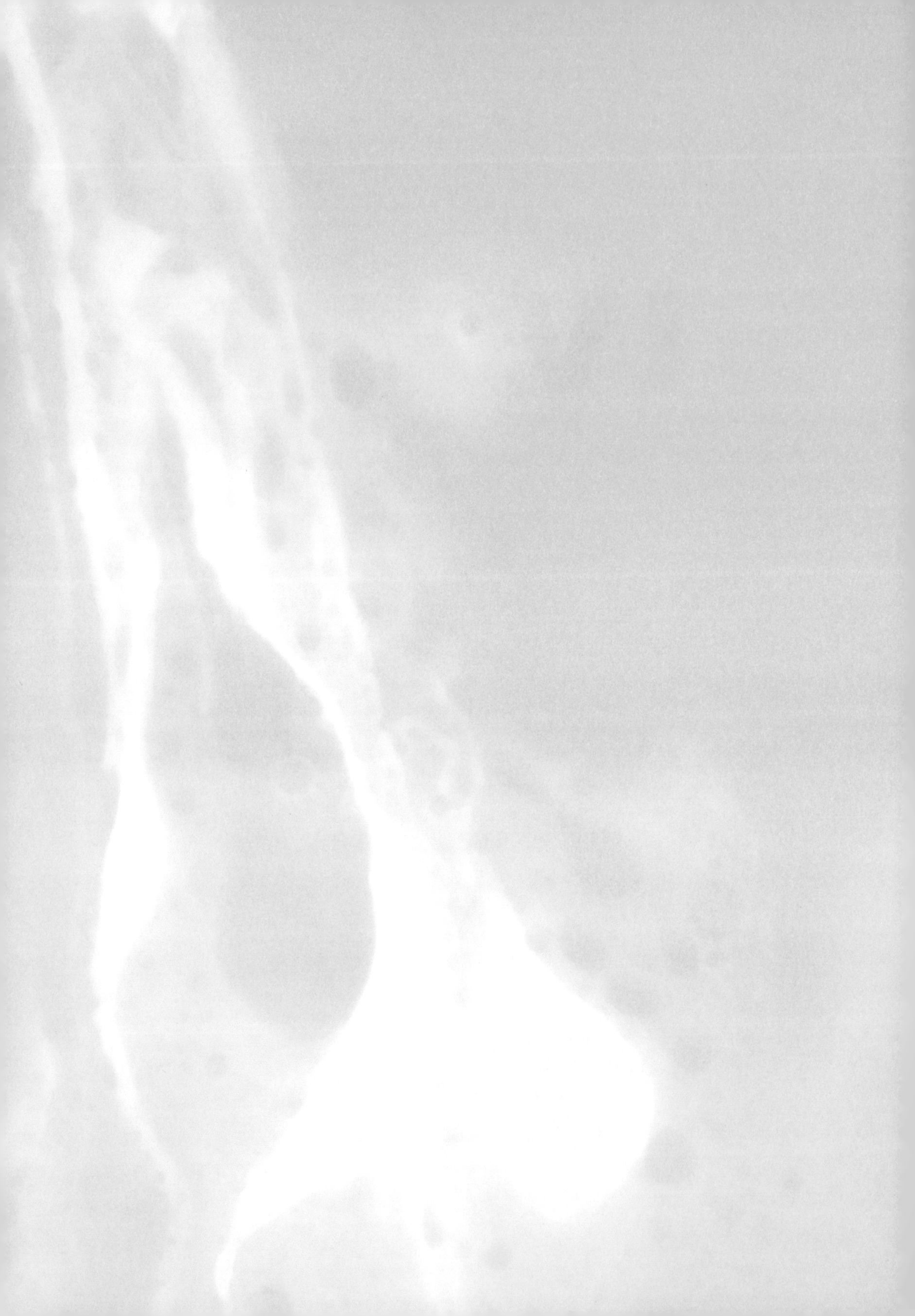

IV LEBEN

So abstoßend wir Schleim heute finden, so prominent war seine Rolle in der Wissenschaft der letzten Jahrhunderte, wenn nicht gar Jahrtausende. Er galt schon im alten Ägypten als Lebensspender und wurde sehr viel später – nachdem Charles Darwins Evolutionstheorie Gott als Schöpfer obsolet gemacht hatte – als Bindeglied zwischen der unbelebten Umwelt und dem Leben vermutet. So begann die Suche nach dem Schleim als Quelle des Lebens oder als materialisierte Lebenskraft. Das war das sogenannte Protoplasma, der Zellschleim, der auch Signale aus der Umwelt empfangen, diese als Muster speichern und an die Nachkommen weitergeben sollte. Diese Forschung war so aufregend, dass sie sich sogar in der modernen Kunst niederschlug, etwa bei dem Maler Edvard Munch. Was aber sagt die Evolutionsbiologie heute? Überraschend erlebt Schleim eine Renaissance, zwar nicht als Lebensspender, aber als möglicher Schutzraum für erste biologische Moleküle und frühe Zellen, die ohne ihn vielleicht nicht in ihrer extremen Umwelt überdauert hätten.

1 *Die* HMS Challenger *erforschte erstmals die Ozeane, die Tiefseequalle* Tiburonia granrojo (7) *ist eine moderne Entdeckung* 2, 3 *Rippenquallen* (Ctenophora) *bilden einen eigenen Stamm* 4 *Schützende Schichten hielten Kabel auf der transatlantischen Route* (5) *intakt* 6 *»I think«: Skizze von Charles Darwin*

JAGD AUF DEN URSCHLEIM

Und die kleine Meerjungfrau hob ihre klaren Augen hinauf
zu Gottes Sonne, und zum ersten Mal fühlte sie Tränen.
Auf dem Schiff war wieder Lärm und Leben, sie sah den Prinzen
mit seiner schönen Braut nach ihr suchen, wehmütig
starrten sie auf den brodelnden Schaum, als ob sie wüssten,
dass sie sich in die Wellen gestürzt habe.

HANS CHRISTIAN ANDERSEN, *Die kleine Meerjungfrau*

Ob mir die See Tränen einer kleinen Meerjungfrau vor die Füße spült? Wie diaphane Perlen glitzern sie im Wasser, lassen das Licht in allen Farben brechen. Eine Träne nehme ich in die Hand, aber sie erlischt, wird zu einem Tropfen Gallerte und verwandelt sich erst im Wasser glitzernd zurück. Vielleicht ist es aber auch eine der fremdartigen Rippenquallen, die den bekannten Schirmquallen entfernt ähnlich sehen und doch als *Ctenophora* eine eigene Gruppe bilden. Sie sind so alt, dass sie sogar den Schwämmen in einer wissenschaftlichen Debatte Konkurrenz machen, die seit Dekaden tobt und genauso lang schon intellektuelles Schleudertrauma verursachen kann.

Wer sind die die ältesten Tiere? Viel spricht für die primitiven Schwämme, deren Zellen ohne echte Gewebe und Organe schlicht in eine schleimige Matrix eingebettet sind. Die gelatinösen Rippenquallen dagegen sind mit ihrem Darm und Nervensystem im Vergleich dazu ungleich komplexer konstruiert. Der leuchtende Regenbogen an Farbe, der in Bahnen – den ›Rippen‹ – über ihre Körper jagt, entsteht durch Brechung des Lichts. Hier ist jeweils ein Saum haarähnlicher Zilien angeordnet, deren koordinierte Bewegung Beute zum Maul schafft, die an der schleimigen Oberfläche der Tiere kleben geblieben ist. Doch die Entwicklungsgeschichte lässt sich nicht immer einfach von der Außenseite ablesen.

Punktsieg Rippenqualle? Entgegen dem Augenschein erklärte eine groß angelegte Studie doch die *Ctenophora* zur ältesten Tiergruppe. Die einfach gebauten

Schwämme müssten demnach von Vorfahren abstammen, die komplexer waren als sie selbst. Das gibt es, manchmal geht die Evolution tatsächlich einen Schritt voran und wieder zwei zurück. Eine nachfolgende Publikation gab dann aber doch Entwarnung. Alles bleibt beim Alten, vorerst zumindest. Die Schwämme sind die ältesten mehrzelligen Tiere und unser evolutionäres Narrativ muss an dieser Stelle keine Schlaufen drehen. Das Beispiel der wohl mehr als 600 Millionen Jahre alten Tiergruppen zeigt aber, wie schwer sich evolutionäre Zusammenhänge auch mit modernen Methoden klären lassen.

Die Frage nach der genauen Gestalt des Lebensbaums wird sich deshalb vielleicht nie eindeutig beantworten lassen, weswegen es wohl auch so viele Varianten von ihm gibt. Als Metapher für die Geschichte einzelner Familien hat er eine lange Tradition, etwa in der Kirche mit der Wurzel Jesse, die meist direkt dem Körper des Stammvaters entspringt und Jesus in der Krone trägt. Aber auch königliche Linien und andere mächtige Häuser halten seit dem Mittelalter ihre Historie auf diese Weise fest. Und die botanische Tradition hat Spuren in unserer Sprache hinterlassen: Welcher Verbindung ist ein Spross entsprungen? Gibt es einen Stammhalter? Oder ist ein Zweig der Familie verdorrt?

Ebenso gebräuchlich war es in der Naturphilosophie, das Leben als Baum abzubilden, allerdings erstarrt im Status quo. Jede Dynamik wie das Aussterben einer Spezies oder ihre Entwicklung hätte die Perfektion der Schöpfung infrage gestellt – und damit indirekt auch den Schöpfer. Nach diesem Modell wären die Schwämme, die Rippenquallen und andere Tiergruppen wie Weihnachtsschmuck auf die Zweige des Lebensbaums verteilt worden, vielleicht auch halbwegs geordnet, aber ohne zwingenden Zusammenhang. Seit Charles Darwin ab Mitte des 19. Jahrhunderts der Welt seine Evolutionstheorie präsentierte, hat sich das von Grund auf geändert.

Jetzt muss die Entwicklung des Lebens über Jahrmillionen entschlüsselt werden, weil Darwin zeigen konnte, dass biologische Arten sehr wohl durch Veränderung und natürliche Selektion entstehen, sich entwickeln und auch wieder untergehen können. Die Natur ist also ein vernetztes und sich entwickelndes System. Auf der Suche nach einer passenden Metapher versuchte sich Darwin an verschiedenen verästelten Strukturen wie dem Fluss des Lebens, der Lunge des Lebens und der Koralle des Lebens. Am Ende setzte sich aber doch der altbewährte Lebensbaum durch, der erste Spuren in Darwins Notizbuch B hinterließ.

Im Sommer 1837 skizzierte er hier ein Bäumchen, eher ein dürres Gestrüpp mit Schlagseite, notierte »*I think*« am Rande und meinte damit wohl, diese Metapher sei zu bevorzugen. So findet sich das Bäumchen als einzige Illustration in *Der Ursprung der Arten* aus dem Jahr 1859, Darwins bahnbrechendem Werk. Das Gewächs ist hier aber erwachsen geworden, schnurgerade und im Spalier aufeinanderfolgender Generationen aufgespannt. Details fehlen, Darwin geht es eher grundsätzlich darum, Evolution zu visualisieren. Manuel Lima schreibt in *The Book of Trees*, Darwin habe als Neuerung die Veränderung über Zeit eingefügt und so den ersten evolutionären Baum des Lebens erschaffen. An dessen korrekter Ausgestaltung beißt sich die Wissenschaft aber heute noch die Zähne aus.

Thomas Henry Huxley ging als ›Charles Darwins Bulldogge‹ in die Geschichte ein, weil er dessen noch junge Evolutionstheorie ungeheuer verbissen verteidigte. Huxley machte sich bei Bedarf aber auch für die Ideen anderer Naturforscher stark. »Ich habe es *Bathybius haeckelii* getauft und hoffe, du wirst dich deines Patenkindes nicht schämen«, schrieb er im Jahr 1868 an den Naturalisten, Philosophen und Artisten Ernst Haeckel, der die Sache des Darwinismus ebenso vehement in Deutschland vorantrieb. »Ich bin natürlich ganz besonders erfreut über *Bathybius haeckelii* und sehr stolz, der Pate bei seiner Taufe zu sein!«, schrieb der Freund umgehend nach London zurück.

Eine Ablehnung des Sprösslings wäre aber auch kaum denkbar gewesen, sollte er doch eine zentrale Hypothese in Haeckels Naturphilosophie untermauern und den Ursprung des Lebens erklären. Eine schwer zu füllende Lücke, seit Darwins Evolutionstheorie die biblische Schöpfungsgeschichte widerlegt, den Menschen gar als Nachfahren von Affen und anderem Getier gezeichnet hatte. Wer aber hatte den Startschuss gegeben, wenn nicht Gott? Wie wurde erstmals aus unbelebter Materie Leben? Ernst Haeckel wagte sich an das Problem heran und erklärte einen Urschleim zum Ursprung allen Lebens, der den Meeresboden zu großen Teilen bedecken oder als ein Organismus sogar gänzlich umfassen sollte. Als Substanz sollte er gerade so jenseits der Grenze zwischen toter und belebter Materie stehen und unablässig neue Spezies hervorbringen.

Alles Leben auf der Erde würde demnach von einer dichten Lage Glibber abstammen, für dessen Nachweis

Fische und Schnecken, alles, was schwimmt, alles, was kriecht oder von den Strömungen getrieben wird, spürte dies entsetzliche Ding, diesen unendlichen, unbekannten Meeraal, der so ganz auf einmal von oben herabgekommen war. Was für ein Ding war dies nur einmal? Ja, wir wissen es! Es war das große, meilenlange Telegraphenkabel, das die Menschen zwischen Europa und Amerika versenkten. Es entstand eine Angst, es entstand eine Bewegung zwischen den rechtmäßigen Bewohnern des Meeres, überall, wo das Kabel versenkt wurde. Der fliegende Fisch schnellte in die Höhe, über die Meeresfläche, so hoch er nur konnte, ja, der Knurrhahn sprang einen ganzen Büchsenschuß über das

Wasser empor, denn das kann er; andere Fische flohen auf den Meeresgrund, sie schossen mit einer solchen Heftigkeit hinab, daß sie lange, bevor das Kabeltau noch gesehen war, dort anlangten; sie erschreckten Kabeljau und Scholle, die friedlich in der Meerestiefe wanderten und ihre Mitgeschöpfe fraßen. Ein paar Meerwalzen erschraken so sehr, daß sie ihren Magen ausspuckten, aber trotzdem weiterlebten, denn das konnten sie. Viele Hummern und Taschenkrebse verließen ihren guten Harnisch und mußten die Beine zurücklassen.
HANS CHRISTIAN ANDERSEN,
Die Große Seeschlange

Haeckel aber die Möglichkeiten fehlten. Als Naturalist beschäftigte er sich intensiv mit marinen Arten, die er aus dem Meer fischte und so elegant und detailreich zu Papier brachte, dass ihre Ästhetik sogar in den Jugendstil einfloss. Den Urschleim in der Tiefsee aber würde er nicht mit Ruderboot und Fangnetz erhaschen können. Unerwartet kamen ihm der technische Fortschritt und ›Darwins Bulldogge‹ zu Hilfe. Mitte des 19. Jahrhunderts begann die Erforschung der Tiefsee, wenn auch nicht unter wissenschaftlichen Vorzeichen. Stattdessen sollte der Boden des Atlantiks vermessen, seine Tiefe und Beschaffenheit kartiert werden, um geeignete Routen für unterseeische Telegrafenkabel zu finden.

Bislang mussten Botschaften zwischen Europa und Amerika noch umständlich per Schiff überbracht werden. Warum also nicht auf die Telegrafie setzen? Die nötige Technik existierte bereits. Samuel Morse hatte eine Verbindung zwischen Baltimore und der Hauptstadt Washington installiert und auch der Ärmelkanal war bereits verkabelt. Die Verlegung einer transatlantischen Verbindung war allerdings sehr viel komplexer, auch weil ein Schiff allein das Kabel nicht tragen konnte. Viele Fehlschläge und Probeläufe gingen der ersten Kommunikation zwischen dem US-Präsidenten James Buchanan und Queen Victoria voraus. Doch der Kontakt brach schnell wieder ab. Das war im Jahr 1858, als London noch unter der Dunstglocke des *Great Stink* gefangen war.

Viele Jahre mehr sollten vergehen, bis endlich eine dauerhaft zuverlässige Verbindung installiert war, die dann aber für alle Zeit gesichert war – wenn Jules Vernes Helden in seinem Roman *20 000 Meilen unter dem Meer* geglaubt werden darf: »Die lange Schlange, mit Muscheltrümmern bedeckt, war mit einem steinigen Teig überzogen, der sie gegen die durchbohrenden Mollusken schützte«, heißt es dort im fiktiven Augenzeugenbericht. »Sie lag ruhig, gegen die Bewegungen des Meeres gesichert (…) Das Kabel ist ohne Zweifel von unbegrenzter Dauer, denn man hat die Beobachtung gemacht, daß die Guttapercha-Hülle durch das dauernde Verweilen im Meerwasser besser wird.« Unsterblich war die elektrische Seeschlange nicht, aber das Unternehmen war ein großer Erfolg, den lange Jahre der Kartierung des Meeresgrunds erst ermöglicht hatten. Die HMS Cyclops war an der anfänglichen Vermessung beteiligt gewesen, doch einer ihrer Offiziere war dabei auch im Auftrag seines alten Freundes Thomas Huxley unterwegs: Er solle ihm für seine wissenschaftlichen Analysen doch frisches Material besorgen. Genaue Instruktionen bekam der Seemann ebenfalls mit auf den Weg, welche Proben gewünscht und wie sie zu konservieren waren – starker Alkohol scheint hier eine große Rolle gespielt zu haben.

Aus ungeklärten Gründen wartete Huxley aber und begann mit seinen Analysen erst zehn Jahre nach der Rückkehr der Cyclops. Ihn erwartete eine Überraschung: Im konservierten Meerwasser schwebten Klumpen einer gelatinösen Masse, ähnlich wie Eiklar, in das kalkhaltige Fragmente eingebettet waren. Für Huxley gab es keinen Zweifel: Diese farblose und strukturlose Matrix musste Haeckels Urschleim mit den Resten seiner letzten Mahlzeit sein. Zu Ehren des geistigen Vaters nannte er den Fund *Bathybius haeckelii*. Andere Evolutionsbiologen im Urschleimfieber versuchten ebenfalls ihr Glück und wurden fündig.

Verschiedene Varianten von *Bathybius* wurden aus der Tiefsee gefischt, auch eine scheinbar primitive Form in arktischen Gewässern, die gleich zum Vorfahr aller Urschleime deklariert wurde. Stammbäume waren ohnehin in Mode. Und wer zögerte, den Blob als Leben zu sehen, wurde eines Besseren belehrt: Manch ein *Bathybius* zeige deutliche Bewegungen wie ein Organismus, tönten einige der Entdecker. Eine Bewegung, die zweifelsohne besonders ausgeprägt war, wenn die Probe auf einem schwankenden Schiff bei ordentlich Seegang betrachtet wurde. Haeckel fühlte sich geehrt und auf ganzer Linie bestätigt, Huxley verschrieb sich der Sache mit Feuereifer, nur der vorsichtige Darwin hielt sich wie manch andere Naturforscher bedeckt.

Nicht alle waren also restlos vom Phänomen *Bathybius* überzeugt, auch als unerwartet Unterstützung aus Kanada kam, nicht aus dem Meer, sondern aus den Rocky Mountains. Hier waren steinerne Fundstücke aufgetaucht, die als älteste und ursprünglichste Organismen interpretiert und deshalb mit dem poetischsten aller Namen bedacht wurden. *Eozoon canadense* wurden sie genannt, also Morgenrötetier, weil sie der Dämmerung des Lebens entstammen sollten. Bemerkenswert war die Ähnlichkeit zwischen *Eozoon* und dem Urschleim *Bathybius*, wie auch berühmte Zeitgenossen vermerkten.

»Es wirft dasselbe einen Morgenschimmer der Erkenntnis über die Beschaffenheit der Urorganismen und zeigt uns jene Einfachheit der Lebensverrichtungen und ihrer Substrate«, schrieb der deutsche Zoologe und Schriftsteller Alfred Brehm über das »Morgenröthen-Thier«, wies gleichzeitig aber auf dessen ungesicherte organische Natur hin. In den verstaubten Archiven des Hunterian Museum in Glasgow finden sich noch einige Schnitte von *Eozoon*, die ich unter dem Mikroskop genauer betrachten darf. Ein Morgenrötetier kann ich mit meinem ungeübten Auge allerdings nicht erkennen, keinen Hinweis auf einen primitiven Organismus, nur wunderschön zarte Streifen im Gestein.

Doch auch die kanadische Verwandtschaft kann *Bathybius* am Ende nicht retten. Die vermeintlichen Versteinerungen sind rein mineralische Pseudofossilien und auch dem Urschleim ist nur ein kurzes Leben vergönnt. Es ist die moderne Wissenschaft, die ihn als Hochstapler entlarvt. In der zweiten Hälfte des 19. Jahrhunderts bricht neben der Technik auch die Forschung zu neuen Ufern auf. Die Kabelleger haben als Vorgeschmack erste Sedimentproben der Tiefsee ans Licht geholt. Von 1872 bis 1876 ist nun aber die HMS Challenger auf den Weltmeeren unterwegs und begründet mit dieser Expedition die Disziplin der Ozeanografie.

Zuerst müssen an Bord noch die Kanonen abgebaut und Labors aufgebaut werden. Dann aber kann die Mannschaft die Meere vermessen, deren Bewohner untersuchen und anhand von Tausenden von Proben analysieren. Bis heute ist das Material nicht vollständig ausgewertet, über viele Museen und andere Institutionen verstreut. Neu ist, dass zum ersten Mal ausschließlich wissenschaftliche Maßstäbe für die Erforschung des geheimnisvollen und weitgehend unbekannten Lebensraums unter den Wellen angelegt werden. Es ist eine neue Welt: Der reichen Ausbeute gehören auch Myriaden neuartiger Geschöpfe an, nur dem Urschleim bekommt das rigorose Vorgehen nicht. Eigentlich sollte die HMS Challenger das Habitat und die Gestalt von *Bathybius haeckelii* im Detail entschlüsseln. Doch die Suche bleibt erfolglos.

Die Probengefäße kommen leer zurück an Bord. Erst wenn sie gemäß Huxleys Vorgaben für die Cyclops mit Alkohol konserviert werden, schwimmt plötzlich die altbekannte Gallerte im Meerwasser. Kein Zweifel: Der Urschleim war ein Artefakt der Präparation, genauer: Kalziumsulfat, das in chemischer Reaktion mit Alkohol aus dem Meeresschlamm ausgefällt wurde. Huxleys Urschleimprobe ist leider im Lauf der Jahre verloren gegangen. Der ›künstliche‹ *Bathybius* der Challenger-Expedition findet sich aber noch heute im Hunterian Museum im Glasgow, wo auch die *Eozoon*-Schnitte lagern.

Die Sammlung zieht um, ein neues und modernes Gebäude soll sie aufnehmen. Das Flair des alten Hunterian als eine Art Kuriositätenkabinett wird hoffentlich nicht darunter leiden, der Hauch aus einer Zeit nicht verloren gehen, in der die Natur von den Artefakten menschlicher Tätigkeit noch nicht streng getrennt war, Fossil und Schnitzerei einträchtig nebeneinander ausgestellt wurden. Der vermeintliche Urschleim war ein solcher Grenzgänger, ins Leben gedacht, weil die Lücke geschlossen werden musste, die Darwins revolutionäre Evolution gerissen hatte. Hier im Hunterian ist er so weit oben platziert in seiner Vitrine, dass er mehr erahnt als gesehen werden kann, wie auch in seiner vorübergehenden Prominenz als Ursprung des Lebens.

Für die Anhänger des Urschleims war der Tod von *Bathybius* ein harter Schlag. Huxley ruderte sofort zurück, Haeckel aber hielt noch zehn Jahre länger an seinem Patenkind fest. *Bathybius* war der Grundstein seiner Naturphilosophie, die ohne ihn zusammenzubrechen drohte. Der Wissenschaftshistoriker Philip Rehbock ging im Jahr 1975 der Frage nach, warum auch distinguierte Forscher dem Trugbild des Urschleims folgten, und kam zu dem Schluss, dass *Bathybius* eine Universalantwort auf viele drängende Fragen in unterschiedlichen Disziplinen lieferte. So habe er unter anderem den Ursprung des Lebens erklärt und sich als primitivste aller Arten angeboten. In dieser Funktion schien er zudem den Nachweis des mysteriösen Protoplasmas zu erbringen, des Schleims im Inneren von Zellen, deren Seele und das materielle Lebensprinzip schlechthin.

Bathybius ist tot – es lebe der Meeresschnee? Vor einigen Jahren griff eine Publikation erneut die Geschichte des Urschleims auf und präsentierte eine alternative Erklärung: Es könne sich bei Huxleys Probe wider Erwarten doch um biologischen Schleim gehandelt haben, genauer: organischen Müll im Meer. Dazu gehören von vielen Organismen sekretierte Schleime, mikrobielle Gele sowie andere Überreste, die von den oberen Wasserschichten im Ozean als große Flocken des sogenannten Meeresschnees in die Tiefe sinken, wo sie sich meterhoch als Sediment akkumulieren können. Kein Urschleim, aber auch für sich genommen ein außerordentlich interessantes Phänomen.

1 Schwarze Raucher gehören zu den hydrothermalen Quellen der Tiefsee und geben besonders heiße Lösungen ab 2 Darstellung des vermeintlichen Urschleims Bathybius haeckelii *von Ernst Haeckel, 1870*
3 Amphibische Eileiter mit aufgequollener Gallerte, zuweilen als »Sternenrotz« interpretiert

URSPRUNG DES LEBENS

Wenn Sterne verschnupft sind, trägt ihr Katarrh dann bis zur Erde? An einem Frühlingstag liegen an einem kleinen Tümpel im Moor milchige Gallertklumpen verstreut im Gras. Sie sind hart, doch elastisch, und der größte davon füllt fast meine Hand. Über Jahrhunderte wurden solche Funde als himmlischer Auswurf oder *Sputum astrorum* interpretiert, weniger gelehrt auch ›Sternenrotz‹ oder ›Meteorgallerte‹ geheißen. Die wissenschaftliche Erklärung ist profaner. Im Frühjahr sind weibliche Amphibien prall gefüllt mit vielen Tausend Eiern, die beim Legen in Gallerte eingebettet werden. Werden die Frösche und Kröten in dieser Zeit von Füchsen oder andere Beutegreifern attackiert, wird oft unreifer Laich ausgeschieden, vielleicht auch von den Räubern ausgewürgt, und quillt im taufeuchten Gras auf.

Vor schleimigem Sternenauswurf sind wir also sicher. Nach Ansicht mancher Forscher könnte sich die junge Erde vor vier Milliarden Jahren aber anderweitig und jenseits Lovecraft'schen Horrors aus dem All angesteckt haben – mit dem Leben selbst. Es ist ein Versuch, Licht in das Dunkel zu bringen, das den Ursprung des Lebens verhüllt. Die Erde formte sich vor 4,56 Milliarden Jahren als glühender Feuerball aus interstellarem Staub und Gas. Wenig später kollidierte sie mit einem anderen Himmelskörper, der Material aus ihrer Seite schlug, das sich wahrscheinlich zum Mond verdichtete.

Eine höllische Zeit: Die Erde rotierte in Achtstundentagen und erzeugte massive Stürme, während Vulkane giftige Gase auspumpten und unser Trabant nahe genug stand, um gewaltige Gezeitenwellen in den Urozeanen auszulösen. Hadaikum heißt diese Ära in Anlehnung an den Hades, die Unterwelt der griechischen Mythologie. Gegen jede Wahrscheinlichkeit muss hier in einem geschützten Winkel dennoch das Leben seine ersten Schritte gewagt haben. Was finden wir, wenn wir die Krone des Lebensbaums verlassen und den Stamm hinabgleiten? Es gibt viele spannende Gabelungen auf dem Weg, etwa die Geburt der eukaryotischen Zelle, die aus der Fusion von Mikroben hervorging, erstmals einen Kern mit Hülle hatte und als Ursprung aller höheren Organismen der Alleinherrschaft der Mikroben endgültig ein Ende setzte.

Bei der Suche nach dem Ursprung des Lebens treffen wir auch LUCA, den letzten gemeinsamen Vorfahren oder *Last Universal Common Ancestor* aller Lebewesen. Schon Charles Darwin vermutete mit brillanter Intuition, dass alle heutigen Spezies einen Vorfahren teilen. Der letzte gemeinsame Vorfahr kann trotz aller modernen Analysen nur ein theoretisches Konstrukt sein, für das die Evolution weitverbreiteter und wohl weitgehend unveränderter Genanlagen zurückgerechnet wird, bis sie in einem Punkt zusammentreffen. Dieser Punkt ist LUCA, die Summe dieser künstlich gealterten oder eher vielleicht verjüngten Eigenschaften. Er steht wohlgemerkt nicht notwendigerweise für die älteste Mikrobe, sondern für jene Urmutter, aus der dank genetischer Überlegenheit, Mangel an Konkurrenz oder schierem Zufall das heute bekannte Leben in seiner Gesamtheit hervorging.

LUCA ist eher eine Art evolutionäres Fahndungsbild, kann uns aber doch so einiges anhand seiner errechneten Eigenschaften verraten. Demnach lebte unser letzter gemeinsamer Vorfahr vor mindestens 3,5 Milliarden Jahren tief versteckt im Meeresboden bei hydrothermalen Schloten, aus denen mineralreiche Lösungen strömten und der Mikrobe Energie lieferten. LUCA ist ein früher und doch komplexer Baustein in unserer Geschichte. Was also finden wir, wenn wir an ihm vorbei nach der tiefsten Wurzel des Lebensbaums greifen? Ernst Haeckel vermutete hier seinen Urschleim *Bathybius*, noch nicht und doch gerade schon lebendig. Wo und wie nahm das Leben tatsächlich seinen Anfang?

Diese Prozesse sind so schwer zu rekonstruieren, weil sie vor unvorstellbar langer Zeit auf einem Planeten stattfanden, der wenig mit unserer wohltemperierten Wohnstatt von heute gemein hat. Hier gibt es noch viel mehr Fragen als Antworten, wir können uns aber wenigstens an einer Erklärung versuchen. Was ist Leben? Reicht schon ein organisches Molekül, müssen mehrere davon kooperieren oder braucht es eine ganze Zelle, um diese hohe Hürde zu nehmen? Hier ist sich auch die Wissenschaft uneins, leichter lassen sich die Voraussetzungen festlegen, die gegeben sein müssen, damit Leben überhaupt zur Möglichkeit wird.

Selbstreproduktion ist nötig, damit die eigenen Anlagen an die nächste Generation weitergegeben werden können. Selbstorganisation ist ebenfalls essenziell, weil sie aus biologischen Strukturen eine Einheit macht, die mehr ist als die Summe der Einzelteile. Ein weiterer Baustein ist der Stoffwechsel, den Energie antreiben muss. Und das Milieu? In der Hölle der frühen Erde konnten derart organisierte und koordinierte Prozesse keinesfalls ohne Schutz vor der chaotischen Außenwelt ablaufen. Sie mussten sich abschirmen können, entsprechend den heutigen Zellen mit ihrer biologischen Membran. Wie war dies möglich auf der frühen Erde? Wann? Und wo?

Das Wie begann mit der präbiotischen Evolution, bei der die Chemie erste Dehnübungen in Richtung Biologie machte und einfache Bausteine hervorbrachte, die sich zu komplexeren Strukturen zusammenschlossen. Das waren Proteine und der Informationsspeicher RNA, eine der DNA unserer Zellen verwandte, aber einfachere Nukleinsäure. Gemeinsam könnten sie eine simple Zelle gebildet haben. Wie später zu sehen sein wird, haben Hydrogele hier möglicherweise eine entscheidende Rolle gespielt. Auch das Wann lässt sich eingrenzen: Kanadische Forscher haben Spuren in vier Milliarden Jahre altem Gestein gefunden, die sie als Hinweise auf Mikroben interpretieren – also komplexes Leben. Das ist nicht ganz gesichert, aber auch andere Funde deuten darauf hin, dass das Leben überraschend schnell nach der Geburt der Erde entstand und sich rasant weiterentwickelte.

Besonders schwer zu beantworten ist die Frage nach dem Wo: Sind wir doch alle Aliens? Astrobiologen verlegen den Ursprung des Lebens in den Weltraum, von wo aus die Erde galaktische Gründermoleküle per Asteroid importiert haben soll. Die kosmische Starthilfe könnte erklären, warum das irdische Leben trotz widriger Umstände so schnell die Bühne betrat. Außerdem wurden in Asteroiden tatsächlich Biomoleküle wie etwa Aminosäuren gefunden, die Bausteine von Proteinen. Allerdings beantwortet dieses Szenario die Frage nach dem Ursprung des Lebens nicht, sondern schiebt sie nur auf eine besonders lange galaktische Bank.

Irdische Szenarien werden ebenfalls diskutiert, darunter die Brandungszone der Urozeane oder auch Wasserreservoirs im Eis, wo die frühen Moleküle wegen der niedrigen Temperaturen lange überdauert hätten. Einen Leben spendenden Tümpel brachte dagegen schon Charles Darwin in einem Brief an den Botaniker Joseph Dalton Hooker ins Spiel: »Aber falls (und Ach! Was für ein großes Falls!) wir uns vorstellen könnten, dass sich in einem warmen kleinen Tümpel mit allen Arten von Ammonium- und Phosphorsalzen, Licht, Hitze, Elektrizität usw auf chemische Weise eine Proteinverbindung bilden konnte.« Seine Idee auch öffentlich zu vertreten, das wagte der große Darwin aber nicht. Vielleicht sei die Frage nach dem Ursprung des Lebens denn doch »*ultra vires*«, also jenseits der wissenschaftlichen Möglichkeiten der Zeit, bemerkte er weise. Die Idee vom gemütlichen Ursprung des Lebens aber hielt sich, fand sogar Eingang in Gottfried Benns *Gesänge* aus dem Jahr 1913. Hier wünscht sich der Dichter als »Klümpchen Schleim« in das Dasein unserer Ururahnen in einem warmen Moor zurück, was vermutlich aber mehr für eine gewisse Weltmüdigkeit spricht als eine wissenschaftliche Analyse vermuten lässt. Nach langer Flaute ist Darwins warmer Tümpel nun aber auch unter Forschern wieder im Gespräch, wenn auch eher als vulkanisch erhitzter Salzsee denn als sanfter Weiher, wie ihn Darwin im bukolischen Kent im Südosten Englands vor Augen gehabt haben mag.

O daß wir unsere Ururahnen wären.
Ein Klümpchen Schleim
in einem warmen Moor.
Leben und Tod,
Befruchten und Gebären
Glitte aus unseren
stummen Säften vor …
GOTTFRIED BENN, *Gesänge*

Noch populärer ist allerdings die Theorie, das Leben habe an hydrothermalen Schloten in der ewigen Dunkelheit der Tiefsee seinen Anfang genommen. Im Jahr 1977 wurden die sogenannten Schwarzen Raucher am Meeresboden entdeckt, denen bis zu 400 Grad heiße und mit Mineralien gesättigte Lösungen entströmen. Dichte Bakterienrasen besiedeln die Flanken der Schlote und bilden die Grundlage für Ökosysteme, deren prominenteste Vertreter die blutroten *Riftia*-Würmer sind, die sich bei Bedarf in ihren weißen Hüllen verstecken können. In ihrem Gewebe beherbergen die Würmer Bakterien, die aus den ausgeströmten Mineralien Energie gewinnen und ihren Wirt mitversorgen.

Es war das erste Mal, dass Leben in derart extremer Umgebung ohne Sonnenlicht und bei hohem Druck nachgewiesen worden war. Weil dieses Habitat zudem an das Hadaikum erinnert, galten die Schwarzen Raucher lange als Favoriten für den Ursprung des Lebens, sind aber wahrscheinlich zu heiß für fragile Biomoleküle. Derart zerbrechlichen Strukturen könnte es an der milderen Variante der unterseeischen Hydrothermalquellen aber besser ergangen sein. Das sind die alkalischen Weißen Raucher, die etwa in dem ›Lost City‹ genannten Gebiet im Atlantik bis zu sechzig Meter hohe Schlote bilden.

Sie reichen bis tief in den Meeresboden, wo sich nach einer gängigen Theorie erste Biomoleküle bildeten, anreicherten sowie interagierten. Und möglicherweise sogar konkurrierten: Die Schlote sind extrem porös, von vielen kleinen Nischen und Höhlen durchsetzt, in denen vielleicht wie in steinernen Brutkammern unzählige evolutionäre Testläufe parallel abliefen. Eine Art Brainstorming des Lebens, geschützt vor der zerstörerischen Umwelt und doch mit ihr in Kontakt. Dafür spricht auch, dass beim Kontakt des sauren Meerwassers mit der alkalischen Lösung aus dem Schlot Energie frei wird, die die biologischen Prozesse möglicherweise antrieb. So die Theorie, der Nachweis ist wie bei all diesen Ideen naturgemäß fast unmöglich zu erbringen.

Als Kinderstube für das noch zarte Leben wurden seit den 1940er-Jahren auch Tonminerale diskutiert, weil sich biologische Bausteine an ihre poröse Oberfläche anlagern und dort verknüpfen können. Eine Außenseitertheorie, die jetzt aber in aktualisierter Form vorliegt. Demnach hätten Tonminerale eine frühe Alternative zur schützenden Zellmembran liefern können. Im Meerwasser und wohl auch unter Bedingungen wie im Urozean können sie ein Hydrogel bilden, an das Biomoleküle ebenfalls bevorzugt anlagern, sich darin also anreichern. Doch die Gallerte kann noch mehr: Sie schützt Nukleinsäuren wie die DNA, lässt sie ihre Funktionen wie die Abschrift und Übertragung der Gene in Proteine ausüben oder kurbelt diese sogar an.

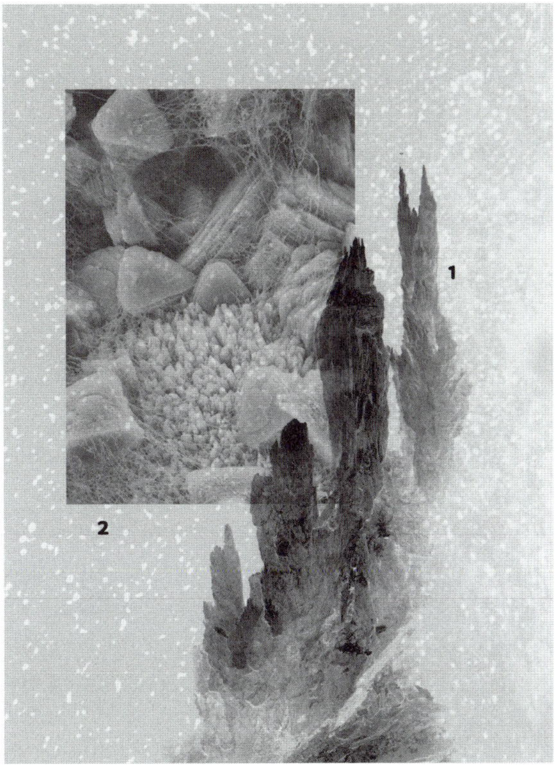

Viele Meter hohe Weiße Raucher (1) bilden in der Tiefe des Atlantiks das Hydrothermalfeld ›Lost City‹, eine extreme Umgebung, in der dennoch Mikroben in schleimigen Biofilmen (2) überleben können.

Zerstörerische Enzyme aus der Umwelt werden entschärft, produktive enzymatische Reaktionen aber gefördert? Die Autoren spekulieren, dass sich im Lauf der Evolution bestimmte Enzyme durchgesetzt haben könnten, die in der Umgebung eines Tonhydrogels besonders gut funktionieren. Außerdem verbirgt sich hier eine mögliche Antwort auf die Frage, wie sich Protozellen ohne die modernen komplexen Membranen abschirmen konnten: Das wäre gar nicht nötig gewesen, weil das Hydrogel selbst einen Schutzraum gegenüber der Umwelt bot.

Möglicherweise war die Tonmatrix noch nicht einmal vonnöten. Wenn sich Bausteine von Nukleinsäuren etwa über ein Temperaturgefälle in großer Menge akkumulieren, können sie sich zu längeren Molekülen zusammenschließen – werden oft aber schnell wieder abgebaut. Wie die Münchner Physiker Dieter Braun und Christof Mast zeigen konnten, bleiben manche dieser DNA- und RNA-Ketten unter bestimmten Umständen aber stabil und verknüpfen sich mit ähnlich aufgebauten Molekülen sogar zu größeren Komplexen. Damit war eine interessante Beobachtung verbunden: Die Nukleinsäuren selbst bildeten Hydrogele von mehreren Millimetern Größe. Auch von Proteinen ist ein ähnliches Verhalten bekannt. Anders gesagt: Die zentralen Biomoleküle der Zelle können auch für sich allein Schleime bilden.

Spielten Hydrogele also eine Rolle bei der Entwicklung der ersten Zellen? Einen eindeutigen Beweis wird es nicht geben können, doch in modernen Zellen lässt sich eine Art Echo erahnen. Zellen sind keine Hydrogele, ähneln ihnen aber in mancherlei Hinsicht. Schließlich sind sie von einem dreidimensionalen Netzwerk aus Polymeren durchdrungen, das Flüssigkeit im Zellinneren bindet. So entsteht eine Art viskoelastisches Gel, in dem sich einzelne Moleküle und Strukturen weitgehend frei bewegen können. Allerdings schotten sich Organellen wie der Zellkern und die Mitochondrien mit jeweils eigenen Hüllen ab.

Im Unternehmen Zelle bilden sie abgegrenzte Abteilungen mit Zugangscode. Wer etwa in den Zellkern möchte, muss zunächst mit dem sehr selektiven Hydrogel in einer der Poren seiner Hülle interagieren. Die restlichen Moleküle teilen sich das Zellinnere wie ein Großraumbüro ohne feste Arbeitsplätze. Ein Chaos, in dem Teams bei Bedarf und für bestimmte Aufgaben dennoch vorübergehend in Klausur gehen können. Dann aggregieren Proteine zu einem eigenen Gel im ohnehin gelartigen Zellinneren. Membranlose Organellen heißen diese Strukturen, die sich auch im Zellkern bilden können. Von flüssigen Tröpfchen ist hier manchmal die Rede, die miteinander fusionieren, ohne sich aber je mit dem restlichen Zellinhalt zu mischen. Ähnlich wie Öl im Wasser bleiben sie unter sich. Es ist ein offener und doch separierter Schutzraum für spezifische Funktionen. Es geht dabei um die Aktivität von Genen, die Produktion von Proteinen, um zelluläre Stressantworten und andere essenzielle Vorgänge, die hier kontrolliert und ungestört ablaufen können.

Aber eben nur vorübergehend, weil sich die membranlosen Organellen wieder auflösen. Unterbleibt dies, können die Folgen dramatisch sein. Dann kommt der fein kalibrierte Prozess aus der Balance und die flüssigen Tröpfchen erstarren möglicherweise zu festeren Strukturen. Solche Störungen werden mit schweren Leiden wie der Alzheimerkrankheit in Verbindung gebracht. Bei dieser Form der Demenz lagern sich unlösbare Klumpen im Gehirn ab und zerstören die Nervenzellen.

Noch ist sehr wenig von der Bildung, der Funktion und der Auflösung dieser Gele bekannt. Es gibt aber Hinweise, dass über Gebühr erstarrte membranlose

Strukturen auch bei anderen Demenzen, bei der Parkinsonkrankheit sowie bei Typ-2-Diabetes und der Amyotrophen Lateralsklerose eine Rolle spielen könnten. Entschlüsseln lassen sich diese Prozesse nur langsam, weil das Zytoplasma selbst eine komplexe Flüssigkeit ist und seine membranlosen Organellen nur in diesem Milieu Bestand haben. Trotzdem könnte sich hier ein ganz neues Bild der Zellbiologie entwickeln, mit wichtigen Erkenntnissen für den gesunden wie den kranken Organismus.

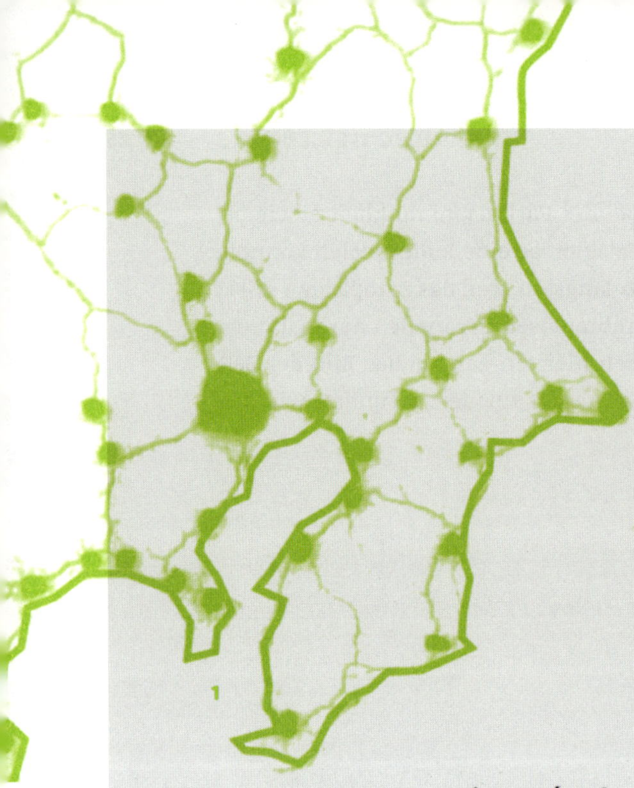

1

2

3

4

5

1 *Ein Schleimpilz wächst in Form des Tokioter Schienennetzes* **3, 4** *In Jonathan Swifts* Gullivers Reisen, *1726, trifft der Held vor Ort* (**3**) *auf die intelligenten Houyhnhnms* (**4**) **5** *Fruchtkörper des Schleimpilzes* Physarum psittacinum

DIE SEELE DER ZELLE

Wenn Sprösslinge auf die schiefe Bahn geraten, kann das die Eltern gegeneinander aufbringen. Ähnlich erging es den Ziehvätern von *Bathybius haeckelii*, des vermeintlich am tiefen Meeresgrunde pulsierenden Urschleims. Als ihn die Challenger-Expedition als Trugbild entlarvte, lieferte Thomas Henry Huxley ohne Umschweife sein Mea culpa. Er habe ihn getauft und gedacht, sein junger Freund *Bathybius* würde ihm Ehre machen. »Aber es tut mir leid zu sagen, dass er im Lauf der Zeit das Versprechen seiner Jugend nicht ganz erfüllen konnte.« Huxley schickte sogleich noch eine Entschuldigung an alle Beteiligten hinterher, sei doch er unzweifelhaft in erster Linie für den Irrtum verantwortlich gewesen.

Ernst Haeckel dagegen hielt den schleimigen Zombie noch für eine weitere Dekade im Gespräch und keilte in blinder Liebe zum missgestalteten Spross nach allen Seiten aus. Die Challenger-Expedition? Erfolglos, weil *Bathybius* nicht überall zu finden sei. Professor Huxley? Er habe den Todesstoß versetzt. Das echtere Elternteil gebe sein Kind aber nicht so leicht als hoffnungslos auf, ätzte Haeckel. Seine Hartnäckigkeit erstaunt nicht, war *Bathybius* doch Wurzel und zugleich Stammhalter im Haeckel'schen Lebensbaum der Natur.

Diese ausladend verzweigte Systematik basierte auf den Moneren, primitiven Lebewesen, die eigentlich wenig mehr waren als differenzierte Schleimtröpfchen mit *Bathybius* als vortrefflichstem Vertreter. Ohne Urschleim waren die Moneren in ihrer Existenz und damit das Fundament des gesamten Ideenkonstrukts gefährdet. Haeckel war allerdings nicht der einzige Naturforscher, der ohne *Bathybius* in Erklärungsnot geriet: Der Urschleim schien gleich mehreren Disziplinen die nötige Basis zu liefern, unter anderem als Mittler zwischen toter Materie und Leben, als niedrigste Art, als kleinste zelluläre Einheit und Baustein des Lebens sowie als Nahrungsquelle in der überraschend dicht bevölkerten, aber lichtlosen Tiefsee.

Bathybius machte ein scheinbar feindliches Habitat bewohnbar, schuf aus Materie Leben und war der kleinste gemeinsame Nenner höherer Organismen. Aber woher kam *Bathybius* selbst? Nach Haeckels Vorstellung sollte der Urschleim aus sich heraus Leben generieren und möglicherweise auf ähnliche Weise entstanden sein. Das ist ein Rückgriff auf die Urzeugung, eine Theorie mit langer Tradition, die schon im alten Ägypten erklären sollte, warum Lebewesen Schleim, Schlamm und anderen Fäulnisprodukten spontan zu entspringen schienen. Rottendes Fleisch wimmelt plötzlich von Maden und überreife Früchte explodieren in Fliegen: Die Spontanzeugung galt als allgegenwärtig, nur das angeblich auf diese Weise entstandene Ensemble an Spezies schwoll periodisch an, um dann immer wieder zu schrumpfen.

Anders als etwa das ptolemäische Weltbild, das Kopernikus im 17. Jahrhundert widerlegte, überdauerte die Idee der Spontanzeugung die wissenschaftlichen Revolutionen zu Beginn der Neuzeit und konnte sich letztlich über Jahrtausende halten. Sie habe nicht nur ein sorgfältiges Experiment nach dem anderen und einen radikalen Denker nach dem anderen überlebt, schreibt der Autor und Geisteswissenschaftler Daryn Lehoux. »Sie hat sogar die Erfindung des Verbrennungsmotors überlebt – und das ist wahrlich bemerkenswert … Die Spontanzeugung war in diesem Sinne vielleicht das letzte Gefecht der antiken wissenschaftlichen Weltsicht.«

Zu ihrer Langlebigkeit trug sicher bei, dass sie im 4. Jahrhundert vor Christus in Aristoteles einen prominenten Fürsprecher fand. Sein Werk prägte die europäische Wissenschaft über viele Jahrhunderte, basierte selbst aber häufig auf älteren Vorstellungen. So griff Aristoteles auch die Spontanzeugung auf, um sie quasi wissenschaftlich zu untermauern. Er studierte die Natur, auch die Entstehung und Fortpflanzung verschiedener Organismen, die er nach seinen eigenen Kriterien als mehr oder weniger vollendet einteilte. Unvollendet waren beispielsweise Insekten, Schnecken, Aale sowie jedes andere Getier, das weder bei der Paarung noch bei der Produktion von Eiern zu beobachten war – und damit wohl der Urzeugung entstammen musste. Im 13. Jahrhundert schrieb der Kirchenlehrer Albertus Magnus die Urzeugung der Sonne und den Sternen zu, die toter Materie kraft ihrer Strahlung die Form eines ganzen Bestiariums aufpressten. So stark war diese alles durchdringende Zeugungskraft, dass sie auch Steinen die Gestalt von Kröten, Würmern und anderen Kreaturen aufzwang, die niemals lebensfähig waren und deshalb ein Dasein als Fossilien fristen mussten.

So prominent war die Idee der Urzeugung, dass sie auch kulturellen Niederschlag fand, etwa in Jonathan Swifts 1726 erschienener Satire *Gullivers Reisen*. Hier diskutieren die Houyhnhnms, die edlen Pferde, ob die missgestalteten und boshaften Yahoos vollends vom Angesicht der Erde getilgt werden sollten, von denen es heißt, sie »saugten heimlich den Kühen der Houyhnhnms die Euter leer, töteten und fräßen ihre Katzen ... und erlaubten sich noch tausend andere zügellose Dinge«. Außerdem wisse wohl keiner von den Yahoos, »ob die Glut der Sonne sie aus verfaultem Schlamm und Schleim habe entstehen lassen oder aus dem Abschaum und dem Schlick des Meeres«.

Die zweifelhafte Herkunft der Tiere steht hier wohl eher für ihren fehlenden christlichen Glauben als eine tatsächlich niedere Geburt, dennoch war die Urzeugung beliebt als Metapher und als wissenschaftliche Erklärung. Sogar der Mensch galt zuweilen als spontan generiert, denn wie sonst hätte sich die Erde nach der Sintflut wieder bevölkern sollen? Meist ging es bei der Urzeugung aber nur um vermeintlich niedere Tiere und im 19. Jahrhundert nur noch um Mikroben, bis die Theorie dann endgültig widerlegt war.

Aber nicht nur die Entstehung von Arten und ihre Reproduktion lösten Verwirrung aus, auch ihre eigentliche Natur war im Fall der Zoophyten umstritten. Sie galten als Hybride und entzogen sich jeder eindeutigen Zuordnung. Denn war nicht etwa die harte Koralle eine mineralische und die Venusfliegenfalle eine tierisch gefräßige Pflanze? Die Diskussion über die Zoophyten spitzte sich ab dem 18. Jahrhundert zu, als immer mehr mysteriöse Kreaturen nach Europa gebracht wurden – oder zumindest entsprechend märchenhafte Berichte davon. Schaf am Stängel? Das war das skythische Lamm, das an einem biegsamen Stiel wuchs und ringsherum Grünzeug abgraste, bis es verhungerte oder vom Wolf geschnappt wurde. Ob es sich dabei um die exotische ›Baum-Wolle‹ handelte, die noch heute ihre Doppelnatur im Namen trägt?

Huxley wiederum staunte über ein noch seltsameres Wesen, das wie ein Pilz von verfaulender Pflanzenmaterie lebt, sich aber auch in eine Kreatur mit Bewegungen wie ein Tier verwandeln kann. »Ist dies eine Pflanze oder ist es ein Tier? Ist es beides oder ist es keines?«, fragte er bei einem Vortrag im Jahr 1868 sein Publikum. »Manche entscheiden zugunsten letzterer Annahme und etablieren eine Art intermediates Reich, eine Art biologisches Niemandsland für all diese Formen.« Heute wissen wir, dass Huxleys Hybridwesen wohl zu den Schleimpilzen gehörte, die allerdings – hier setzt sich die Verwirrung fort – gar keine Pilze sind. Diese eukaryotischen Einzeller leben solitär als Amöben, können sich unter bestimmten Umständen aber zu einer Art mehrzelliger Kreatur vereinen.

Zwei Varianten gibt es: Bei den zellulären Schleimpilzen aggregieren in mageren Zeiten bis zu zwei Millionen Amöben in einer gemeinsamen Schleimmatrix. Dieser sogenannte Grex wirkt wie eine nur wenige Millimeter lange und durchscheinende Nacktschnecke ohne Gesicht, kann mit erhobenem Vorderende kriechen und hinterlässt eine Schleimspur. Der Grex ist aber nur ein Zwischenstadium, aus dem sich letztlich ein Stiel mit Fruchtkörper entwickelt, der die Sporen für eine neue Amöbengeneration freisetzt. Die plasmodialen oder echten Schleimpilze dagegen fusionieren und vereinen Tausende Zellkerne in einem gemeinsamen Zytoplasma. Dieser riesige und von einer Hülle umgebene Sack voll Amöbe heißt Plasmodium.

Physarum polycephalum (der »Vielköpfige«) soll im Labor zeigen, wie diese Art freiwilliger Mehrzelligkeit unter eigentlich unabhängigen Amöben funktioniert. Und er soll seine Intelligenz unter Beweis stellen, die auch ohne Gehirn, Nervenknoten oder Neuron fast rechnerisch präzise vorgeht. Die französische Forscherin Audrey Dussutour beschreibt in ihrem Buch *Le Blob*, wie sie den Schleimpilz vor neue Herausforderungen stellt. Haferflocken sind meist der Köder, während bitteres Koffein von der sozialen Amöbe zumindest im ersten Anlauf weiträumig umkrochen wird. Später wirkt die Abschreckung immer weniger, bis sie jeden Effekt verloren hat. Das Plasmodium hat gelernt und kann das neue Verhalten über Fusion sogar an verwandte Schleimpilze weitergeben.

> *Ni plante, ni animal, ni champignon, voici le blob!*
> AUDREY DUSSUTOUR, *Le Blob*

Gnadenlos hungrige Schleimwesen, die Erfahrungen und Informationen durch bloßes Verschmelzen austauschen und weitergeben können? Wer hier an H. P. Lovecraft und seine Horrormonster denkt, liegt fast richtig. Die fiktiven Verwandten der Schleimpilze sind aber eher die amorphen Symbioten im Universum der Marvel-Comics, die parasitisch mit ihrem hilflosen Wirt fusionieren, dabei ihre ungeheuren Kräfte sowie dunklen Gelüste übertragen, selbst aber immer das Heft in der Hand behalten und ihre eigene Agenda verfolgen. Dank *Venom* sind die extraterrestrischen Vielzeller, die ihre Gestalt beliebig verändern können, nun auch auf der Kinoleinwand verewigt.

Die irdischen Plasmodien dagegen kriechen eher langsam voran, indem sie ihr schleimiges Zytoplasma strömen und die Zellmembran in lange Finger ausbuchten lassen. So fließen sie in die gewünschte Richtung. Aber wie wird die Orientierung gemeinschaftlich festgelegt? Das Plasmodium besteht aus vielen kleinen Einheiten, die bei starken Umweltreizen mit stärkerer Frequenz oszillieren, was sich auf die Nachbarn überträgt, bis kollektives Verhalten entsteht. Dann kriecht das Plasmodium zur Nahrung, deren Witterung es aufgenommen hat, oder wendet sich von abstoßenden Substanzen wie Salz oder auch Licht ab.

Neuland erobert der Superorganismus dank der schnörkellosen Abstimmung schnell und effizient, kann sogar bis zu zwei Quadratmeter Fläche bedecken.

Es gibt aber keine Ausbreitung um der Eroberung willen, sondern nur die Suche nach Nahrung. Aus Sackgassen und unergiebigen Gebieten zieht sich der Schleimpilz schnell wieder zurück, und zwar für immer. Denn es bleibt ein transparenter Schleim als geisterhaftes Echo vergangener Routen am Untergrund, die künftig gemieden werden. Gel wird hier als externes räumliches Gedächtnis eingesetzt. Auch Schnecken nutzen das, die vor jeder Ebbe in der unübersichtlichen Gezeitenzone erneut den Weg zu ihrem schützenden Zuhause über die eigene Kriechspur finden müssen.

Die kühle Kosten-Nutzen-Kalkulation des Blobs ist maximal effizient, selbst in verwinkelten Labyrinthen im Labor findet er schnell das Ziel. In einem anderen Versuch setzten japanische Forscher ein Plasmodium dort auf eine Landkarte, wo Tokio eingezeichnet war, während alle umliegenden Kleinstädte mit Nahrung markiert waren. In kurzer Zeit hatte sich der vielköpfige Gestaltwandler zu einem Geflecht mit minimal kurzen Ausläufern zwischen den Zentren aufgespannt. Sein Schleimnetz entsprach fast perfekt dem in jahrelanger Arbeit entwickelten Schienennetz des Großraums Tokio. Unser eigenes Gehirn ist ein Netzwerk aus Neuronen mit definierter Struktur. Andere Systeme, darunter auch der Schleimpilz, sind wechselhaft und funktionieren ohne feste Verbindungen. Manche Wissenschaftler sprechen in diesen Fällen von einem »flüssigen Gehirn«. *Physarum* funktioniert wie ein biologischer Computer und ist deshalb auch für Wissenschaftler interessant, die an künstlicher Intelligenz und neuartigen Algorithmen arbeiten.

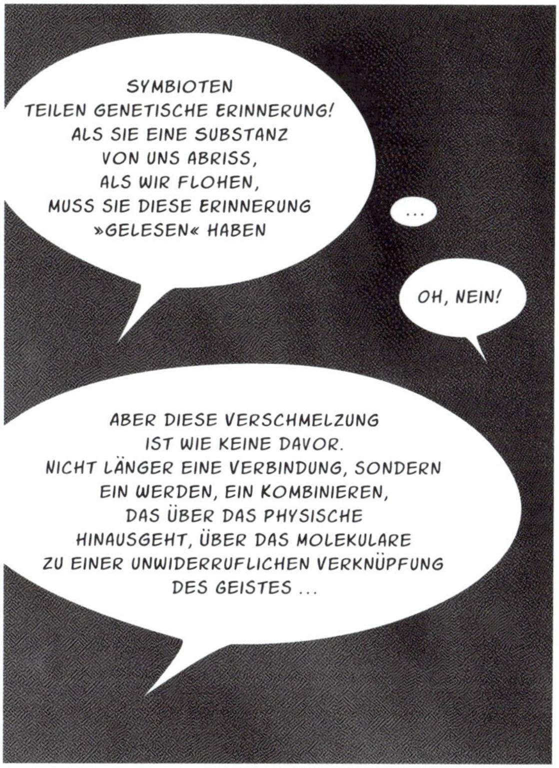

Dialog aus David Michelinies Kult-Comic Venom: Planet of the Symbiotes *aus der* Spiderman-*Serie, erschienen im Jahr 1995.*

Wir wissen mittlerweile also sehr viel mehr über Schleimpilze, und doch ist ein Problem geblieben: Noch immer lassen sie sich nicht leicht klassifizieren. Im selben Vortrag, in dem Huxley die Ambivalenz des seltsamen Hybrids beklagte, lehnte er die Trennung zwischen Pflanze und Tier als reine Konvention ab, weil alle Lebewesen auf fundamentaler Ebene gleich seien. Was aber macht Leben überhaupt aus? Ohne Gott und Seele blieb zunächst nur ein rein mechanisches Zusammenspiel von Zellbestandteilen. Das aber war ihm zu wenig.

Gesucht war jene mysteriöse Qualität, die tote Materie von Leben unterschied, und diese Überlegungen brachten eine schon lange diskutierte Idee wieder auf: Das Leben sollte über das Protoplasma vermittelt werden. Das ist jene schleimige Substanz, die zäh durch das Zellinnere strömt und einfach beobachtet werden konnte. Sie sei möglicherweise beseelt, so die Theorie, von einer *vis vitalis* oder Lebenskraft. Der Zelle blieb hier nur die undankbare Rolle als Behälter oder einfachste Einheit von Protoplasma mit einem Kern. Das ›lebende Gel‹ aber galt als eigentlicher Strippenzieher, der die Puppe Organismus tanzen ließ – bis der Tod deren schleimige Stränge durchtrennte.

Die kleinsten protoplasmischen Einheiten sollten demnach primitive Lebewesen wie Bakterien und Amöben sein. Sie setzten sich aber auch – ähnlich wie bei Lego – zu größeren Organismen zusammen, die nach ihrem Dahinscheiden wieder in die fundamentalen Bausteine für eine neue Runde im ewigen Schleimrecycling zerfielen. All diese Fragen wurden auch an unerwarteter Stelle behandelt im Werk des Nobelpreisträgers Thomas Mann. Das gilt für seinen *Zauberberg*: »Was an medizinischen und naturwissenschaftlichen Fragen zwischen 1912 und 1924 von Belang war, es findet sich wieder im Roman«, heißt es dazu in einem Werk über die Mann'schen Wissenschaften.

Oh, es ist nur die Idee des Zellenzusammenlebens, nur der Einfall, das glasig-schleimige Klümpchen des Urwesens, des Elementarorganismus nicht allein zu lassen, sondern anfangs aus wenigen davon, dann aus Abermillionen, übergeordnete Lebensgebilde, Vielzeller, Großindividuen herzustellen, sie Fleisch und Blut bilden zu lassen.
THOMAS MANN, *Bekenntnisse des Hochstaplers Felix Krull*

Dem stehen die *Bekenntnisse des Hochstaplers Felix Krull* allerdings dank der Ausführungen von Professor Kuckuck nicht nach, der sogar die vielzelligen Irrwege der Natur kennt, darunter »…eine Wucherung von Leben (…) wie ein Blauwal, groß wie zwanzig Elefanten, ein Monstrum, auf Erden gar nicht zu halten und zu ernähren, – sie schickte es ins Meer, wo es nun als riesige Trantonne, mit zurückgebildeten Hinterbeinen, Flossen und Ölaugen, seiner Daseinsmasse zu mäßiger Freude, Jagdwild der Fettindustrie, in unbequemer Lage seine Jungen säugt und Krebschen schlingt.«

Der Fokus der frühen Evolutionsbiologie lag allerdings eher auf dem Protoplasma als kleinste Einheit des Lebens, eine Vorstellung, auf der auch Haeckels Moneren wie *Bathybius* basierten. Sie sollten alle nicht mehr sein als belebte

Schleimklümpchen, denen sogar die komplexe Membran moderner Zellen fehlte. Er reihte sich damit neben anderen Evolutionsbiologen ein in die lange Ideengeschichte vom Leben spendenden Schleim.

Das Werk des deutschen Naturphilosophen Lorenz Oken (1779–1851) war hier prägend, weil er die Urzeugung mit Urschleimen zusammenführte: »Jedes organische Ding ist aus Urschleim entstanden und ist nichts als Schleim in unterschiedlicher Form«, schrieb Oken in seinem *Lehrbuch der Naturphilosophie* und ergänzte: »Alles Organische löst sich wieder in Schleim auf, heißt nichts anders als: der geformte Schleim wird ein ungeformter.« Woher aber kommt der Urschleim, aus dem alles Organische erschaffen ist? Das ist nach Oken der Meerschleim:

> *Der Schleim ist dem Meer ursprünglich und wesentlich, ihm nicht durch die Auflösung faulender Substanzen beygemischt ... Alles Leben aus dem Meere, keines aus dem Continent ... Aller Schleim ist lebendig ... Das ganze Meer ist lebendig. Es ist ein wogender, immer sich erhebender und immer zusammensinkender Organismus ... Die Liebe ist aus dem Meerschaum entsprungen.*

In England wurde Oken Häresie vorgeworfen, weil die Urzeugung des Lebens aus Schleimbläschen im Meer allen theologischen Grundsätzen widersprach. Die Idee vom lebenden Schleim blieb aber – als Protoplasma. Die Dekade der 1860er war die goldene Ära des geheimnisvollen Zellschleims, den Haeckel in seine Ordnung der Natur einfügte, nachdem er im Frühjahr 1864 in der Nähe von Nizza winzige Schleimkügelchen aus dem Mittelmeer gefischt hatte. Es handelte sich wohl um einen amöbenartigen Organismus, der sich heute nicht mehr eindeutig identifizieren lässt. Haeckel taufte ihn *Protogenes primordialis*, also ›Erstgeborener der Urzeit‹, und machte ihn zum ersten Vertreter der Moneren, die ohne Membran und innere Struktur als ›nacktes Protoplasma‹ ein Minimum an Leben repräsentierten.

Huxley akzeptierte Haeckels Moneren und beschrieb Protoplasma als Lehm des Töpfers, der auch gebrannt oder angemalt immer Lehm bleibe, als Band also, das alles Leben verband. Diese Idee ging erst unter, als zweifelsfrei bewiesen war, dass die Funktionen der Zelle auf deren Strukturen beruhen und auch ohne mysteriöse Lebenskraft ablaufen können. Zuvor aber erfasste die Wissenschaft und auch die Kunst ein Protoplasmawahn, der bis zum Vorabend des Ersten Weltkriegs anhielt.

1 *Der Erfinder Thomas Edison mit Phonograph* **2** *›Ektoplasmen‹ aus Séancen entpuppten sich als Fälschung* **3** *Der Autor und Spiritist Sir Arthur Conan Doyle* **4** *Henry Moores* Suckling Child, *1930* **5** *Ernst Haeckels Lebensbaum wurzelt in protoplasmischen Moneren, 1866* **6** *Edvard Munchs* Der Schrei, *1893*

DIE KUNST DER VIBRATION

Evolution und Energie waren die beiden prägenden Ideen der Wissenschaft des 19. Jahrhunderts und in dessen letzten Dekaden wurden sie über den Zellschleim miteinander verknüpft. Das Protoplasma war schon lange als langsam pulsierender Zellinhalt beobachtet worden. Über seine Funktion als belebte Substanz hinaus wurde es irgendwann aber auch als aktiver Ausdruck des Lebens selbst interpretiert, als eine Art Zellseele. Ohne deren Kraft bliebe demnach nur eine Art Frankenstein'sche Zelle mit vielleicht theoretisch einsatzfähigen Komponenten, aber eben ohne echtes Leben. Als Medium sollte das Protoplasma zudem auch physikalische Eindrücke speichern können, auf denen Lebensprozesse beruhen, ähnlich wie eine Schallplatte. Das war eine erstaunliche Karriere für den bescheidenen Zellschleim, der bis zum Vorabend des Ersten Weltkriegs eine ›Protoplasmanie‹ in der Wissenschaft, der Öffentlichkeit und auch der modernen Kunst entfachte. Den Begriff prägte der Historiker Robert Michael Brain von der University of British Columbia in Vancouver, auf dessen Arbeiten zu diesem Thema ich mich hier vor allem beziehe.

Der Urschleim *Bathybius* wurde in dieser Zeit so begeistert aufgenommen, weil er viele wissenschaftliche Fragen mit einem Schlag zu beantworten schien. Auch der Zellschleim war die richtige Substanz am richtigen Ort zur richtigen Zeit, weil er eine denkbare Erklärung für das Leben an sich, die Erinnerung und die Vererbung liefern konnte. Außerdem fand er ein perfektes Gegenstück in der äußeren Welt. Die Physik musste zu dieser Zeit die Ausbreitung von Licht und elektromagnetischen Wellen erklären, was in einem Vakuum unmöglich ist. Das schien die Existenz eines feinstofflichen Mediums zu erzwingen, ob fest oder gelatinös, konnte keiner so genau sagen.

Als sicher galt aber, dass dünne Stränge dieses Äthers den gesamten Raum erfüllten und vibrierten, um Wellen zu verbreiten. Die Idee von diesem mysteriösen Medium als Träger des Lichts geht ebenfalls bis zu Aristoteles zurück, der es als Quintessenz bezeichnete, das fünfte Element. Der Zellschleim war ein sensitives Medium, das sich kontrahiert und in Wellen bewegt. Was also lag näher, als Vibrationen im Protoplasma zur Grundlage aller Lebensprozesse zu machen?

Dies war der maximal dehnbare Ausgangspunkt der Protoplasmatheorien mit viel Entwicklungspotenzial. Der Zellschleim sollte unter anderm Sinneseindrücke als Wellen aus der Außenwelt empfangen und eine Art Echo dieser Vibrationen aufrechterhalten, die bei häufiger Wiederholung als Erinnerungen blieben. Dazu passte, dass etwa Sigmund Freud als prominenter Neurologe und Psychologe die Kontaktpunkte von Neuronen als protoplasmatische Stränge interpretierte. Zudem war das Prinzip aus der Technik bekannt, seit der Erfinder Thomas Alva Edison Ende 1877 seinen Phonographen präsentierte, der Musik oder Sprache speichern und wiedergeben konnte. Dafür übertrug eine Nadel den Schall als korrespondierendes Wellenmuster auf eine dünne Metallfolie. Und was ließ sich nicht alles anhand dieser Mechanik erklären.

Ein Beispiel war die Vererbung: Die Physik des 19. Jahrhunderts versuchte, die Natur des Lichts zu entschlüsseln, von dem wir mittlerweile wissen, dass es sowohl Teilchen als auch Welle ist. Dieser in gewisser Weise versöhnlichen Erkenntnis ging eine lange und erbitterte Auseinandersetzung voraus, die sich in ähnlicher Form auch in der Biologie abspielte. Hier ging es allerdings um die Vererbung und die Frage, wie die Elterngeneration Merkmale auf die Nachkommen übertragen kann. Charles Darwin vermutete, dass sich kleinste Partikel aller Zellen eines Organismus – gewissermaßen elterliche Kostproben – in den Fortpflanzungsorganen sammelten, um *en bloc* an den Nachwuchs vererbt zu werden. Ernst Haeckel vertrat dagegen die Theorie, dass vibratorisch im Protoplasma verankerte Erinnerungen weitergegeben würden, also charakteristische Wellenmuster in Spermium und Eizelle. Interessanterweise hat sich auch hier herausgestellt, dass beide Theorien ansatzweise zum Tragen kommen. Vererbt wird das Erbmolekül DNA, weil es der materielle Träger aller Gene und damit auch aller zellspezifischen Anlagen der Eltern ist. Geprägt ist das Erbmaterial aber von epigenetischen Modifikationen, die Mutter und Vater im Lauf ihres Lebens erworben haben – als Ausdruck ihrer persönlichen Erfahrungen.

Ein weiteres Beispiel war die Evolution: Nach Haeckels Lesart waren alle Organismen dank der über Generationen vererbten Wellenmuster miteinander verbunden. Im Jahr 1866 präsentierte er einen detaillierten Stammbaum allen Lebens, der dem auch visuell Rechnung trug. Er sollte die Evolution der protistischen Einzeller, Pflanzen und Tiere sowie ihre Abstammung von einem protoplasmatischen Vorfahren zeigen. Dabei wirkt das Gewächs mit dem extrem kurzen Stamm weniger wie ein Baum als eine Wasserpflanze, deren lang undulierende Blätter auf den Wellen eines sanft plätschernden Baches treiben. Das Leben wäre demnach eine über viele Millionen Jahre hingezogene Wellenform, die sich vielfach verändert und punktuell in Arten und Organismen stabilisiert, in erster Linie aber für die Verbindung und grundlegende Verwandtschaft allen Lebens steht.

Nach dem frühen Gelehrten Albertus Magnus pressten Gestirne wie die Sonne bei der Urzeugung die Form lebender Wesen in Schleim oder Schlamm. Nach Ernst Haeckel konnten sich zumindest äußere Eindrücke in organisches Gewebe einschreiben, wenn das Protoplasma aktive Vibrationen aus der Umwelt in seinen Strukturen speicherte. Es war eine Theorie, der eine neue Wissenschaft technischen Ausdruck verlieh. Die experimentelle Physiologie ist heute anderen Disziplinen untergeordnet, war um die Jahrhundertwende aber Vorreiterin und ungeheuer innovativ – und machte den Forscher als Beobachter überflüssig. Jetzt konnten Geräte verschiedene Lebensprozesse wie den Herzschlag über die Zeit aufzeichnen und als Kurven, Linien und Wellen visualisieren. Manche erhofften sich sogar eine stumme Wissenschaft, in der nur mehr Diagramme und Graphen ausgetauscht werden, die jenseits aller linguistischen Missverständnisse des Menschen für sich selbst sprachen.

Ernst Haeckels Kunstformen der Natur, *1904, wie Schirmquallen und Schleimpilze, beeinflussten den Jugendstil, von dem der Künstler wiederum ästhetische Anleihen nahm.*

Einen präziseren Ausdruck wünschte sich auch die Kunst, die sich ebenfalls von der neuen Forschung inspirieren ließ und auf eine lange Tradition in der Formensprache aufbauen konnte. Linien und Kurven, aber auch Farben und Töne sollten schon immer Reaktionen im Publikum hervorrufen. Sollte es nun möglich sein, basierend auf der Wissenschaft gezielt auf die Sinne zu wirken? Konnte eine neue Umwelt etwa über das Design der Alltagsgegenstände den Menschen der Zukunft schaffen? »Alles ist flüchtig; eine substanzlose Welt, die nur aus Farben, Konturen, Tönen besteht«, schrieb beispielsweise der Wiener Sinnesphysiologe Ernst Mach. »Ihre Realität ist ewige Bewegung, chamäleonartig schillernd. In diesem Spiel der Phänomene kristallisiert, was wir unser ›Ich‹ nennen.«

Das Protoplasma und die allgegenwärtigen Schwingungen prägten die Moderne vom Jugendstil bis zum Symbolismus eines Edvard Munch, dessen *Schrei* die Vibrationen der Welt zu Ton und Farbe verschmolz und auf ein formbares Wesen übertrug. Munch wollte die Erfahrungen, die sich in sein eigenes Sensorium eingeprägt hatten, auf die Leinwand bannen. Das funktioniert noch heute. »›Der Schrei‹ trifft dich wie eine Bombe in Schwarz-Weiß«, schreibt beispielsweise Jonathan Jones in einer aktuellen Rezension in *The Guardian*. »Der Himmel ist ein Gewaber aus verzogener Holzmaserung. Schwarze Falten kartieren das Ufer wie Wellen von Trauma, kristallisieren in einen Kirchturm. Es ist wie ein Blick auf einen Pulsmesser. Die Schwingungen hallen wider und verstärken sich durch den Raum und man fühlt dieselbe klaustrophobische Unterdrückung, die Munchs universelle Gestalt der modernen Seele quält.«

Das Publikum als homogene Masse, deren Wahrnehmung es zu manipulieren gilt: Ganz so überholt ist dieser Ansatz der Unterhaltungskultur auch heute nicht. Über elektronische Lesegeräte beispielsweise können Daten gesammelt werden, die bis auf die Zeile verraten, wo die Leser die Lust an der Lektüre verloren haben. Entsprechend werden auch die Reaktionen des Publikums auf Filme ausgewertet, ob die Zuseher also bis zum Ende dabeibleiben, pausieren oder gar abbrechen und vieles mehr. Das auf die Sekunde aufgeschlüsselte Sehverhalten soll helfen, künftig maßgeschneiderte Programme mit maximierter emotionaler Wirkung zu produzieren. Nicht alle aber sind von dieser Idee angetan. »Der Nutzer als berechnetes und berechenbares Wesen ist in seinem Verhalten ziemlich durchschaubar«, schreibt Adrian Lobe in der *Süddeutschen Zeitung* dazu. »Doch durch die Berechnungen und Prognosen des Gefallens wird eine Variable eliminiert, die für den Kultur- und Wissenschaftsbetrieb elementar wird: der Zufall.« Kultur verkommt hier zur reinen Kalkulation.

Zu Munchs Zeiten dagegen wurde das Image des Künstlers als Auge, Ohr und Nervensystem mit intensiverem Zugang zu den Vibrationen der Welt gepflegt. »Der große Dichter sollte nicht nur die Farben und Töne beim normalen Sehen und Hören klarer als andere wahrnehmen und unterscheiden können«, schrieb der Lyriker T. S. Eliot in einem Aufsatz. »Er sollte auch Vibrationen jenseits des Spektrums normaler Menschen wahrnehmen können und diese an jedem Ende mehr sehen und hören lassen, als sie jemals ohne seine Hilfe könnten …« Wer sich dieser Kunst dann aussetzte und darauf reagierte, erkannte möglicherweise unbewusst einen Urrhythmus, der uns in unserem protoplasmatischen Erbe gemein ist.

Die Welt in ihrer Einheit und in ihrem Originalzustand bleibt uns aber zwangsläufig verborgen, weil wir über unsere einzelnen Sinne nie das Ganze, sondern nur Ausschnitte wahrnehmen. Die Synästhesie galt als Ideal, weil sie diese Trennung überwindet. Synästhetiker sehen beispielsweise bestimmte Farben, wenn sie spezifische Zahlen oder konkrete Töne hören. Das unerwartete Ideal und die perfekte Verkörperung dieser Idee war die bescheidene Steinbohrmuschel *Pholas dactylus*, die mit einem einzigen Organ Licht, Geräusch, Berührung und Geruch in perfekter Synästhesie wahrnehmen kann. Dem normalen Menschen ist das unmöglich, Künstler und auch Schamanen in primitiven Gesellschaften sollten dem dank ihrer erhöhten Sensitivität aber zumindest nahekommen. Marc Chagall hatte vielleicht eine Ahnung davon: »Farbe ist alles. Wenn die Farbe richtig ist, stimmt auch die Form. Farbe ist alles, Farbe ist Vibration wie Musik. Alles ist Vibration.«

Wo äußere und innere Vibrationen die Kunst über harte Linien, Rhythmen und Wellen prägten, hielt das Protoplasma aber auch direkt über schwellende Konturen und unregelmäßig organische Formen Einzug: Der Biomorphismus ist die Formensprache der Natur, die geschwungene Kurve statt der schnurgeraden Linie. Uns Menschen ist sie über die enge Verbindung mit unserer Umwelt tief vertraut. Der Biomorphismus prägte die Kunst noch lange nach den protoplasmatischen Theorien, und eine bekannte Definition aus dem Jahr 1936 stammt von dem Kritiker Alfred H. Barr, der die Kunst des Hans Arp als »eine Art skulpturales Protoplasma« beschrieb und von der »Silhouette einer Amöbe« sprach.

Der Bildhauer Henry Moore wiederum wollte in seinen Skulpturen die enge Verbindung zwischen Natur und Mensch ausdrücken. In der Malerei des Joan Miró und Salvador Dalí finden sich ebenfalls zäh fließend viskose Elemente – wie schmelzende Uhren. In den 1930ern sollte der Biomorphismus ähnlich wie die Wissenschaft tiefer unter die Oberfläche blicken. Dabei offenbarte sich die Bewegung von Energien und Flüssigkeiten, die der weichen Hülle organisch fluide Konturen verleihen, vom amorphen Einzeller bis zur weiblichen Brust und dem ungeformten Embryo. Heute stehen biomorphe Formen in der Kunst eher für eine Reaktion auf die rationale Wissenschaft, ein Gegensatz zur einstmals so engen Verquickung von Kunst und Forschung in Zeiten der ›Protoplasmanie‹.

Einen greifbaren Unterschied gab es allerdings: Biomorphe Formen sind unter der Oberfläche verborgen. Vibrationen wie Licht, Schall, Energie und Radiowellen bildeten aber eine eigene Welt jenseits der menschlichen Wahrnehmung. Es gab demnach sehr viel mehr als je vermutet zwischen Himmel und Erde. War der Mensch dann wirklich nur Empfänger? Wenn jede Aktivität im Gehirn den elastischen Äther undulieren lässt, konnten dann Gedanken telepathisch übertragen werden? Und war das Jenseits möglicherweise auch im Äther gefangen? Neue Medien wie die Fotografie, die Phonographie und die drahtlose Telegrafie hatten bereits bewiesen, dass sie Vibrationen auffangen und visualisieren konnten, wie Anthony Enns und Shelley Trower in *Vibratory Modernism* schreiben. Nun sollten sie auch wahrhaft übersinnliche Phänomene sichtbar und die Stimmen der Toten in spiritistischen Séancen hörbar machen. Der Okkultismus schien für viele Menschen nur eine weitere Variante vibratorischer Mysterien zu sein, die es wissenschaftlich zu entschlüsseln galt. Begeistern ließ sich auch ein weltberühmter britischer Arzt und Autor, dessen Vorgeschichte eigentlich keine übersinnlichen Ambitionen vermuten ließ.

Die Tuberkulose ist eine der schlimmsten Geißeln der Menschheit und in der zweiten Hälfte des 19. Jahrhunderts ging mindestens ein Viertel aller Todesfälle auf das Lungenleiden zurück, wie Thomas Goetz in *The Remedy* schreibt. Als der berühmte Bakteriologe Robert Koch im Sommer 1890 andeutete, er könne eine Therapie gefunden haben, machten sich so viele Schwindsüchtige auf den Weg nach Berlin, dass die Polizei vor Ort Notfallmaßnahmen ergreifen musste. Als Koch dann für November eine Präsentation seines Tuberkulins ankündigte, folgten die Wissenschaftler, unter ihnen ein damals noch unbekannter Arzt aus der britischen Provinz. Zutritt zur Demonstration bekam er nicht, konnte sich später aber ein Bild in Berliner Kliniken machen.

Er erklärte Kochs Ansatz für unausgereift und sollte recht behalten. Die Auseinandersetzung mit dem großen Bakteriologen und dessen akribischer Arbeitsweise hinterließ aber Spuren, und als der Landarzt nach seiner Rückkehr einen fiktiven Detektiv erfand, floss das Berliner Vorbild mit ein. Das Ergebnis war natürlich Sherlock Holmes, dessen Autor Arthur Conan Doyle sich also in jeder Profession der kühlen Rationalität verschrieben hatte. Erst Jahrzehnte später sollte sich das ändern, als er seine Frau Louise verlor – ausgerechnet an die Tuberkulose. Ab dieser Zeit trat Conan Doyle als fanatischer Anhänger des Spiritismus auf. In Séancen fotografierte er und hielt so milchig weiße Ausströmungen aus diversen Körperöffnungen der Medien fest.

Ektoplasma hieß diese nach Conan Doyle »viskose, gelatinöse Substanz«, die als Ausdruck eigentlich unsichtbarer Vibrationen und als dem Protoplasma verwandt galt. Mittlerweile ist klar, dass zahlreiche Requisiten zur Illusion im Dämmerlicht der Séancen beitrugen, von flatternden Tüchern über Puppen bis hin zu aufgeblasenen Gummihandschuhen. Sind wir vor solchen Verirrungen gefeit? Ein schwaches Echo mysteriöser Schwingungen dürfen viele heute noch erleben, wenn sie ihr Mobiltelefon auf lautlos stellen. Nicht wenige Nutzer werden dann von sogenannten Phantomvibrationen in der Hosentasche heimgesucht, bei denen es sich aus medizinischer Sicht um Wahrnehmungen ohne äußeren Reiz handelt, genau genommen also um Halluzinationen.

Und manchmal scheint eine ganze Ära zu schwingen. »1966 war die ganze Flower-Power-Bewegung schon richtig auf dem Weg…«, schreibt Mike Love von den Beach Boys in seinen Memoiren mit dem Titel *Good Vibrations*. »Hippies. Mystiker. Langhaarige. Eine neue Jugendkultur erhob sich und Rock and Roll war ihre Liturgie.« Ein Song aber wurde zur perfekten Hymne dieser Zeit, den sein Bandkollege Brian Wilson in Erinnerung an ein Gespräch mit seiner Mutter geschrieben hatte. Sie hätte Wilson als Kind erzählt, dass ein Hund Vibrationen von Menschen aufschnappen könne. Das Wort ›Vibration‹ habe Wilson Angst gemacht, so Love: »Aber es sprach ihn auch an – die Möglichkeit, auf einer nichtverbalen Ebene zu kommunizieren.« Und der Song? *Good Vibrations* natürlich. *Oom bop bop.*

V

V EVOLUTION

Am Anfang war die Mikrobe. Sie eroberte alle Nischen und Winkel auf dem Planeten und hüllte sich dabei in Schleim. Möglicherweise gibt es schon seit knapp vier Milliarden Jahren Leben auf der Erde und für die längste Zeit war Schleim als versiegelnde Schicht dominant. In der modernen Forschung galt diese Ära bis vor Kurzem als ausgesprochen langweilig, begann doch erst danach die Entwicklung höherer Organismen. Mittlerweile wird aber vermutet, dass sich unter der erstickenden Schleimdecke viele zelluläre Prozesse entwickelten, die die nachfolgende Explosion höheren Lebens erst ermöglichten. Dabei entstanden frühe Mehrzeller wie die Quallen und andere Nesseltiere, die überwiegend ebenfalls schleimig und gelatinös waren. Sie standen als Zeugen der frühen Evolution lange im Fokus der Naturforschung und inspirierten die graziöse Ästhetik des Jugendstils.

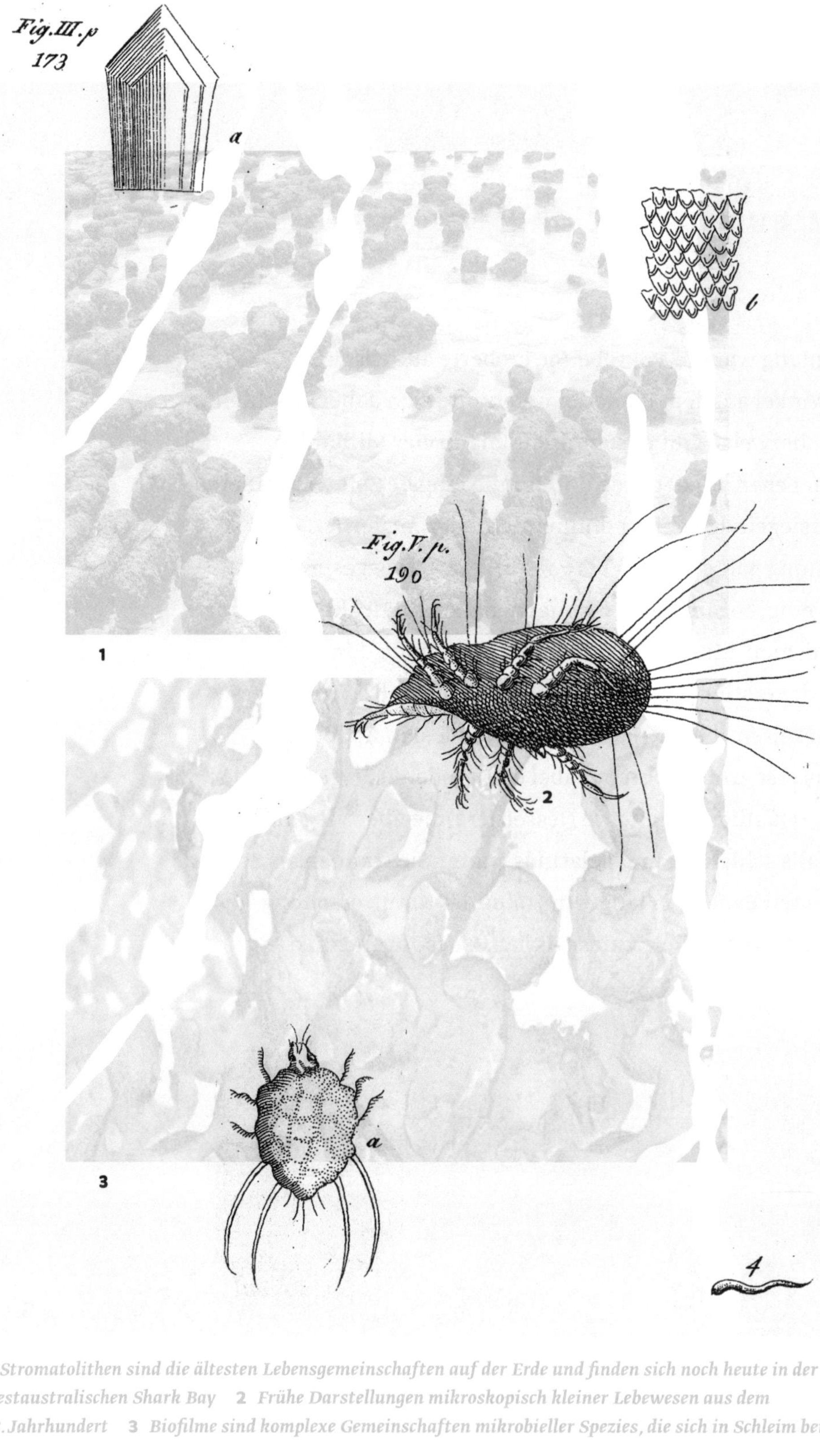

1 *Stromatolithen sind die ältesten Lebensgemeinschaften auf der Erde und finden sich noch heute in der westaustralischen Shark Bay* **2** *Frühe Darstellungen mikroskopisch kleiner Lebewesen aus dem 18. Jahrhundert* **3** *Biofilme sind komplexe Gemeinschaften mikrobieller Spezies, die sich in Schleim betten*

DIE STADT DER MIKROBEN

Er sei besonders stolz auf seine weißen Zähne gewesen und habe auf Hygiene im Mund geachtet, schreibt die Biografin Laura Snyder über den holländischen Händler und Magistrat Antoni van Leeuwenhoek, der in seiner Freizeit so gerne wie geschickt Linsen aus Glas fertigte. Die Gelehrten seiner Zeit nahmen ihn allerdings erst ernst, als sie selbst die lebendigen *Animalcules* in Vergrößerung sehen durften, die wir heute als Mikroben kennen. Antoni van Leeuwenhoek hatte ein Fenster zu einer neuen Welt aufgestoßen und suchte nun überall nach ihren Spuren. So auch an einem Septembermorgen im Jahr 1683, als er sich den Mund mit Salzwasser spülte, die Zähne mit einem Tuch abrieb und Essensreste mit einer spitz zugeschnittenen Feder aus dem Gebiss pickte.

An einer Stelle fand sich noch Zahnbelag, den er in Wasser und Speichel löste und unter seinen Glaslinsen betrachtete. Er war überrascht von der Vielzahl winziger Tierchen, die er hier zu sehen bekam. Manche seien stark und schnell wie ein Hecht durch die Flüssigkeit geschossen, andere dagegen umhergewirbelt wie ein großer Schwarm Mücken oder Fliegen. »Es leben mehr Tiere in der unreinen Materie auf dem Zahn im eigenen Mund, als es Männer in einem ganzen Königreich gibt«, soll er gesagt haben. Fast dreihundert Jahre mussten vergehen, bis ein anderer Mann mit einem ungewöhnlichen Hobby nachwies, dass das Bild vom Königreich als organisierte Struktur unerwartet treffend für die Welt der Mikroben ist.

Was macht ein Wissenschaftler, der seine Arbeit an Bakterien mit einer Leidenschaft für Berge verbinden möchte? Er analysiert die Mikrobenlast in Gewässern im Gebirge. Das war zumindest Bill Costertons Plan, als er in den 1970ern zu einem Trip in die kanadischen Rocky Mountains aufbrach. Wider Erwarten erwies sich dabei das Wasser in einem Gletscherbach als fast keimfrei, während das Gestein am Ufer von einem so glitschigen Biofilm überzogen war, dass man leicht »mit dem Hinterteil im Wasser landen konnte«, wie Costerton in einem Interview sagte.

Es muss ein Heureka-Moment gewesen sein, denn der Biologe erkannte schlagartig die Bedeutung von Bakterienschleimen. Als ›Vater der Biofilme‹ trug

Costerton maßgeblich zu einem Umdenken in der Biomedizin bei, die Bakterien im Labor bis dahin meist als freie Einzelzellen in einem flüssigen Medium hielt. In der Umwelt, in Industrieanlagen und auch im Menschen ist dies aber die Ausnahme zur Regel. Denn die Regel ist der Biofilm. Dann lagern sich eine oder mehrere Spezies an feuchten Oberflächen wie Costertons Bachufer, an medizinischen Implantaten oder an unseren Zähnen an.

Ob nur eine einzige Spezies oder eine artenreiche Mischung aus Bakterien, Archaeen und Pilzen: Immer umgeben sich die Mikroorganismen mit einer fast unangreifbaren Matrix, einer Art Schleimbunker, der Umweltstress und auch Antibiotika fernhält. Wie hilflos wir dem Phänomen gegenüberstehen, zeigt sich unter anderem daran, dass sich seit Antoni van Leeuwenhoek an unserer Mundhygiene nicht viel geändert hat. Noch immer müssen wir die Biofilme auf unseren Zähnen, die Plaques, mühsam und mithilfe kleiner Bürstchen entfernen.

Auch bei Infektionen sind Biofilme außerordentlich schwer zu bekämpfen, wie Bill Costerton schnell erkannte. Er forderte deshalb von der Biomedizin, wirksame Therapien gegen schleimige Mikrobengemeinschaften zu entwickeln, statt weiterhin auf das Phantom vom bakteriellen Einzeltäter zu fokussieren. Seine Erkenntnis ist schon lange nicht mehr umstritten, die Aufgabe deswegen aber nicht leichter geworden. Denn der Biofilm ist nicht nur die älteste Lebensform auf der Erde, sondern dank seiner extrem langen Evolution auch universell erfolgreich und ein raffinierter Überlebenskünstler.

Der Ursprung des Lebens könnte bis zu vier Milliarden Jahre zurückliegen, wobei die ersten Lebewesen mit hoher Wahrscheinlichkeit Mikroben waren. »Ich vermute, dass sie auch sehr schnell eine Art von Schleim produzieren konnten«, sagt der Mikrobiologe Hans-Curt Flemming. »Vielleicht war sogar schon welcher da. Auch präbiotische Polymere könnten schon schleimig gewesen sein.« Seit den frühen Anfängen haben sich die Mikroben in eine ungeheure Diversität von bis zu einer Billion Spezies aufgefächert, den Planeten bis in die letzten Winkel und Nischen kolonisiert und nach ihren Vorstellungen umgestaltet.

Mikroben treiben als Ingenieure unserer Ökosysteme die biogeochemischen Prozesse und Zyklen auf dem Planeten an, zerlegen also Materie jeder Art, die sie andererseits aber auch wieder aufbauen. So konnte sich auch die Atmosphäre erst mit Sauerstoff anreichern, nachdem Cyanobakterien vermutlich sogar mehrfach die Fotosynthese erfanden. Sie hatten gelernt, den für uns und alle höheren Organismen lebenswichtigen Sauerstoff zusammen mit Zucker aus Kohlendioxid und Sonnenlicht zu produzieren. Mikroben sind das Fundament der Biosphäre, also der mit Organismen aller Art belebten Hülle unseres Planeten. Sie erstreckt sich kilometertief in die Erdkruste und bis über die Wolken hinauf in extrem lebensfeindliche Bereiche. Die Grenzen der Biosphäre finden sich dort, wo besonders widerstandsfähige Mikroben und nur sie allein diesen widrigen Umständen gerade noch trotzen können.

Doch es gibt noch andere herausfordernde Grenzbereiche, die Interfaces zwischen den Sphären Luft, Boden und Wasser. Sie werden nicht nur von Mikroben besiedelt, aber von ihnen geprägt und dominiert. Entscheidend für diesen Erfolg ist auch der Biofilm, der schleimige Schutz der Mikroben vor aggressiven Einflüssen aus der Umwelt und die Basis ihrer Kooperation. Mikroben können grundsätzlich ohne Biofilm überleben, gewinnen als Gemeinschaft aber ganz neue Eigenschaften – fast wie ein mehrzelliger Organismus.

Die ersten fossilen Formen von Schleim dieser Art sind mindestens 3,5 Milliarden Jahre alt und stammen aus der Pilbara-Region in Australien. Sie sind die Überreste mikrobieller Stromatolithen, die lange vor den Korallen erste Riffe bildeten und die Ozeane umkränzten. Wie bei heutigen Biofilmen betteten sich Mikroben dafür in eine eine dünne Lage Schleim ein. Hatte sich die Matrix dann durch die mikrobielle Aktivität turnusgemäß mit Mineralien angereichert, war sie als Heimstatt unbrauchbar geworden – und ihre Bewohner stockten auf. Der Schleim wuchs in einer neuen Lage nach oben und immer weiter, bis sich – einem Pfannkuchenstapel gleich – ein geschichteter Stromatolith gebildet hatte.

Diese Biofilme sind aber bereits das Ergebnis einer komplexen Kooperation. Die Mikroben müssen schon früher gelernt haben, dass sie ihrer Umwelt in einer Gelhülle besser trotzen können, um dann gemeinsam ein Haus aus Schleim zu bauen. Wann und wie dies geschah, wird sich wohl nie zweifelsfrei klären lassen. Unstrittig ist aber, dass Biofilme die erste, am weitesten verbreitete und erfolgreichste Lebensform auf der Erde sind. Und die Schleimmatrix ist in gewisser Weise ihre dunkle Materie: »Hier sind noch so viele Fragen offen«, sagt Hans-Curt Flemming. »Für das Leben im Biofilm bietet der Schleim eine perfekte Grundlage. Wir können aber noch nicht sagen, welche Mikroorganismen welche Komponenten zu welchem Zeitpunkt bilden.«

Sicher ist aber, dass die vielseitige und anpassungsfähige Matrix ihre Bewohner zusammenhält und schützt, ihnen so das Leben auch unter extremen Bedingungen wie in kochenden Quellen, in Eisbergen, in radioaktivem Wasser oder unter hohem Druck am Meeresboden ermöglicht. Sie entsteht, wenn die Mikroben sogenannte EPS sekretieren, das sind ›Extrazelluläre Polymere Substanzen‹.

Einmal freigesetzt, bilden die langkettigen Exopolymere gelatinöses Material, das mit bis zu 97 Prozent Wasser hoch hydriert ist. Die Matrix ist keine inerte Gallerte, sondern eine gut organisierte ›Stadt der Mikroben‹. Wie wird sie gebaut? Zunächst müssen Mikroben in ausreichender Zahl zusammenkommen. Dafür verabreden sie sich über chemische Signale, um ihre Zahl abzuschätzen.

Erst wenn die Truppenstärke hoch genug ist, bilden sie einen gemeinsamen Biofilm. Handelt es sich dabei um Krankheitserreger im Menschen, zeigen sich erst dann Symptome der Infektion, wenn die jetzt gut geschützten Mikroben sehr viel schwerer zu bekämpfen sind. Eine erfolgreiche Therapie sollte die Bildung des Biofilms unterbinden, die mikrobielle Kommunikation ist dafür ein Schlüssel. Könnte sie gestört oder manipuliert werden, ließen sich vielleicht auch gefährliche Erreger in harmloser Einsamkeit halten. Der Mechanismus ist unbekannt, aber bestimmte Mucin-Moleküle im menschlichen Speichel können Kariesbakterien in dieser Art von Quarantäne halten: Die Mikroben überleben, rotten sich aber nicht zusammen und bleiben damit harmlos.

Bildet sich doch ein Biofilm, ist die Matrix das Interface der mikrobiellen Gemeinschaft zur Umwelt, der Mittler für Prozesse im Inneren und die Interaktionen mit der Außenwelt. Dabei ist sie weit mehr als ein amorphes Gel, eher ein Wunder an Vielseitigkeit. Sie ist nicht einheitlich aufgebaut, kann also einzelne Bereiche eher starr halten, andere aber für mobile Mikroben viskoser gestalten. Über lokale Unterschiede, etwa im pH-Wert, der Temperatur und im Sauerstoffgehalt, prägt sie eine räumliche Architektur mit Poren und verschiedenen Habitaten. Für jeden Bewohner ist das passende Mikroklima dabei.

So können auch höchst diverse Gemeinschaften unterkommen und Arbeitsteilung praktizieren, fast wie ein zellulärer Superstaat oder Organismus. Der Bedarf ändert sich und die Matrix wird kontinuierlich und dynamisch umgebaut. Das kostet viel Energie, scheint den Aufwand aber zu lohnen, auch weil gemeinschaftliche Prozesse effizienter ablaufen und die Überlebenschancen erhöhen. So tauschen die Mikroben beispielsweise genetisches Material in der Matrix aus und regulieren einträchtig die Aktivität ihrer Gene. Eine konzertierte Aktion, die der Gemeinschaft unter anderem hilft, antimikrobielle Wirkstoffe erfolgreich zu bekämpfen.

Verteilt werden aber auch Nährstoffe. Sie werden über die schwammartige Oberfläche der Matrix aufgenommen oder aus dem darunterliegenden Substrat gelöst. Woher sie auch stammen, werden sie über Kanäle in der Matrix verteilt und so tief in den Biofilm transportiert, dass jede Mikrokolonie versorgt ist.

Sterben Mikroben ab, werden sie zerlegt und kommen als Ressource der restlichen Gemeinschaft zugut. Gerechtigkeit für alle: Selbst das einstrahlende Sonnenlicht streut die Matrix bis in die Tiefe des Biofilms, damit alle etwas davon abbekommen.

Und der Müll? Abfallstoffe werden von Enzymen zerlegt, die die Mikroben gemeinschaftlich sekretieren. Auch hier ist Arbeitsteilung angesagt, weil beides an einer Stelle in der Matrix zusammengeführt wird. Anders gesagt: Die Mikroben praktizieren kommunale Müllentsorgung über externe Verdauung. Zwangsweise mitmachen muss allerdings keiner. Manche Zellen agieren allein im Biofilm, andere schließen sich mit Artgenossen zusammen und wieder andere bilden diverse Kolonien. Die Gemeinschaft bietet also ganz unterschiedliche Ebenen, ist eher ein Ökosystem als nur eine Stadt der Mikroben.

Der Paläontologe Charles Doolittle Walcott (**2**) *entdeckte die Fossillagerstätten des Burgess-Schiefers* (**1**) *mit kambrischen Funden wie* Anomalocaris (**3**) **4** *Die Orgel der Sankt-Burchardi-Kirche in Halberstadt spielt ein auf 639 Jahre angelegtes Musikstück* **5** Dickinsonia costata *lebte in der Ediacara-Zeit*

EINE EINZIGE LANGE MELODIE

Wäre die Geschichte der Erde in ein Jahr gepresst, hätte Schleim im Frühling, Sommer und Herbst bis lang nach Halloween in die Anfänge des Winters hinein regiert.
GABRIELLE WALKER, *Snowball Earth*

ORGAN2/ASLSP ist eine Orgelkomposition des amerikanischen Künstlers John Cage, die in der Sankt-Burchardi-Kirche in Halberstadt aufgeführt wird. Es soll ASLSP, also ›as slow as possible‹ oder so langsam wie möglich gespielt werden. Als längstes und langsamstes Musikstück aller Zeiten ist es auf 639 Jahre angelegt, etwa die Lebensdauer einer Orgel. Schleim dagegen hat bereits eine unvorstellbar lange Laufzeit hinter sich, jenseits aller menschlichen Maßstäbe und selbst auf geologischer Skala beeindruckend. Mindestens drei Milliarden Jahre lang war er wohl Alleinherrscher auf der Erde.

Das Halberstädter Stück begann am 5. September 2001 mit einer siebzehn Monate langen Pause. Ähnlich gab es auch ein Präludium vor Schleim, ein paar Hundert Millionen Jahre von der Geburt der Erde bis zur Entstehung des Lebens, dessen erste Schritte vermutlich Mikroben wagten und dabei wahrscheinlich gallertige Spuren hinterließen. Es ist denkbar, dass Schleim schon zu diesem frühen Zeitpunkt zu seinem großen Solo ansetzte und ohne Pause für drei Milliarden Jahre spielte.

John Cages Komposition wirkt im Vergleich dazu eher unruhig, gab es in Halberstadt doch in fast jedem Jahr einen Klangwechsel. Ein Ton verstummt, ein anderer kommt dazu, gerade stagniert das Stück bei dis′, ais′, e″, die seit sechs Jahren ununterbrochen zu hören sind und erst im nächsten Jahr von gis und e′ abgelöst werden sollen. Mich selbst irritierte die eintönige Zweitönigkeit (d′, gis″) bei meinem Besuch vor ein paar Jahren, mein Ohr vernahm Änderungen im Klang, die es gar nicht gab. Auch das Schleimmotiv klingt noch an, ist möglicherweise sogar dominant, aber nicht mehr allein zu hören. Mit dem Aufstieg der Vielzeller vor gut einer halben Milliarde Jahren im Kambrium haben sich andere Stimmen erhoben, wir erleben eine Polyphonie der Biosphäre.

Doch davor war die Erde die längste Zeit ein Planet des Schleims, was selten zur Sprache kommt. »Unser Heimatplanet verbrachte die meiste Zeit seiner langen Geschichte in nichts als einfachen Urschleim gehüllt«, schreibt die Autorin Gabrielle Walker über diese Phase in der Evolution. »Für Milliarden Jahre bestanden die einzigen Erdlinge aus Glibber.« Können wir uns solch ungeheure Zeitspannen nicht vorstellen oder empfinden wir, wie ich in Halberstadt, Monotonie als bedrückend, weil wir nach Wechsel verlangen? Dafür könnte sprechen, dass der vielleicht glanzvollsten Schleimära, die vor mindestens 1,8 Milliarden Jahren begann, von der Wissenschaft ein erstaunliches Etikett verliehen wurde: die *boring billion years*.

Die langweilige Milliarde Jahre? Ob in Schleim gehüllt oder nicht: Mikroben waren von Beginn an die dominante Lebensform auf der Erde und prägten alle geochemischen Prozesse. Ihre Evolution reagierte auf globale Änderungen und war gleichzeitig deren Auslöser, etwa als Cyanobakterien schon sehr früh und wohl wiederholt lernten, Sauerstoff zu produzieren, mit dem sie später die Ozeane und die Atmosphäre füllten. Irgendwann fiel der Gehalt an Sauerstoff dramatisch ab und auch Nährstoffe wie Stickstoff wurden zur Mangelware. Zudem war die Erde für eine Milliarde Jahre klimatisch sowie geochemisch wohl stabil, wenn nicht stagnierend.

Dem Fossilbericht zufolge schien auch die Evolution stillzustehen, obwohl sich das Leben mit der eukaryotischen Zelle gerade erst eine aufregende Entwicklung geleistet hatte. Doch der Evolution waren weniger die Ideen als das Material und der Treibstoff ausgegangen. Und der Sieger war Schleim. Denn bis auf die Tiefsee waren die Meeresböden durch Mikrobenmatten bedeckt. Wie die dünneren Biofilme enthalten sie klebrige Exopolymere, die von Mikroben produziert und freigesetzt werden. Anders als Biofilme können diese Mikrobenmatten aber Kilometer von Sediment als eine Schicht bedecken, die zäh und kompakt genug ist, um am Stück abgehoben zu werden. Der Forscher Anthony Martin vergleicht sie in ihrer Wirkung mit Zellophan: Das Sediment war vollständig versiegelt, der Grund vom Meerwasser getrennt.

Oder doch die spannende Milliarde Jahre? Mittlerweile gibt es auch eine alternative Lesart der uniformen Schleimära, die sie als Katapult komplexen Lebens interpretiert. Dann wäre das Leben gar nicht in der evolutionären Warteschleife unter der erstickenden Schleimdecke verharrt, sondern hätte Innovationen wie die sexuelle Reproduktion und die Mehrzelligkeit hervorgebracht. Aus der Not geborener Fortschritt: Der Mangel an Nährstoffen hätte den evolutionären Motor auf Hochtouren bringen können, zumindest in der ersten Hälfte der langweiligen Jahrmilliarde, die dann überging in eine Phase der Diversifikation, als Nährstoffe nicht mehr gar so knapp bemessen waren. Grundlegende zelluläre Prozesse und genetische Baupläne könnten in dieser Zeit skizziert worden sein, die dann im später nachfolgenden Kambrium zur unerhört rasanten Entwicklung komplexer Arten beitrugen. Die Grundlagen für die kambrische Explosion des Lebens wären demnach unter Schleim entstanden.

Zuvor gab es aber noch eine Krise und ein erstes vorsichtiges Aufblühen: Manche Forscher vermuten, dass der Planet vor dem Kambrium eine ungeheure Kälteperiode erlebte, in der die Erde für rund 200 Millionen Jahre fast vollständig mit Eis bedeckt war. Es sei der kälteste, dramatischste und schwerste Schock gewesen, den die Erde jemals erlebte, schreibt Gabrielle Walker. »Es war die schlimmste Katastrophe in der Geschichte.« Kaum taute der ›Schneeball Erde‹ gemäß diesem Szenario auf, begann die Ediacara-Zeit vor etwa 635 Millionen Jahren, in der nach und nach rätselhafte Geschöpfe die Bühne betraten. Sie ähnelten meterlangen Federn, Scheiben mit Lamellen sowie quallenartigen Blobs und bevölkerten wahrscheinlich die lichtlosen und ruhigen Tiefen der See, die in der Zeit von gummiartigen Mikrobenmatten bedeckt waren.

Wir können nur vermuten, dass diese einfach gebauten Wesen ohne Organe überwiegend unbeweglich am Boden verankert waren und Nährstoffe aus dem Wasser direkt über die Oberfläche ihrer gelatinösen Körper aufnahmen. Waren sie überhaupt Tiere? Noch wissen wir zu wenig über diese Lebewesen, die manchmal sogar für gigantische Einzeller gehalten werden. Biologen halten sich hier bedeckt und sprechen lieber von der Ediacara-Biota als von einer echten Fauna. Ihre Ära endet so abrupt, wie sie begonnen hat, wohl als gescheitertes Experiment der Evolution. Jetzt beginnt die Moderne der Biologie.

An einem Dezembertag im Jahr 1909 fand der amerikanische Geologe Charles Doolittle Walcott im Burgess-Schiefer der kanadischen Rocky Mountains ein unbekanntes Fossil. Das nur wenige Zentimeter große und bis in winzige Details erhaltene Tier ähnelte entfernt einem Krebs und blieb nicht die einzige paläontologische Kuriosität. In den folgenden Jahrzehnten trug Walcott am selben Fundort rund 65000 Fossilien zusammen. Eine Gemeinsamkeit hatten die bizarren Tiere: Sie alle lebten im Kambrium, das vor rund 540 Millionen Jahren begann und das Leben auf der Erde innerhalb vergleichsweise kurzer Zeit mit einem biologischen Urknall revolutioniert haben soll.

Neueren Ergebnissen zufolge entfaltete sich diese sogenannte kambrische Explosion möglicherweise doch schon spät im Ediacarium und weniger plötzlich als bisher vermutet. Eines aber bleibt: In dieser Zeit tauchten hochkomplexe Vielzeller auf, die erst nach langer Zeit als frühe Vertreter heutiger Tiergruppen bestätigt werden konnten. Sie brachten unerhört moderne Baupläne mit und neuartige anatomische Extras: Körperanhänge! Segmente! Beine! Augen! Das hatte die Welt noch nicht gesehen. Ebenso innovativ waren Abwehrstrukturen wie Rückenstacheln und harte Körperhüllen. Möglicherweise wurde die Panzerung in der Not geboren, weil erstmals Fleischfresser auftauchten und hilflosen Beutetieren nachstellten. *Anomalocaris* war der größte Räuber. Er konnte schwimmen und mit leistungsfähigen Komplexaugen gut sehen. Der friedliche ›Garten von Ediacara‹ war nicht mehr.

Ich nenne unsere Welt Flachland, nicht weil wir sie so nennen, sondern um ihre Natur für Euch klarer zu machen, meine glücklichen Leser, die ihr das Privileg genießt, im Raum zu leben. Stellt Euch ein unermesslich weites Blatt Papier vor, auf dem sich schnurgerade Linien, Dreiecke, Vierecke, Fünfecke, Sechsecke und andere Gebilde anstatt fest auf ihren Plätzen zu bleiben, frei auf oder in der Oberfläche umherbewegen, ohne aber über sie hinaufsteigen oder unter sie sinken zu können …

EDWIN A. ABBOTT, *Flatland*

Wer den Fleischfressern nicht zur Beute fallen wollte, musste ebenfalls an Tempo zulegen, auf Tarnung setzen oder in Verteidigung investieren. Die evolutionären Fortschritte im Kambrium könnten ein Wettrüsten der Arten gewesen sein. Durch die neue Interaktion zwischen Räuber und Beute veränderten die Tiere sich selbst und auch ihren Lebensraum. Die Ediacara-Biota kannte nur eine zweidimensionale Welt, war überwiegend stationär, über gelatinöse Scheiben mit dem Untergrund verhaftet oder passiv der Strömung ausgeliefert. Biologische Baumeister waren wie seit Anbeginn der Zeit einzig die Mikroben, die diese Oberflächen mit ihren Matten bedeckten und versiegelten.

Doch im Kambrium krempeln komplexe Lebewesen mit ebenso komplexer Lebensweise ihre Habitate buchstäblich um. Ältere Spuren stammen von Lebewesen, die nur über die dichten Mikrobenmatten krochen und wohl organischen Abfall aufnahmen. Jetzt aber graben sich – ob auf der Flucht oder auf der Suche nach neuen Ressourcen – manche Spezies in und unter die Schleimschicht oder bohren sogar gezielt in das Sediment. Das hat globale Konsequenzen, weil die durchgehend kompakten Matten von weichen Schichten ersetzt werden, die Versiegelung also aufbricht. Seit vier Milliarden Jahren herrschen Mikroben im Sediment, für die Sauerstoff toxisch ist, der nun aber über das Meerwasser in die Tiefe vordringt – und wohl ein Massensterben auslöst.

Doch auch Nährstoffe werden nun zwischen den Sphären ausgetauscht, es entstehen globale Zyklen für Elemente wie Kohlenstoff und Stickstoff. Diese und andere Umwälzungen revolutionieren die marinen Habitate und prägen die Evolution der Tiere. Das lässt sich an Spurenfossilien ablesen, ein Schwerpunkt der meist wenig beachteten Ichnologie. Diese Überreste lassen ebenfalls vermuten, dass die Grenze zum Kambrium möglicherweise gar nicht scharf gezogen werden kann. Denn mobile Tiere graben bereits in der Zeit des Ediacarium in die Biomatten und fressen sie auch. Sie müssen also passende Kratz- und andere Werkzeuge entwickelt haben, um diese Schichten zu zerreißen. Trotzdem gilt auch weiterhin, dass die Tiere erst im Kambrium zu Ingenieuren ihrer Ökosysteme wurden.

Der Lebensraum wurde dreidimensional: Das Graben brachte neue Ressourcen und Rückzugsgebiete, weil Beutetiere im Untergrund verschwinden und Räuber sie dort jagen konnten. Für den Ichnologen Anthony Martin wurden Biosphäre, Geosphäre, Hydrosphäre und Atmosphäre Teil eines vereinten Erdsystems. Die Idee an sich ist älter und geht unter anderem auf den deutschen Ichnologen Adolf Seilacher zurück, eine Lichtgestalt der Spurenkunde und ein Experte für die Ediacara-Zeit. Mit einem Kollegen entwickelte er die Hypothese der ›kambrischen Substrat-Revolution‹, wonach die Entwicklung neuartiger Methoden der Ernährung wie das Filtern organischer Partikel aus dem Sediment oder Meerwasser sowie das Abweiden der bis dahin übermächtigen Biomatten diese erstmals in ihre Schranken verwiesen.

Der Schleim ist tot, es lebe der Schleim? Die einstige Dominanz ist gebrochen, auch wenn es noch Mikrobenmatten gibt und etwa das Filtern vieler Meerestiere von Gelfallen abhängt. Doch Schleim könnte zu alter Größe zurückfinden. Einmal ist ihm dieses Kunststück bereits gelungen, als bei einem Massenaussterben im Perm vor etwa 252 Millionen Jahren bis zu 96 Prozent aller Arten untergingen. Die dichten Mikrobenmatten kehrten zurück, vermutlich weil grabende und grasende Spezies fehlten. Und die Gefahr ist nicht gebannt: Ein ähnliches Erstarken erstickender Schleimschichten droht nun wieder, weil marine Habitate durch den Klimawandel und die Überfischung einen dramatischen Artenschwund erleben.

1

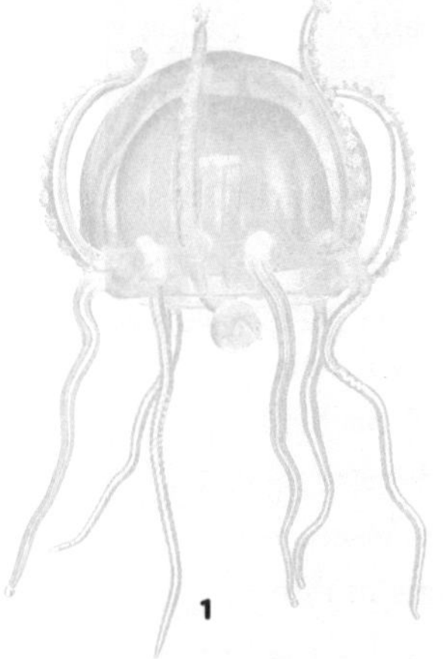

1

2

3

1

1 *Die böhmischen Glasbläser Leopold und Rudof Blaschka schufen in der zweiten Hälfte des 19. Jahrhunderts einzigartige Kunstwerke* 2 *Ballonbombe* Fu-Go, *eine japanische Waffe aus dem Zweiten Weltkrieg* 3 *Ernst Haeckel forschte zur Entwicklung des Lebens, vom Urschleim bis zum Menschen, hier 1906*

DAS ZEITALTER DER *GELATA*

In der Morgendämmerung am 3. November 1944 stiegen von einem dünn besiedelten Flecken an der japanischen Küste aus riesige Ballons langsam in die Höhe. Jeder war mit einer Brandbombe behängt. Die Bevölkerung sollte von der militärischen Initiative nichts erfahren, aber die Flotte der Windschiffe blieb nicht verborgen. Ein überraschter Beobachter soll die noch nicht ganz aufgeblasenen Ballons, die lange Schnüre hinter sich herzogen, mit gigantischen Quallen verglichen haben, die über den blassen Himmel schwebten. Ein Bild wie Kalligrafie, doch die Windschiffe trugen Japans tödliche Rache über den Pazifik.

Das Land war dem Kriegsgegner Amerika im Zweiten Weltkrieg hoffnungslos unterlegen, und als die Hauptinseln von US-Fliegern bombardiert wurden, forderte der japanische Kaiser eine Waffe für den Sieg. Es sollte auch auf Amerika Bomben regnen, nur war die Strecke für japanische Flugzeuge zu weit. Da tauchte eine obskure wissenschaftliche Publikation auf, die von Winden berichtete, die als gewaltige Ströme in rund 10 000 Meter Höhe von Japan nach Amerika flossen. Als *kamikaze* oder ›göttlicher Wind‹ wurden Stürme verehrt, seit sie im 13. Jahrhundert eine Invasion Japans durch die mongolische Flotte verhindert hatten.

Warum also nicht in diesem Fall wohlgesonnenen Luftströmen eine neue Interkontinentalwaffe anvertrauen? *Fu-Go* wurden die Ballons mit einem Durchmesser von 10 Metern genannt, die in zwei Jahren aus leichtem und doch reißfestem Papier gefertigt wurden, handgeschöpft aus der Rinde des Maulbeerbaums Kōzo und vernäht von Schulmädchen, die, ohne von dem Projekt zu ahnen, ihrer zarten Finger wegen ausgewählt worden waren. Mehr als 9 000 mit Wasserstoff gefüllte und mit einer Brandbombe beladene Ballons wurden schließlich auf die Reise geschickt, um die Bevölkerung Amerikas in Schrecken zu versetzen.

Den Befehl zur Aktion hatte Kaiser Hirohito gegeben, ein in allen seinen Rollen zwiespältiger Mann. Das Bild der Riesenquallen lässt mich nicht los, wenn ich über ihn nachdenke, so tödlich und doch so elegant, so ambivalent wie der Tenno. Da ist zum einen der bis heute umstrittene Kriegsherr. War Hirohito ein weltfremder Herrscher, nicht mehr als ein Handlanger seiner Generäle, oder wurde dieses Bild nur von den amerikanischen Besatzern nach dem Krieg gezeichnet, weil er ihnen als kaiserliche Marionette nützlicher war denn als Angeklagter vor dem Kriegsgericht? Die Rolle als Oberbefehlshaber kontrastiert aber ohnehin mit dem Hirohito, der seit seiner Jugend begeistert war von der Ozeanografie, der jede Woche in der Sagami-Bucht südlich von Tokio vor allem gelatinöses Meeresgetier aus dem Wasser fischte und in seinem Labor im Kaiserpalast untersuchte.

Hirohitos Liebe galt den Hydrozoen, einer sehr großen Klasse verschiedener Nesseltiere. Der harmlose Polyp Hydra gehört ebenso dazu wie die Portugiesische Galeere, eine Staatsqualle, die sich aus rund tausend unterschiedlich spezialisierten Polypen zusammensetzt. Manche bilden die hochgiftigen Tentakeln, während ein einzelner Polyp die Schwimmblase hervorbringt, mit deren Hilfe *Physalia physalis* an der Oberfläche des Ozeans treibt, wunderschön und tödlich gefährlich, fast wie ein *Fu-Go*. Es war vielleicht ungewöhnlich für einen japanischen Kaiser, Meerestiere zu studieren, Hirohito war aber nur eines von mehreren gekrönten Häuptern im Dienst der Wissenschaft.

Prinz Albert I. von Monaco war viele Jahre auf den Ozeanen bis zur Antarktis unterwegs, um meeresbiologische Forschung zu betreiben, ein Interesse, das er in Europa und Amerika populär machte, zumindest bei ausreichend begüterten Amateuren. In Monaco ließ er dann ein Museum der Ozeanografie so dicht an das Meer bauen, dass das Gebäude aus der monegassischen Steilküste zu sprießen scheint. Innen ist eine Glas gewordene Huldigung an den Mann angebracht, der mit seinen exquisiten Abbildungen wie kein Zweiter zur Beliebtheit der Quallen und anderer mariner Arten beitrug, ob an Fürstenhöfen, im gemeinen Volk oder in der Wissenschaft. In Monaco hängt ein Glaslüster in Form eines Einzellers, ein anderer ähnelt einer Meduse oder Schirmqualle.

Beide sind geformt nach Vorlagen Ernst Haeckels, der auch dem Architekten René Binet die Inspiration lieferte, die Besucher der Pariser Weltausstellung im Jahr 1900 durch ein Tor eintreten zu lassen, das einer einzelligen Radiolarie mit besonders kunstvoll durchbrochenem Kalkskelett nachempfunden war. Und Ernst Haeckel lieferte die Werbebilder dazu, ob von Radiolarien so zart wie Brüsseler Spitze oder Quallen als filigranen Wundern der Meere. *Kunstformen der Natur* heißt sein bis heute wohl bekanntestes Werk und tatsächlich ließ sich eine Kunstrichtung davon entscheidend prägen. Das gilt für den monegassischen Glaslüster ebenso wie für alle anderen Arten von Dekor. Die weichen Rundungen in Haeckels Abbildungen finden ihr Echo in den eleganten Linien des Jugendstils.

Heute wird vermutet, dass sich beide Seiten inspirierten, Haeckel im Gegenzug auch beeinflusst war vom Art nouveau, so perfekt und symmetrisch sind seine Abbildungen gestaltet. Haeckels Ästhetik sollte aber nicht allein die Schönheit der mysteriösen Wesen präsentieren, sondern ihre wissenschaftliche Bedeutung herausstellen. Die Hoffnung war, dass die einfach gebauten Schirmquallen, Staatsquallen, Rippenquallen, Tunikaten, Radiolarien, aber auch Würmer und Mollusken, die als Plankton im Meer treiben, helfen könnten, die frühe Evolution der Tiere und die Mechanismen dieser Entwicklung zu entschlüsseln. *Gelata* nennt der Meeresbiologe Stephen Haddock diese gelatinösen Arten und schreibt, dies sei ihre erste goldene Ära gewesen. Nie wurden in so wenigen Jahren mehr Hydrozoen und Rippenquallen identifiziert als in der ersten Dekade des neuen Jahrhunderts.

Doch die *Gelata* sind unendlich fragil, die zarten Körper ließen sich nicht gut konservieren. Deshalb gab es eine weitere Verbindung zwischen Haeckels Ästhetik und Glas: Rudolf und Leopold Blaschka, Vater und Sohn aus Böhmen, waren Glasbläser. Bei einer Reise in die USA sahen sie von Bord ihres Schiffes aus wunderliche Tiere im Wasser – und waren fasziniert. In den folgenden Jahrzehnten fertigten sie Hunderte kostbarer Glasmodelle von wirbellosen Tieren aus dem Meer wie Quallen, See-Anemonen, Schnecken und Korallen an. Die Museen und Universitäten rissen sich um das Lehrmaterial. Für Harvard alleine fertigten die Blaschkas ein gläsernes Herbarium, es ist noch heute im angrenzenden Museum in einem eigenen Raum zu besichtigen, in flachen Glasvitrinen ausgestellt, beschriftet wie botanische Exponate – und absolut lebensecht.

Manche Stücke sind allerdings glanzlos und matt geworden über die lange Zeit oder sind zerbrochen und müssen wiederhergestellt werden. Doch keiner weiß oder konnte bisher herausfinden, wie die Blaschkas diese einzigartigen Porträts in Glas herstellten. Die Oberflächen, die Farben, die lebendige Ausstrahlung der Stücke, die, oft aus vielen Einzelteilen zusammengeklebt, per Hand gefertigt wurden von zwei Männern, die dafür eine eigene Technik entwickelt haben müssen, die für uns verloren ist. Technische Fortschritte in der ersten Hälfte des 20. Jahrhunderts setzten dem *Gelata*-Boom in der Wissenschaft dann ein jähes Ende. Anstatt die zarten Meerestiere mit dem Eimer aus dem Wasser und mühsam an Bord zu hieven, kam jetzt schweres Gerät zum Einsatz.

Die immer schnelleren Schiffe brachten große Netze über Winden aus. Die zarten *Gelata* überlebten diese grobe Behandlung nicht und meist blieb von ihnen nicht mehr übrig als klebriger Schleim. Gelatinöses Getier geriet aber auch in Vergessenheit, weil sich die Forschung zunehmend auf globale Zusammenhänge im

Meer konzentrierte, etwa den Kohlenstoffzyklus. *Gelata* galten hier nur in ihrer Masse als relevant, einzelne Arten und ihre Lebensweise standen im Hintergrund. Das könnte sich wieder ändern, weil neue Studien zeigen, dass gelatinöse Tiere essenziell für marine Nahrungsnetze sind – als Räuber und als Beute. So wirkte Haddock an einer Arbeit mit, die zeigte, dass etwa Staats- und Rippenquallen zu den wichtigen Räubern in manchen marinen Habitaten gehören.

Gejagt werden die Quallen auch, etwa von den großen Mondfischen und den Lederschildkröten, die ihre Beute mit spitzen Fortsätzen in Maul und Rachen schreddern. Diese *Gelata*-Fresser galten jedoch bislang als kuriose Ausnahme, weil ihre Beute so wenig Energie liefert. Wer jagt Tiere, von denen nur ein Maul voll Schleim bleibt? Jetzt weiß man aber, dass auch andere Räuber wie manche Fische, Pinguine und Albatrosse zu den ›Gelativoren‹ gehören. Die *Gelata* sind ein zentraler Bestandteil mariner Nahrungsnetze, aber wie bessern Räuber damit ihre Energiebilanz auf? Eine Vermutung ist, dass sie sich auf energiereiche Bestandteile wie die Fortpflanzungsorgane oder den mit anderer Beute gefüllten Magen konzentrieren. Wahrscheinlich fressen sie auch vor allem leicht gefundene *Gelata*, die nicht erst aufwendig gesucht und gejagt werden müssen.

Viele neue Erkenntnisse über die gelatinösen Meerestiere sind technischen Neuerungen wie den bemannten Unterseebooten sowie von Tieren getragenen Kameras zu verdanken. *Gelata* werden nun meist in ihrer natürlichen Umwelt beobachtet oder so vorsichtig in Gefäßen eingefangen, dass sie ohne Schaden an Bord des Schiffes oder später im Labor untersucht werden können. Aber auch anderweitig gibt es Fortschritte. Neue Technologie setzt auf *Soft robotics*, also weiche und flexible Materialien wie Hydrogele, die delikate Arbeiten ausführen können. Ein transparenter Greifarm existiert bereits, der auch unter Wasser funktioniert und Fische oder Seegurken greifen kann, ohne Schaden anzurichten. Die *Gelata* sind noch weitaus fragiler, aber wahrscheinlich kann moderne Hydrogeltechnik künftig auch diese Geschöpfe sanft aufnehmen.

Denn noch sind diese Tiere zu wenig untersucht. Viele *Gelata* wie Quallen und Tunikaten durchlaufen komplexe Lebenszyklen, die noch im Detail zu entschlüsseln sind. Außerdem könnte die Bedeutung dieser Überlebenskünstler zunehmen, weil sich die Ozeane grundlegend verändern. Der Klimawandel und die damit verbundene Erwärmung sowie die Versauerung der Meere verschieben das Gleichgewicht der Arten – möglicherweise zugunsten der *Gelata*. Unter Umständen droht ein neuer ›Aufstieg des Schleims‹, wenn im ansonsten leeren Ozean nur mehr Quallen, Algen und Mikrobenmatten überleben. Deshalb gilt es nun, die Geheimnisse der *Gelata* sowie ihren Einfluss auf marine Habitate zu klären und uns für die Zukunft zu wappnen.

Eine neue goldene Ära der *Gelata* könnte helfen, vielleicht erneut angeführt von der Prominenz wie einst, als ein japanischer Kaiser ins Ruderboot stieg, um Quallen aus dem Meer zu fischen, wenn er nicht mit dem Kriegführen beschäftigt war. Mehrere Tausend seiner mit Brandbomben beladenen Windschiffe stiegen auf, mehrere Hundert gingen an der amerikanischen Ostküste zwischen Alaska und Mexiko nieder. Militärisch war die Aktion ein Fehlschlag, weil sich die feuchten Wälder nicht entzündeten. Außerdem erfuhr Japan wegen einer amerikanischen Nachrichtensperre nie, dass einige Ballons tatsächlich angekommen waren. Das bedeutete aber auch, dass die Bevölkerung vor Ort nicht gewarnt war. An einem lauen Frühlingstag kam es in den Wäldern am Mount Gearhart in Oregon zur Katastrophe.

Pastor Archie Mitchell hatte gerade eine Stelle im kleinen Ort Bly übernommen, als er am 5. Mai 1945 mit seiner Frau Elsie und fünf Kindern aus der Sonntagsschule zum Picknick fuhr. Der Krieg war weit weg. Sie wollten im Fluss fischen und den Schokoladenkuchen essen, den Elsie eigens für den Ausflug gebacken hatte. Sie war mit den Kindern vorausgelaufen und hatte ihrem Mann gerade zugerufen, dass sie einen Ballon gefunden hätten, als es eine gewaltige Explosion gab. Die Kinder waren sofort tot, die schwangere Elsie starb wenig später. Und ihre Geschichte ist weitgehend vergessen, blieb selbst unerwähnt, als US-Präsident George W. Bush viele Jahre später nach dem terroristischen Angriff vom 11. September 2001 von Kriegsopfern auf dem amerikanischen Festland sprach, die Opfer von Gearhart aber mit keinem Wort erwähnte.

VI

VI NATUR

Schleim kann vieles, aber er kann es nicht überall. Wie das extrem wasserhaltige Material genutzt wird, hängt stark von seiner Umgebung ab. So herrschen im Wasser dank des Auftriebs ganz andere Bedingungen als etwa an Land, wo die zarten Körper gelatinöser Meeresbewohner wie Quallen sofort kollabieren. An der Luft trocknen Schleime zudem schnell aus. Im Lauf der Evolution sind die großflächigen Gele deshalb, von wenigen Ausnahmen abgesehen, ins Körperinnere gewandert. Schleimige Grenzgänger wie die Amphibien leben zwar überwiegend an Land, sind hier aber auf dunkle und feuchte Habitate angewiesen. Pflanzen wiederum setzen Schleime ebenfalls strategisch ein, ob zum Schutz und zur Verbreitung ihrer Samen oder als Habitat für die ansässigen Mikroben an den Wurzeln.

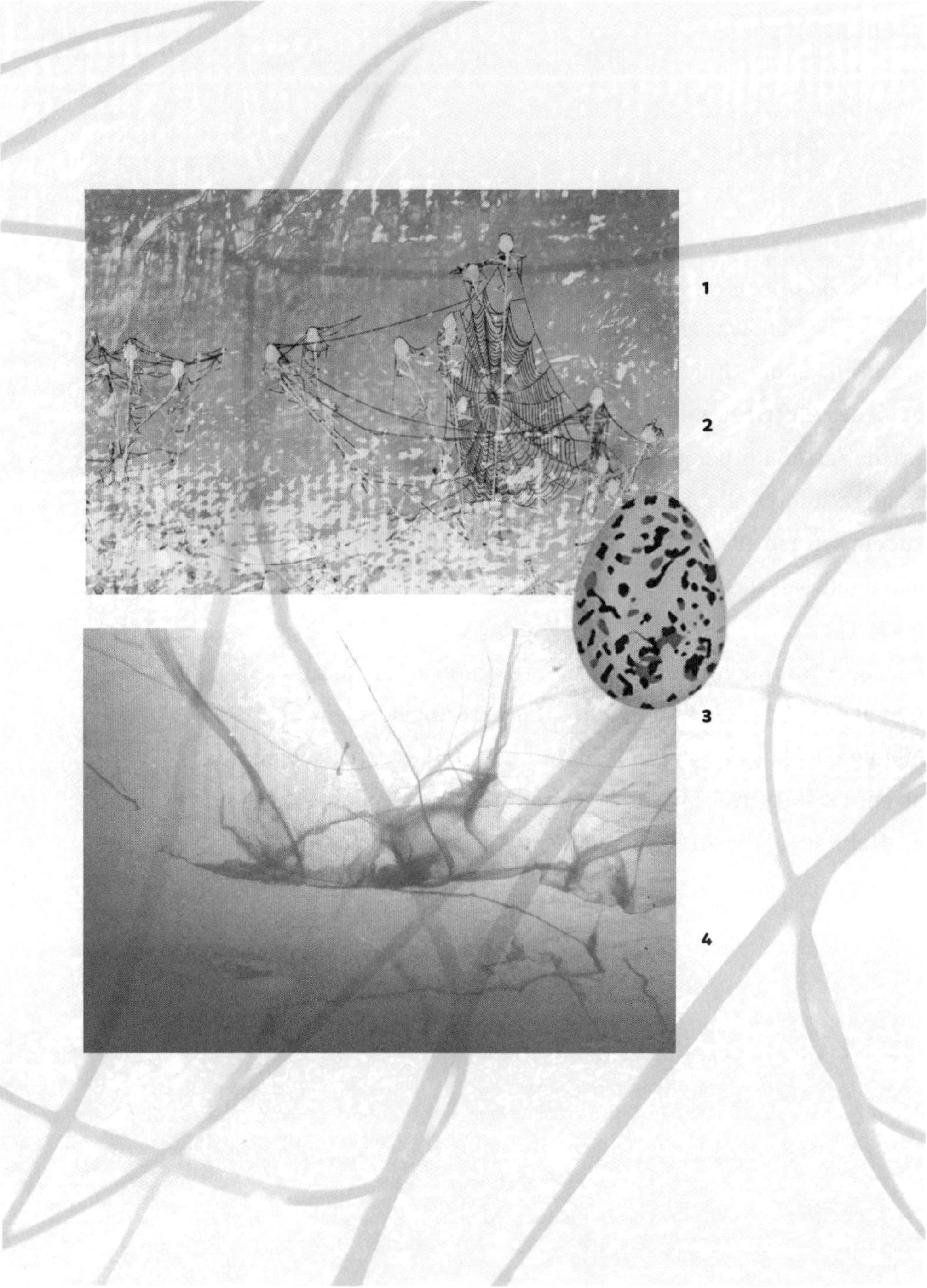

1 Byssusfasern, mit deren Hilfe sich Muscheln unter Wasser verankern 2 *Netz einer Radnetzspinne*
3 *Vogeleier sind außen oft getarnt und innen eine lebensfeindliche Wasserwüste für Mikroben*
4 *Die arktische Kieselalge* Melosira arctica *hüllt sich in Gallerte und besiedelt so auch Meereis*

DIE MACHT DES MEDIUMS

Schlüpfrige Szenen von harten Männern in Uniform, die aus dicken Schläuchen besonders weit und hoch spritzen: Wer hier an die New Yorker Feuerwehr denkt, liegt richtig. In den 1960ern experimentierte das New York City Fire Department mit Zusatzstoffen in den Tanks, um den Wasserstrahl bei gleichem Druck weiter schießen zu lassen. *Polyox* heißt das Additiv, das den Reibungswiderstand senken sollte. Diese Chemikalie hat ein natürliches Vorbild im viskosen Schleim, der vor allem bei räuberischen Knochenfischen wie Barsch oder Barrakuda den Reibungswiderstand um mehr als die Hälfte reduzieren kann, sodass sie besonders schnell schwimmen können. Anders gesagt: Er reduziert die Viskosität des Wassers in der Grenzschicht, dem Interface mit dem Fisch. Die New Yorker Versuche wurden als Erfolg gewertet, der Probelauf aber dennoch aufgegeben: Die harten Männer in ihren Uniformen hatten sich beschwert, das Spritzwasser sei zu glitschig geworden, jede Pfütze eine Rutschgefahr.

Exodus in Wellen: Nicht alle aquatischen Erfindungen lassen sich einfach auf terrestrische Verhältnisse übertragen, aber der Evolution blieb wenig anderes übrig, das Leben stammt aus dem Wasser und dieses Erbe tragen auch wir Landtiere bis heute in uns. Die ersten modernen Baupläne für Organismen tauchten im Kambrium vor 540 Millionen Jahren auf, brachten Räuber hervor und Arten, die das offene Wasser eroberten. Bis sich die ersten Wirbeltiere an Land wagten, waren die Mikroben sowie niedere Tiere hier bereits etabliert, und Pflanzen führten als fotosynthetische Selbstversorger den Treck ins Inland an. Ihnen folgten Pflanzenfresser, denen wiederum Fleischfresser auf den Fersen waren. Die Pioniere kolonisierten verschiedene Habitate und fächerten sich auf in Spezies, die sich untereinander anpassten. Ein Beispiel sind die Blütenpflanzen, die Insekten als Bestäuber brauchen und für diese Dienste mit Nektar zahlen. Aus vielschichtigen Interaktionen bildeten sich auch an Land komplexe Ökosysteme.

Exitus in Wellen: Wir wissen von fünf großen Massenaussterben im Lauf der Erdgeschichte, die eine Vielzahl oder sogar Mehrzahl der jeweils bestehenden Arten auslöschten und so die Karten für das Leben neu mischten. Die größte Katastrophe ereignete sich im Perm und markiert das Ende des Erdaltertums vor 252 Millionen Jahren. Hier führten Vulkanausbrüche, extreme Klimaschwankungen und ein massiver Anstieg des Meeresspiegels zur Auslöschung von bis zu 96 Prozent der Spezies. Plötzlich war wieder Tabula rasa in vielen Lebensräumen. Doch der Tod der einen eröffnete immer anderen eine Chance. Frisch entvölkerte Habitate wurden meist schnell von konkurrierenden oder neu aufkommenden Arten besiedelt, die sich ausbreiten und entwickeln konnten, bis vielleicht die nächste Katastrophe ihrer Dominanz ein Ende setzte und wieder anderen Spezies den nötigen Freiraum verschaffte, sich durchzusetzen.

Nach dem Perm etwa übernahmen Reptilien die Herrschaft, die zumindest bis heute in den Köpfen anhält. Keine andere Tiergruppe dominiert das öffentliche Interesse mehr als die Einwohner des *Jurassic Park*, die als Dinosaurier das Land, als Meeressaurier das Wasser und als Flugsaurier die Luft eroberten. Doch bekanntlich war auch ihr Erfolg nicht von Dauer. Die Saurier kamen, wuchsen und siegten, bis ein Meteorit auf der Erde einschlug und die Umwelt so nachhaltig veränderte, dass nur wenige Gruppen überlebten. Mittlerweile wurde gezeigt, dass sich die Dinosaurier bereits vor der Katastrophe im Rückgang befanden, ihren Zenit möglicherweise ohnehin überschritten hatten. Von ihrem Massensterben in der Kreidezeit profitierten die Säugetiere. Diese bis dahin eher unscheinbare Gruppe brachte über Jahrmillionen auch einen eigenartig haarlosen Affen als alles dominierende Art hervor: *Homo sapiens* hat eine lange und verschlungene Entwicklungsgeschichte mit Meilensteinen und Umwegen, die uns noch heute tief in den Leib geschrieben ist.

Keine Spezies kommt aus dem Nichts. Wir alle nutzen Baupläne und Mechanismen, die selten nahtlos passen, weil sie sich bei unseren Vorfahren unter anderen Umständen für die Lösung anderer Probleme durchgesetzt hatten. So sind wir Menschen aus evolutionärer Sicht Vierbeiner, die darauf beharren, aufrecht nahezu alle Lebensräume an Land zu erschließen. Selbst schuld, dass uns früher oder später im Leben Rückenschmerzen und Gelenkverschleiß plagen. Der Evolution können wir die Defizite kaum anlasten, ist doch noch nicht besonders viel Zeit vergangen, seit sie das innere Gerüst von Fischen zu einem Skelett umrüstete, das die ersten Vierbeiner an Land wuchtete und uns Zweibeiner vertikal halten muss.

Es kommt auf die Mechanik an: Wer neue Lebensräume erobert, muss viele Hürden der Anpassung bewältigen, und die Umstellung aquatischer Organismen auf eine terrestrische Lebensweise gehört zu den größten Herausforderungen – auch in Bezug auf Schleim. Einmal unterscheidet sich das Medium Wasser fundamental von Luft. Dann sind die aquatischen Lebensräume von anderen Kräften als terrestrische Habitate geprägt. Nicht zuletzt aber hängt auch von der Physiologie, dem Verhalten und der Lebensweise der Arten ab, wie sich verschiedene Ökosysteme entwickeln.

Das Medium: Wasser ist etwa tausendmal dichter und fünfzigmal viskoser oder zäh fließender als Luft. Wer hier aktiv vorankommen möchte, muss Energie investieren – und am besten ein Gleitmittel mitbringen. Viele Fische sind muskulös, stromlinienförmig gebaut und schleimig, also gute Schwimmer. Anders das Plankton, das meist auf dem Weg des geringsten Widerstands driftet. Dazu gehören so unterschiedliche Lebewesen wie Bakterien, Kieselalgen, Würmer, Schnecken und Quallen, die nur eint, dass sie passiv im Wasser treiben oder mit der Strömung schwimmen, nie aber gegen sie. Das spart Energie, ist aber gefährlich, weil extrem viele Räuber im Wasser die hilflose Beute einfach mit der Strömung in ihre schleimigen Klebefallen treiben lassen. An Land ist das fast nur mit den Spinnen vergleichbar, die ihre transparenten Netze quer über Korridore spannen, die etwa von Insekten häufig frequentiert werden.

Die Kräfte: Alle Lebewesen sind einer Konstante ausgesetzt. Die Schwerkraft wirkt auf alle immer und überall gleich. Landbewohner müssen dem meist mit Stützstrukturen wie einem Knochengerüst begegnen, um nicht unter ihrem eigenen Gewicht zusammenzubrechen. Die Körper von Knochenfischen wären stabil genug, würden einen unfreiwilligen Landgang aber trotzdem nicht überstehen, weil die zarten und schleimigen Kiemen an der Luft austrocknen, kollabieren und verkleben. Die Tiere ersticken in einem Medium, das sehr viel mehr Sauerstoff als jedes Gewässer enthält. Gelatinöse Meeresbewohner wie Quallen haben der Schwerkraft an Land nichts entgegenzusetzen und enden als Blob, wenn sie angespült werden. Und im Wasser? Hier wirkt der Auftrieb dagegen, der auch zartes Plankton treiben oder nur langsam sinken lässt. Dafür können sesshafte Arten von der Bewegung des Wassers von ihrem Platz gerissen werden, wenn sie nicht über Haken, Saugnäpfe oder Klebeschleim fest genug verankert sind. Muscheln beispielsweise seilen sich über Byssusfäden am Untergrund an, die so elastisch sind, dass sie nun auch robuste Textilien liefern sollen.

Das Habitat: Weil Luft austrocknet, müssen Landbewohner ihren Wasserverlust regulieren und reduzieren. Für die ersten aquatischen Arten auf festem Boden limitierte dies den Radius, und Amphibien sind noch immer an feuchte Habitate gebunden. Ihre Haut ist porös für Gase sowie Wasser und muss meist mit Schleim feucht gehalten werden. Die Reptilien kamen hier buchstäblich einen Schritt weiter, weil sie dichte Schuppen als Schutz entwickelten und so auch extrem trockene Habitate erobern konnten. Weil unsere Säugerhaut als Barriere so effektiv ist, müssen wir uns nicht auf schattig-feuchte Habitate beschränken oder gar in Schleim hüllen – zumindest nicht außen. Für manche Funktionen wie die Verdauung sind allerdings großflächige Gelschichten vonnöten, die wir lieber ins Körperinnere verbannt haben.

Die Atmung: Bevor die Cyanobakterien die Fotosynthese erfanden, musste das Leben ohne Sauerstoff auskommen. Wir Tiere sind aber auf das Gas angewiesen, das sich im Körper nicht speichern lässt und beständig neu aufgenommen werden muss. Die Evolution hat sich verschiedene Gasaustauscher einfallen lassen, etwa die Haut der Amphibien, die röhrenförmigen Tracheen der Insekten sowie die Kiemen der Fische und unsere Lunge, die im Übrigen ebenfalls eine Erfindung der Fische ist. Bestimmte Merkmale im Aufbau zeugen noch heute davon. Es gibt kombinierte Modelle sowie Wechsel im Lebenszyklus, wenn etwa Kaulquappen Kiemen haben und als erwachsene Amphibien über Haut und Lunge atmen. Diese drastische Umstellung ist allerdings auch mit dem Übergang von einem aquatischen Habitat auf trockenes Land verbunden.

Eines aber bleibt bei allen Varianten des Gasaustausches gleich: Sauerstoff kann nur dann über große und gut durchblutete Oberflächen aufgenommen werden, wenn er in Feuchtigkeit gelöst ist. Das ist kein Problem für aquatische Arten, aber was passiert an Land? Wäre unsere Lunge wie externe Kiemen gebaut, würden wir nach einer Schätzung täglich rund 500 Liter Wasser verlieren. Die empfindlichen Atmungsorgane terrestrischer Spezies sind daher meist ins Körperinnere verlagert. Unsere Lunge und viele andere tragen für die Aufnahme des Sauerstoffs aber noch ein Echo des ehemals wässrigen Mediums in sich – und sind in feuchten Schleim gekleidet.

Ex ovo omnia: Alles komme aus dem Ei, befand der englische Arzt William Harvey schon im 17. Jahrhundert. Beweise hatte er dafür freilich keine, wurden niedere Tiere doch immer noch auf die Spontanzeugung aus Schleim und Schlamm zurückgeführt. So berichtete etwa auch das große Werk zur Angelei von Izaak Walton zur selben Zeit davon, dass sich Frösche über den Winter zu Schleim verwandeln und im Frühjahr wieder daraus zurückkehren. Und auch von der menschlichen Fortpflanzung waren keine Eier bekannt, die im Übrigen erst 150 Jahre später vom deutschen Zoologen Ernst von Baer nachgewiesen wurden.

Wie also kam William Harvey, Leibarzt des Königs und berühmter Entdecker des Blutkreislaufs, zu seiner Erkenntnis? Er untersuchte akribisch die Entwicklung von Küken in Hühnereiern sowie anderer Embryonen und fand – wie nach ihm auch Ernst Haeckel – überraschend viele Übereinstimmungen. Die frühe Entwicklung der Vögel müsse wohl auch bei anderen Organismen entsprechend ablaufen, schlussfolgerte Harvey. Das Prinzip ist tatsächlich ähnlich, aber das umgebende Medium spielt eine entscheidende Rolle. Welcher Art sind also die Eier im Wasser und an Land?

Cape Cod ist eine Halbinsel, die sich unterhalb Bostons wie ein Bogen in den Atlantik krümmt. Bei meinem Besuch hat sich die Flut weit zurückgezogen und auf dem Sand bleiben Muscheln zurück, auf die sich sofort die Möwen stürzen. Ein roter Vielborster mit beeindruckenden Zangen windet sich in einer kleinen Pfütze und möchte sich eingraben. Und ein toter Plattfisch liegt verloren am Saum des Wassers. So unterschiedlich sie auch sind, ist den marinen Arten eines gemeinsam: Ob Wurm, Muschel oder Fisch, sie alle verpacken mit hoher Wahrscheinlichkeit ihre Eier in einer Hülle aus ausgehärtetem Schleim.

Die Verpackung aus Gel ist im Lauf der Evolution sogar mehrfach entstanden und wird von ganz unterschiedlichen Tiergruppen produziert, denen sie viele Vorteile bietet. Denn die wässrige Hülle schützt die Embryonen vor Austrocknung, lässt aber auch Sauerstoff ungehindert durch. Zudem kann sie mit antimikrobiellen Substanzen gespickt sein und vielleicht sogar mit Toxinen als Schutz vor Fressfeinden angereichert werden. Dies ist zumindest eine Theorie, um die gar so farbenprächtigen Eipakete vieler Meeresschnecken zu erklären: Das Signal könnte eine Warnung sein. Leider verzichten die großen Mondschnecken auf diesen visuellen Schockeffekt und ich muss den Strand am Cape ein wenig länger nach ihren unauffälligen Eipaketen absuchen. Auf Bildern erinnern mich die räuberischen Mollusken mit dem tief sitzenden Haus im weichen Leib ein wenig an eine schmelzende Kugel Eis. Lebend habe ich noch keines der Tiere zu Gesicht bekommen, die vor der Küste im Meer leben und dort vor allem andere Weichtiere fressen, bei Bedarf auch deren Schalen anbohren können. Vor der Küste graben sich auch die Weibchen in den weichen Meeresboden ein, um ihre Sandkrägen zu produzieren. Das ist eine Mischung aus winzig kleinen Eiern und Sandkörnern, die eine gelatinöse Matrix zu kunstvollen Konstruktionen erstarren lässt. Weil die Sandkrägen, wenn sie aushärten, um das Haus der Mutter gewickelt sind, nehmen sie eine gebogene oder sogar spiralige Form an, erinnern entfernt an die Pömpel der Klempner.

Auch in ihrer Konsistenz ähneln sie Gummi: Die Fragmente der Sandkrägen, die ich am Ende am Strand aufspüren kann, sind zu elastisch, um zu brechen. Gleichzeitig sind sie so fragil, dass das Sonnenlicht durch sie hindurchscheint.

Mit bloßem Auge kann ich Schneckeneier und Sandkörner nicht voneinander unterscheiden, vielleicht sind die durchscheinenden Jungtiere auch schon geschlüpft. Ich lege die Sandkrägen trotzdem zurück an den Saum der See, damit sie irgendwann die möglicherweise darin verborgenen Veligerlarven der Mondschnecken ins Meer entlassen können. Nicht alle marinen Arten können ihre Eimassen aber derart aufwendig verpacken. Korallen beispielsweise geben synchronisiert Ei-Spermien-Bündel ab. Von Schleim zusammengehalten steigen diese an die Oberfläche der See, wo sie zerbrechen und mit fremden Partnern zusammenkommen. Muscheln wiederum entlassen ihre Spermien wie auch die Eizellen kurzerhand in das offene Wasser, umgeben sie aber ebenfalls mit einer gelartigen Hülle. Schleim und gelatinöse Schichten scheinen also das Mittel der Wahl, um Eier im wässrigen Medium zu schützen, auch wenn sie bei Kontakt mit der Luft schnell austrocknen.

Deshalb müssen die im Erwachsenenalter terrestrisch lebenden Amphibien ihren gelatinösen Laich auch überwiegend in Frischwasser ablegen. Manche Arten wählen stattdessen ein wässriges Milieu an Land, investieren einer Studie zufolge dann aber mehr Zeit und Energie in die Brutpflege. Bizarre Beispiele finden sich hier: So halten manche Amphibien ihre Eier mit dem eigenen Urin feucht, während andere den Laich oder später auch die Jungen mit sich herumtragen. Das ist ein hoher und manchmal über Wochen andauernder Aufwand, der das Überleben des Nachwuchses unter besonders schwierigen Umständen sichern soll.

Wirklich unabhängig von Gewässern wurden erst die Reptilien. Denn sie lernten vor etwa 340 Millionen Jahren, ihre Eier in eine harte Schale aus Kalk zu verpacken und so vor Austrocknung zu schützen. Ihre Cousins, die Vögel und damit auch meine Möwen am Strand von Cape Cod, halten es genauso. Direkt unter der Schale liegt die zähe amniotische Membran, die den Embryo mit seinem Dotter als Proviant zusätzlich schützt. Noch ein wichtiger Bestandteil macht aber diese Art Eier aus: Es ist das gallertige und sehr viskose Albumen oder Eiklar. Der britische Ornithologe Tim Birkhead beschreibt das Albumen als »distinktes Nichts«, farblos und strukturlos, ein schlecht definierter Klumpen schleimartigen Materials. In Wahrheit sei Albumen aber absolut bemerkenswertes, mysteriöses Zeug mit vitaler Rolle im Ei, unter anderem als Wasser- und Proteinlieferant, als Puffer gegen physikalische Schäden – und als biochemische Brandmauer gegen Erreger.

Das distinkte Nichts ist eine essenzielle Barriere, weil es viele verschiedene Mikroben auf die Embryonen abgesehen haben. An vorderster Front im Kampf gegen diese Horden steht die Schale, aber auch die darunterliegende Membran kann

Bakterien wohl wie ein ultrafeines Netz abfangen. Kommt dennoch ein Erreger durch, hat er eine weite Strecke durch das Albumen vor sich. Ein Spießrutenlauf, weil die Gallerte neben vielen anderen antimikrobiellen Proteinen auch Lysozym enthält, das Bakterienwände zerstört. Und ein Marathon, weil das Albumen in Schichten unterschiedlicher Konsistenz angeordnet ist, von denen keine Nährstoffe oder anderweitig Nützliches für Mikroben enthält. Deren Reise durch das Albumen lässt sich nach Birkhead in etwa mit dem Treck eines Menschen durch die Wüste Atacama vergleichen.

Erst mit derart verpacktem Nachwuchs und kontrolliertem Wasseraustausch konnten die Amnioten trockenes Land erobern. Und wir Säuger? Wir behalten unser Junges einfach im Mutterleib, wo es über die Nabelschnur und Plazenta ernährt wird. Aber auch unser Nachwuchs ist von Flüssigkeit umgeben sowie vor Austrocknung geschützt. Die Lebendgeburt wie beim Menschen scheint oft eine Besonderheit von Säugern zu sein. Es gibt aber auch Reptilien, die dazu in der Lage sind – und manche halten sich alle Optionen offen. Forscher schätzen, dass mindestens 150 evolutionäre Schritte vom Eierlegen zur Lebendgeburt nötig sind, und der australische Skink *Saiphos equalis* scheint im Transit der Fortpflanzungsmethoden zu verharren. Bei dieser bis dahin als lebendgebärend bekannten Art wurde erstmals beobachtet, dass ein Weibchen zunächst einige Eier legte, wenige Wochen später aber ein Junges auf die Welt brachte. Warum der Wechsel? Vielleicht können die Tiere je nach ihren Umweltbedingungen zwischen den beiden Arten ihrer Fortpflanzung auswählen.

1 Die Veligerlarven mariner Mollusken treiben im Meer *2 Der Tiefseefisch* Pseudoliparis swirei *aus dem pazifischen Marianengraben* *3 Die Unterseite der Glasfrösche lässt innere Organe durchscheinen* *4 Anna Thynne, hier mit ihren Töchtern, 1850, hielt erstmals erfolgreich Meerestiere in einem Aquarium*

LEBEN UNTER WASSER

– Also bei zweiunddreißig Fuß unter der Meeresoberfläche hätten Sie einen Druck von siebenzehntausendfünfhundertachtundsechzig Kilogramm auszuhalten; bei dreihundertundzwanzig Fuß diesen Druck zehnfach, nämlich hundertfünfundsiebenzigtausendsechshundertachtzig Kilogramm; bei dreitausendzweihundert Fuß hundertfach, nämlich siebenzehnhundertsechsundfünfzigtausendachthundert Kilogramm; bei zweiunddreißigtausend Fuß endlich den tausendfachen Druck, nämlich von siebenzehn Millionen fünfhundertachtundsechzigtausend Kilogramm; d. h. Sie würden platt gedrückt, wie unter den Platten einer hydraulischen Presse!
– Teufel! sagte Ned.

JULES VERNE, *Zwanzigtausend Meilen unter'm Meer*

Im 19. Jahrhundert erfasste die viktorianische Gesellschaft ein Hype nach dem anderen, darunter auch die obsessive Lust am Farn. Es war das Zeitalter der Entdeckungen und jedermann wollte sein trautes Heim mit einem Stück mysteriösen Lebens schmücken. Als der Botaniker Nathaniel Bagshaw Ward einen versiegelten Glaskasten für lebende Pflanzen entwickelte, konnte sich vom einfachen Arbeiter bis zum Aristokraten endlich jeder der Pteridomanie hingeben, Farne also hegen, pflegen, züchten und studieren. Die Obsession ging so weit, dass manche Arten an den Rand des Aussterbens gedrängt wurden, während andernorts aus der künstlichen Nähe unterschiedlicher Spezies neue Hybride entstanden.

Die dichten Glaskästen öffneten aber auch den Blick in die bislang unbekannte Welt der Ozeane. Erste wissenschaftliche Expeditionen hatten bereits wundersame und wenig bekannte Wesen aus der Tiefe hochgeholt, etwa Korallen, Krabben oder Schwämme. Unter Wasser konnten sie kaum beobachtet werden, im Aquarium aber schon, wie Anna Thynne als Erste in London unter Beweis stellte. Marine Kreaturen wie Steinkorallen hielt sie über Jahre am Leben, ließ sie gedeihen und sich sogar vermehren. Das war kein leichtes Unterfangen, vor allem für das Personal: Mindestens einmal pro Tag musste ein Dienstmädchen das von der Küste nach London transportierte Meerwasser eine Dreiviertelstunde lang belüften, also am offenen Fenster von einem Gefäß in das andere gießen.

Ihre Ergebnisse veröffentlichte Thynne zusammen mit Philip Henry Gosse, der selbst wenig später Bücher über die Aquaristik schrieb und so das Hobby massentauglich machte. Wer auf sich hielt, ließ ein bisschen Unterwasserwelt im heimischen Salon wogen, und auch die großen Städte zogen nach. Von London über Berlin bis New York wurden riesige Aquarien als Attraktion für die Bevölkerung angelegt. Doch so einfach ließ sich exotische Natur nicht für den Hausgebrauch zähmen. Es war zu dieser Zeit schlichtweg unmöglich, die Bedingungen in den Aquarien konstant zu halten, die Sauerstoffzufuhr blieb ein Problem und die empfindlichen Tiere gingen reihenweise ein.

Nach kurzer Zeit verlor die Öffentlichkeit die Begeisterung an den aquaristischen Ausstellungen, in denen häufig nur mehr siechende Tiere in trübem Wasser dümpelten. Das Unterwasserfieber verebbte, das Interesse am Ozean aber blieb im Zeitalter der marinen Erkundung erhalten, vor allem dank der mehrjährigen Expedition der HMS Challenger. Die Meeresbiologin Antje Boetius und ihr Vater, der Schriftsteller Henning Boetius, ziehen in ihrem Buch *Das dunkle Paradies* Bilanz: Während der fast 70000 Meilen langen Reise mit 374 Tiefseelotungen, 255 Messungen der Temperatur in der Tiefsee und 240 Schleppnetzzügen sei ein erstes, wenn auch unscharfes Bild der Ozeane und ihrer Strömungen entstanden. Dazu gehören auch Tausende bislang unbekannter Arten von Meerestieren.

Widerlegt war nun auch die Abyssus-Theorie, wonach unterhalb von 550 Metern im Ozean nur eine tote Tiefsee zu finden sei und kein Leben existieren könne. Außerdem gelangen laut Vater und Tochter Boetius »fantastische Zufallstreffer« wie eine Messung am 23. März 1875, bei der die Lotleine nahe der pazifischen Insel Guam schier endlos ausgelaufen sei und erst bei etwa 8100 Metern den Grund erreicht habe: »Es ist, als habe man den Eingang zur Hölle gefunden.« Die Stelle wurde Swire Deep nach Herbert Swire genannt, einem Offizier an Bord. Sie gehört zum Marianengraben, einer Tiefseerinne, in der sich mit dem knapp 11000 Meter tiefen Challengertief auch die abgründigste Untiefe auf unserem Planeten findet.

So tief unter Wasser herrscht ewige Dunkelheit mit Temperaturen nahe dem Gefrierpunkt und einem Druck, der tausendfach höher ist als auf Meeresniveau. Hadalzone heißt der Bereich ab etwa 6000 Meter Tiefe und erinnert an Hades, den Gott der griechischen Unterwelt, und sein Reich. Tiere sollten hier kaum überleben können, wurde zumindest vermutet, bis Forscher erstmals mit ihren Geräten in die Hölle der Tiefsee vordrangen und vor wenigen Jahren zu ihrer eigenen Überraschung einem Geschöpf begegneten, das wie so viele andere Lebewesen auf Gallerte und Schleim setzt, um sich an sein marines Habitat anzupassen.

Hadal snailfish ließe sich als Schneckenfisch der Hadalzone übersetzen, dabei wirkt das Tier wenig gemächlich, schwimmt sogar höchst aktiv umher. Tatsächlich gehört er zu den sogenannten Scheibenbäuchen (*Liparidae*), von denen bereits mehrere Hundert Spezies in verschiedenen Farbschattierungen bekannt sind, viele davon in den Tiefseegräben der Welt. Die Art *Pseudoliparis swirei* – auch sie benannt nach dem Offizier der Challenger – lebt mehr als acht Kilometer unter dem Meeresniveau, was ihre Vertreter zu den am tiefsten lebenden Fischen und damit zu Rekordhaltern macht. Es ist eine erstaunliche Leistung für das muntere Tier mit dem rosafarbenen Körper, entspricht der Wasserdruck am Fundort doch dem Gewicht eines Elefanten auf einer Fingerspitze. Wie kompensieren die Tiere die beträchtliche Belastung in diesem Habitat?

Der schuppenlose *snailfish* erinnert mit dem bauchigen Körper, der in einen flach undulierenden Schwanz ausläuft, an eine übergroße Kaulquappe. Er ist leicht durchscheinend, was an den gelatinösen Strängen liegt, die sich durch das Gewebe ziehen. Die gallertige Matrix hilft, den hohen Druck auszuhalten, sorgt für Auftrieb und macht wohl stromlinienförmiger. Viele Tiefseefische bilden derartige Gallerte, die als hochhydriertes Material energetisch billig aufzubauen ist, also schneller als etwa Muskeln Körpermasse verschafft. Dafür funktioniert sie nur unter Druck: Wird der *snailfish* aus der Tiefsee nach oben geholt, schmilzt sein Gewebe. Der ebenfalls gelatinöse Blobfisch (*Psychrolutes marcidus*) wurde im Jahr 2013 sogar zum hässlichsten Tier der Welt erkoren, obwohl sein missmutig verrutschtes Lächeln nur Ausdruck des kollabierten Gewebes war.

Eine Kuriosität: An Land schützen sich ebenfalls Organismen mithilfe von Gelsträngen vor mechanischem Stress. Viele Laubbäume begegnen der Dehnung an der Oberseite ihrer Äste mit sogenanntem Zugholz, dessen Fasern gelatinöse Schichten enthalten. Aber zurück ins Meer, wo sich die Gelkörper nicht nur in der Tiefsee finden. Auch Quallen, Rippenquallen, Tunikaten, manche Kraken und viele andere Tiere sowie vor allem planktonische Larven sind zum größten Teil aus gelatinösem Material aufgebaut. Bei den Quallen und Rippenquallen besteht der Körper aus gallertiger Mesogloea, eine hochhydrierte Matrix, in die lange elastische Fasern eingebettet sind. Sie macht die Ohrenqualle *Aurelia aurita* zum

Meisterschwimmer im Ozean, wie der Biophysiker John Dabiri zeigen konnte. Der Schirm des Tieres pulsiert auf eine Weise, dass Wasser an der Oberfläche abrollt und ein Sog am Scheitelpunkt entsteht, der die Qualle ohne weiteren Energieverbrauch in einer Art Saugbewegung nach vorne zieht.

1 *Die Ohrenqualle* (Aurelia aurita) *pflegt einen besonders effizienten Schwimmstil* 2 *Der gelatinöse Blobfisch gilt als eines der hässlichsten Tiere der Welt* 3 *Dank seines schleimigen Mundes kann der Lippfisch* (Labropsis australis) *unbeschadet Korallengewebe einsaugen*

Das ist ein erstaunliches Maß an Effizienz für ein biologisches Billigmaterial, das aus nicht viel mehr als Wasser besteht. Es bietet aber einen entscheidenden Vorteil im offenen Ozean, der Wasserwüste ohne steinigen Uferbereich, ohne Algenwald oder sonstigen Unterschlupf für wehrlose Beutetiere, die sich entsprechend an diese Umgebung anpassen müssen – und transparent sind. Vertreter verschiedener Gruppen haben auf Glibber umgestellt, weil das wässrige Material kaum Licht absorbiert oder reflektiert. Die Augen und der Verdauungstrakt bleiben weiterhin pigmentiert, können aber getarnt werden. Das Krebstier *Cystisoma* mit den gigantisch großen Augen, das die Länge einer Hand erreichen kann, gehört dazu – und ist fast unsichtbar. Wie schwer das Geschöpf auch für Profis zu entdecken ist, hat mir die Biologin Karen Osborn in einer E-Mail geschildert. Meist sehe man das Tier, das sich ihrer Beschreibung nach wie eine feste Tüte aus Zellophan anfühlt, weil man nichts sehe, schreibt sie: »Wenn du ein Netz voller Plankton hochziehst, siehst du eine leere Stelle. Warum ist da nichts? Du greifst rein und ziehst *Cystisoma* raus.«

Ein weiteres bekanntes Beispiel sind die *Cranchiidae* oder Gallertkalmare, von denen es ein paar Dutzend Arten mit einer Körperlänge von wenigen Zentimetern bis zu zwei Metern gibt und die fast alle transparent sind. Wie perfektionieren diese Tintenfische ihre Tarnung? Ihre Augen können sie beleuchten, um sie weniger sichtbar zu machen, während ihre dunkle Verdauungsdrüse rotiert. Das leberähnliche Organ ist geformt wie eine Zigarre und beweglich. Wie sich der Kalmar im dreidimensionalen Raum auch bewegt, stellt sich die Drüse als biologische Kompassnadel doch immer aufrecht. Jäger, die aus der Tiefe des Ozeans auf der Suche nach dunkel sich abhebender Beute nach oben spähen, müssen das nadelspitze Ende des Organs ausmachen, das bei manchen Gallertkalmaren zudem beleuchtet und damit praktisch unsichtbar ist.

Auch ein paar terrestrische Spezies versuchen sich optisch in Luft aufzulösen, darunter der transparente Glasfrosch, manche Schnecken und Schmetterlinge mit diaphanen Flügeln. Hochhydrierte Gallertkörper ahmen Wasser aber viel besser nach als die viel weniger dichte Luft. Eine Tatsache, die auch H.G. Wells ins Schwitzen gebracht haben muss, der als Autor seine Romane gern mit solider Wissenschaft untermauerte. In *The Invisible Man* aber muss er den transparenten Körper des in typischer Hybris fehlgegangenen Wissenschaftlers Jack Griffin plausibel und in aller Konsequenz erklären – bis hin zum gerade gegessenen Käse, der sich ›geisterhaft‹ durch den ungesehenen Verdauungstrakt bewegt.

»Unsichtbar!«, sagte er. »Gibt es so etwas wie ein unsichtbares Tier? (…) In der See, ja. Tausende – Millionen. All die Larven, all die winzigen Nauplii und Tornaria, all die mikroskopisch kleinen Dinge, die Quallen. Es gibt mehr unsichtbare Dinge in der See als sichtbare! Daran habe ich nie zuvor gedacht. Und in den Teichen ebenfalls! All diese kleinen Dinge des Lebens in einem Teich – Pünktchen aus farblos durchscheinender Gallerte! Aber in der Luft? Nein! Das kann nicht sein. Aber letzten Endes – warum nicht? Wäre ein Mann aus Glas gemacht, wäre er immer noch sichtbar.«

H. G. WELLS, *The Invisible Man*

Um ein Detail drückt sich Wells: Sein zunehmend mörderischer Antiheld behält seine Knochen und Muskeln, die eben nur unsichtbar geworden sind. Eine materielle Alternative ist auch kaum vorstellbar. Zumindest bei landlebenden Spezies, die auf stabile Stützstrukturen angewiesen sind. Marine Arten sind hier im Vorteil und das Wasser bleibt das bevorzugte Habitat durchsichtiger Fauna. Für bessere Überlebenschancen muss aber nicht immer der gesamte Körper aus Gallerte bestehen. Es gibt andere schleimige Methoden, etwa die Verdunklungstaktik mancher Meeresschnecken, die purpurne Wolken toxischer Tinte mit einer Dosis Schleim abgeben, um Fressfeinde in die Flucht zu schlagen.

Manche Tintenfische setzen hier sogar noch eins drauf. Sie mischen nach Bedarf mehr Schleim bei, um ihre dunkle Nebelbombe zu stabilisieren oder sogar Pseudomorphe zu erzeugen. Das sind mehr oder weniger tintenfischförmige und tintenfischgroße Doppelgänger, wobei die Tinte nur lange genug im Wasser stehen bleiben muss, um den Jäger abzulenken. Wie ein schnellfeuernder 3-D-Drucker kann eine Art sogar mehrere Pseudomorphe hintereinander aufreihen und sich dann unauffällig unter die Schleimkameraden mischen. Nicht in jedem Fall droht aber Lebensgefahr, wenn Tiere Glibber zur Ablenkung nutzen, dem Papageienfisch geht es schlicht um eine ruhige Nacht im Riff. Hüllt er sich von Kopf bis Schwanzflosse in eine diaphane Schleimhülle, bleibt er von parasitischen *Gnathiidae* verschont, der marinen Variante unserer Zecken.

Sollten sich diese oder andere Quälgeister dennoch festgesetzt haben, müssen die geplagten Opfer nur zur Riffreinigung. Dort hausen Putzerfische, die Parasiten von der Haut größerer Fische picken. Ohne gegenseitiges Vertrauen geht es nicht, weil die kleinen Helfer selbst im offenen Maul zwischen spitzen Zähnen ihre Arbeit verrichten. Es scheint aber, dass die Raubfische in eine Art Trance verfallen und der Beißreflex ruht – erst kommt die Hygiene, dann das Fressen. Den Putzerfischen kommt das gelegen, denn wenn ihre Kunden geistig weggetreten sind, können sie unbemerkt auch nahrhaften Schleim von deren Haut picken.

Diskusfische spenden das Gel sogar freiwillig, wenn sich beide Eltern von ihren Jungen rund einen Monat lang den jetzt besonders reichhaltigen und mit Immunfaktoren gesättigten Schleim von der Haut fressen lassen. Die Fürsorge führt im Lauf der Wochen allerdings zum Konflikt: Die Jungen schnappen immer häufiger zu, die Eltern wechseln sich immer schneller ab – und streiken am Ende. Es ist ein besonderes Modell der Brutpflege, das Forscher eher mit Säugern und Vögeln vergleichen als mit anderen Fischen, während der Kannibalismus an die amphibischen Blindwühlen an Land erinnert, bei denen die Mutter von ihren Jungen wiederholt geschält wird, wenn sie ihre dicke Oberhaut abfressen.

Wenn junge Putzerlippfische der Art *Labropsis australis* Schleim von ihren Eltern wollten, müssten sie sie einfach nur küssen. Das fleischige Maul der Tiere ist ähnlich wie Pilzlamellen in feine Falten gelegt, aus denen Schleim strömt. So können die Tiere das Gewebe von Korallen absaugen, ohne an deren Kalkskelett und Nesselkapseln Schaden zu nehmen. Eingeweidefische wiederum brauchen ihren üppigen Hautschleim für den Weg nach Hause. Er ist ihr Gleitmittel, das sie an einem ganz und gar unerwarteten Ort unterschlüpfen lässt – dem Hinterteil einer Seegurke. Zukneifen gilt nicht, weil die Stachelhäuter über den Anus auch atmen und dabei von den langgestreckten Parasiten geentert werden können, die sich manchmal sogar zu mehreren einen Wirt teilen.

Encheliophis-Eingeweidefische fressen auch noch das Gewebe der Seegurke, während andere Vertreter hier wohl nur Zuflucht in einer ansonsten feindlichen

Umgebung suchen. Dabei ist das Innere einer Seegurke nicht nur aus naheliegenden Gründen nicht sehr einladend. Zum einen können die Stachelhäuter ihre fadenförmigen Eingeweide von sich schleudern, was die inneren Parasiten nicht zu stören scheint, aber Fressfeinde fernhält. Zum anderen taugen die Innereien auch zur Abwehr, weil sie sehr klebrig sind und starke Toxine enthalten. Wie also deckt sich das mit John Steinbecks Beobachtung, dass die Eingeweidefische viel Zeit in den Seegurken verbringen? Ganz einfach, eine schützende Schleimhülle lässt sie die toxische Umgebung tolerieren. Das Gel ist besonders dick, wenn auch nicht einzigartig: Die meisten Fische sind von Schleim bedeckt, um besser im Wasser und durch enge Öffnungen gleiten zu können, um Mikroben und Parasiten fernzuhalten und für eine Vielzahl anderer Funktionen.

In einer Seegurke entdeckten wir einen kleinen Parasitenfisch, der tief im Anus lebte. Er bewegte sich sehr geschmeidig hinein und heraus und ruhte immer mit dem Kopf nach innen. In der Pfanne trieben wir diesen Fisch durch einen leichten Druck auf den Körper der Seegurke ins Freie, doch er kehrte rasch in den Anus zurück. Die farblose, blasse Erscheinung des Fisches legte nahe, dass er dauerhaft dort lebte.

JOHN STEINBECK,
Logbuch des Lebens

Meeressäuger sollten es da schwerer haben, weil ihre Haut ursprünglich an das Leben an Land angepasst war. Viele Wale sind deshalb auch über und über mit Parasiten und anderen blinden Passagieren besetzt. Pilotwale dagegen, die eigentlich zu den Delfinen gehören, haben eine sehr glatte Haut, die sich selbst reinigen kann. Die Zwischenräume ihrer Zellen geben eine Art Schleim mit Enzymen ab, der Unebenheiten ausfüllt und Schädlingen das Andocken erschwert. In anderen Fällen wirkt Hautschleim allerdings als unfreiwilliges Leuchtfeuer, das Parasiten anlockt, die auf diese Weise gezielt einen passenden Wirt ausmachen.

Der Hakensaugwurm *Entobdella soleae* beispielsweise verankert sich nur in der Haut von Seezungen, die seine Larven unmittelbar nach dem Schlüpfen finden und infizieren müssen. Dieser kritische Prozess findet bevorzugt morgens statt, wohl weil die nachtaktiven Seezungen ihre Tage halb begraben im Sediment zubringen, also leichter für die Parasiten zu befallen sind. Ganz unabhängig vom Tag-Nacht-Wechsel schlüpfen die Larven aber sofort, wenn sie den Schleim einer Seezunge wittern, die sich nahe oder auf den Wurmeiern niedergelassen hat. Die Larven eines anderen Parasiten reagieren sogar ausschließlich auf den Schleim und ähnliche Signale eines Rochens, um innerhalb von Sekunden das Ei auf der Suche nach diesem Wirt zu verlassen.

Das sind extreme und hoch spezialisierte Fälle. Aber Schleime geben auch einer Vielzahl harmloser Larven im Meer Orientierung. So treibt der mikroskopisch kleine Nachwuchs von Würmern, Muscheln, Korallen, Krebstieren, Schwämmen und anderen marinen Tieren auf der Suche nach einem guten Standort als Plankton durch die See. Sie haben nur eine Chance, um sich niederzulassen und die Metamorphose in ihre erwachsene und oft sesshafte Form zu durchlaufen. Der Ort für die Verwandlung muss also gut gewählt sein und zweifelsohne spielen viele Faktoren in der Umwelt eine Rolle. Ein Merkmal aber ragt heraus und manche Forscher vermuten darin bereits einen universellen Mechanismus: Viele Jungtiere reagieren auf mikrobielle Biofilme und sind dabei manchmal extrem wählerisch. Die Larve des Wurms *Hydroides elegans* beispielsweise verweigert die Anheftung ohne Biofilm und scheint sogar auf ganz bestimmte Bakterien angewiesen zu sein.

Für Forscher gäbe es also gute Gründe, zu Schleimfanatikern zu werden: Es gibt bei diesen Prozessen noch viel zu entschlüsseln. Manchmal aber wird dank Schleim auch nur die Arbeit leichter und weniger gefährlich. Statt Walen und anderen Meeressäugern in aufwendiger Prozedur Gewebeproben zu entnehmen, wird nun Schleim gesammelt, den die Tiere beim Ausatmen über das Blasloch versprühen. Das geht sogar per Drohne. Der Schleim enthält Zellen der Tiere, verrät aber auch viel über das Mikrobiom ihrer Lunge – sowie mögliche Leiden. Trotz aller Vorsorge kommt irgendwann aber auch für einen Wal jede Hilfe zu spät und es schlägt die Stunde der knochenfressenden Schleimblume. *Osedax mucofloris* ist ein in Glibber gehüllter Wurm, der am Meeresboden letzte Nährstoffe und Fette aus Knochen absorbiert, bevorzugt aus Walskeletten. Alle *Osedax*-Arten verankern sich über wurzelartige Ausläufer im Knochengewebe, wobei wohl ähnlich wie bei Pflanzenwurzeln auch hier hilfreiche Bakterien eine entscheidende Rolle spielen.

Das Aussaugen von Knochen in der Tiefsee ist ein einsames Geschäft. Deshalb halten sich viele der Weibchen einen Harem von manchmal mehr als hundert Zwergmännchen in ihrer Schleimhülle. Ansonsten lösen sie die Knochen mit Säure auf, wobei Teile des Wurzelwerks ebenfalls von Schleim bedeckt sind, der möglicherweise die sauren Bestandteile liefert oder aber das Tier selbst schützt und in den bröckelnden Knochen stabilisiert. Andere marine Bodenbewohner halten dagegen einfach maßgeschneiderte Schleimstrukturen in die Strömung, um Beute zu machen. Das erinnert ein wenig an die Netze von Spinnen an Land. Dank dieser Taktik können sich beispielsweise die Wurmschnecken (*Vermetidae*) ihr gesamtes Leben lang in festzementierten Kalkröhren aufhalten, die langgestreckt oder vielfach gewunden wie aufgedröselte Schneckenhausspiralen sind.

Vom Eingang aus schießen sie über zwei Tentakeln Schleimnetze ins offene Wasser, die sich zu einem zarten Gespinst vereinen, wenn die Tiere in Kolonien siedeln. Dieser schleimige Schleier kann Korallengewebe zerstören, enthält also wohl auch chemische Waffen. So komfortabel diese Lebensweise auch ist, lässt sie echte Nähe kaum zu. Aber wer muss sich schon treffen, wenn er flexible Schleimfallen hat? Die Männchen geben ihre Spermapakete ins offene Wasser ab, wo sie den Weibchen ins Netz gehen, also an deren Schleimangeln kleben bleiben, um bequem eingeholt zu werden.

Das ist außergewöhnliche Beute, aber grundsätzlich ist Schleim vielfach das Mittel der Wahl bei der Jagd im Ozean. Mit seiner Hilfe filtern Würmer, Schnecken und andere Invertebraten das Sediment, sieben das Wasser aus oder treiben mit dem Schleimsegel durch die See. Aber Haie? Tatsächlich finden auch diese Raubfische ähnlich wie Rochen Beute, indem sie ihre Lorenzinischen Ampullen mit Glibber füllen. Das sind besondere Poren und Kanäle in der Haut, die als Sinnesorgan auch kleinste Druckveränderungen erspüren. Bewegt sich selbst in weiter Distanz ein Organismus, kann er über die Schleimantennen geortet werden. Pech für den Hai, wenn ihn die Jagd dann zu einem Schleimaal führt. Diese Tiere hüllen sich blitzschnell in eine große Schleimwolke und die Räuber müssen meist unverrichteter Dinge wieder abziehen. Dem Rochen wird auf ähnliche Weise der beherzte Biss in den Seestern *Pteraster tesselatus* vermiest, der einen Hohlraum unter seiner Oberfläche in kurzer Zeit mit so viel Glibber füllt, dass der ungenießbare Schleimstern buchstäblich überläuft.

1 *Der Europäische Laubfrosch* (Hyla arborea) *ist leuchtend grün gefärbt* 2 *Die amphibische Art* Caecilia pachynema *gehört zu den Blindwühlen* 3 *Der Rauhäutige Gelbbauchmolch* (Taricha granulosa) *sekretiert ein tödliches Toxin*

ZWISCHEN WELTEN WANDELN

Gewiß ist es wenigstens, daß die meisten heßlich aussehen, eine garstige, unangenehme Farbe haben, und mit einem widerwärtigen und öfters stinkenden Geruch begleitet werden. Ihre Haut ist kahl, schleimig und kalt, die Stimme heischer, das Gesicht heimtückisch, der Gang oder die Bewegung träge.

CARL VON LINNÉ, MARTINUS HOUTTUYN

Des Ritters Carl von Linné vollständiges Natursystem: Th. Von den Amphibien

Grün, grün, grün sind alle seine Kleider: Eine frühe Erinnerung bringt mich zurück in unseren Garten, wo ich bäuchlings neben meinem Vater zwischen Blumenrabatten und der Garage auf dem Rasen liege, Auge in Goldauge mit einem Frosch, der sich im frühlingsfrischen Gras schockierend grün abhebt. Seine Zehen enden in Haftscheiben, seine Mimik ist melancholisch und doch verwegen, was den dunklen Zorrostreifen von den Augen bis zu den Hinterbeinen geschuldet sein mag. Habe ich ihn berührt oder täuscht die Erinnerung an seine Haut, zart wie Seidenpapier unter meinen Fingern? Es ist ein Laubfrosch, ein dumpfer Name für dieses Juwel von einem Tier. In der Literatur ist er aber auch als Baumkleber oder Wetterfrosch sowie – und das passt wie maßgeschneidert auf den zierlichen Leib – als Grünrock bekannt.

Ganz einfach ist er nicht zu fassen, kein Wunder, als Vertreter der Amphibien, die ihre Ambivalenz im Namen tragen, der sich vom griechischen *amphí* für ›beide‹ und *bíos* für ›Leben‹ ableitet. Diese Tiere führen ein Doppelleben, beginnen nach dem Schlüpfen meist als algenfressende Kaulquappen im Wasser, wandeln sich aber in einer außerordentlichen Metamorphose zu Karnivoren an Land. Das aquatische Erbe bleibt erhalten: Ausgewachsene Amphibien sind überwiegend auf feuchtkalte Habitate angewiesen. In diesem Kapitel geht es um Grenzgänger in der Natur, die ihr Leben zwischen und in unterschiedlichen Sphären mit der Hilfe von Schleim meistern. Keiner kann das besser als die Amphibien, deren

Schleim die Haut schützt und atmen lässt, Räuber abwehrt, Beute macht, die Eier bewahrt und bei der Paarung hilft – als erotischer Kick für die Männchen.

Die erste Gruppe der *Anura* umfasst die Frösche und die Kröten, wobei Letztere aus biologischer Sicht auch Frösche mit dicker Haut und kurzen Beinen sind. Salamander und Molche bilden die *Urodela* und die mysteriösen Blindwühlen machen allein die *Gymnophiona* aus. Schleim brauchen sie alle. Zuerst soll es aber um andere Grenzgänger gehen, etwa in der Gezeitenzone des Meeres. Wer hier lebt, muss mit extremen Umweltschwankungen zurechtkommen. Stündlich, täglich und im Jahresverlauf wechseln sich Austrocknung und Überflutung ab, der Salzgehalt im Milieu und die Temperaturen schwanken drastisch. Grenzgänger sind beispielsweise die Strandschnecken, die sich bei Ebbe in ihr Heim im Gestein verziehen und mit Schleim gegen den Wasserverlust abdichten. Grenzgänger sind aber auch Diatomeen, also Kieselalgen, die tagsüber im offenen Wasser oder im Schaum der Ozeanoberfläche treiben. Gegen Abend sinken sie nach unten und lassen sich mit den Wellen an die Küste tragen, um sich mit Klebeschleim an Sandkörnern anzuheften. Wie schiffsmüde Seemänner verbringen sie ihre Nächte an Land, streifen am Morgen aber den schleimigen Anker ab und lassen sich erneut aufs Meer hinausspülen. Weil diese Einzeller so zahlreich sind, hinterlassen sie genug Glibber, um ganze Küstenstreifen in Form zu halten.

Eine Grenze ganz anderer Art müssen das Diatom der Art *Melosira arctica* und andere Mikroorganismen im Meereis überstehen. Hier ist der Schleim ein Antigefriermittel, das die einzelligen Algen sogar noch bei Temperaturen bis unter −10 Grad Celsius schützt. Die dabei sekretierten Exopolymere verändern auch hier das gesamte Habitat, schmelzen Kanäle und Poren in das Meereis. Fast so tiefe Temperaturen kann die Napfschnecke *Patinigera polaris* überstehen, die in antarktischen Gewässern vorkommt und dort zuweilen einfrieren kann. Die Tiere hüllen sich dann in Schleim, der die Ausbreitung extrazellulären Eises verhindert. Ohne die Gelhülle steigt die Todesrate der Schnecken an, wobei noch unklar ist, ob der Schleim nur über seine erhöhte Viskosität wirkt, die den Gefrierpunkt ohnehin senkt, oder ob er spezielle Fähigkeiten hat. Das gibt es, wie ein antarktischer Drachenfisch (*Gymnodraco acuticeps*) beweist: Das schuppenlose Tier produziert Antigefrier-Glykoproteine, die sich anders als bei anderen Polarfischen aber nicht im Blut befinden – sondern im Schleim an der Außenseite des Körpers.

Bei der flügellosen Fliege *Belgica antarctica* wurde dagegen ein spezielles Antigefriergel nachgewiesen, als Schutz für die Eier. Die Tiere kommen in der Antarktis vor, wo sie sich während der kurzen Sommer in großen Schwärmen paaren. Wenn die Weibchen ihre Eier gelegt haben, dauert es über einen Monat, bis die Jungen schlüpfen, die dann noch zwei Jahre für ihre Metamorphose zum ausgewachsenen Tier brauchen. Die meiste Zeit davon verbringen sie eingeschlossen in Eis. Die Temperatur ist aber auch schon für die Gelege eine Gefahr, weil die Tage sehr warm sein können, die Nächte aber immer wieder unter den Gefrierpunkt fallen. Dafür hüllen die Weibchen jedes Ei in ein klares Gel, das diese Schwankungen abfängt und dank spezieller Bestandteile als Antigefriermittel wirkt, aber auch vor Austrocknung schützt.

Kälte ist kein Problem im Habitat anderer Grenzgänger: Amphibische Fische wie der Schlammspringer pendeln in den Mangroven der tropischen Gezeitenzonen zwischen Wasser und Land, wo sie mehrere Tage überleben und sich mithilfe ihrer kräftigen Brustflossen bewegen können. Sie atmen über die Schleimhäute in Mund und Rachen, produzieren aber auch eine antimikrobielle Gelschicht auf der Haut, um möglichst reibungslos voranzukommen. In diesen modernen Spezies sehen viele Forscher ein Echo der Zeit, in der Wirbeltiere erstmals terrestrisch wurden. Diese Pioniere stammten von Knochenfischen ab, die bereits im Wasser die Lungenatmung erfunden hatten. Amphibische Fische von heute sind keine evolutionären Relikte, könnten aber Hinweise liefern, wie die ersten Amphibien vor Jahren an Land kamen und sich eine Zeit lang mangels Konkurrenz an der Spitze der Nahrungskette etablierten.

Die Haut der meisten Amphibien muss mit Schleim, antimikrobiellen Wirkstoffen oder sogar Toxinen vor Erregern, Fressfeinden und anderen Gefahren bewahrt werden. Der Asiatische Riesensalamander – der moderne Abkömmling von Karel Čapeks fiktiven Molchen – gibt bei Irritationen sogar so viel stinkenden Schleim ab, dass das Tier auch als *snot otter* oder Rotzotter bekannt ist. Das widerliche Gel hat aber medizinisches Potenzial, wie kürzlich gezeigt wurde: Es kann zumindest im Tiermodell Wunden extrem schnell verschließen, voll verheilen lassen – und wird nach getaner Arbeit auch noch rapide abgebaut. Es überrascht nicht, dass ausgerechnet Amphibien vielseitige Schleime bilden, ist ihre Haut doch eine poröse Barriere für Wasser und Gase. Der Schleim schützt vor Austrocknung und löst den Sauerstoff, den viele Arten nur in dieser Form über die Haut aufnehmen können.

Das funktioniert bei Fröschen so gut, dass sie ganze Winter unter Wasser zubringen können, was ihnen wohl den Ruf als schleimige Gestaltwandler eingebracht hat. Dicker Krötenhaut gelingt das nicht ganz so effizient und Weibchen können bei der Paarung im Wasser ertrinken, wenn sich zu viele Männchen auf einmal anklammern. Ihre wenig schleimige Haut hat noch einen Nachteil: Die Tiere sind für Fressfeinde selten zu glitschig und kompensieren dies vielleicht, indem sie über Hautdrüsen potente Toxine abgeben. Das kann auch der Rauhäutige Gelbbauchmolch (*Taricha granulosa*) von der amerikanischen Westküste, der eigentlich ein Salamander ist. Er sekretiert Tetrodotoxin, das selbst einem Menschen gefährlich werden kann.

... manche Landfrösche wurden von ihm beobachtet, wie sie brüten, indem sie Eier legen, und andere brüten aus Schleim und Staub der Erde, und dass sie im Winter wieder zu Schleim werden und im nächsten Sommer kehrt derselbe Schleim zurück, um eine lebende Kreatur zu sein; das ist die Ansicht von Plinius.

IZAAK WALTON, *The Compleat Angler Or the Contemplative Man's Recreation*, 1653

Das macht verwegen: An einem trüben Regentag in der Dämmerung in einem Wald in Oregon kriecht mir einer der Salamander, dessen dunkler Körper sich kaum vom Boden abhebt, fast unter den Schuh. Anstatt wegzulaufen, will er aber lieber mich in die Flucht schlagen und verrenkt sich in ein extremes Hohlkreuz, um seine leuchtend orange Bauchfärbung zu präsentieren. Das ist der Unkenreflex und die Warnung nicht mehr zu übersehen. Mich hält er mit der Aktion auf Abstand, die Strumpfbandnatter dürfte er aber kaum abschrecken. Sie hat sich im Lauf ihrer Koevolution mit dem Salamander auf diese gefährliche Beute eingestellt: Sein Gift kann ihr nichts mehr anhaben.

Die Todesotter im Norden Australiens kann sogar mehrere Abwehrmaßnahmen konterkarieren – mit ein wenig Geduld. Bei Angriffen sekretiert der marmorierte Sumpffrosch (*Limnodynastes convexiusculus*) einen extrem klebrigen Schleim, während der Wasserfrosch (*Litoria dahlii*) ein tödliches Toxin abgibt. Die Todesotter schlägt trotzdem zu und wartet einfach, weil der Schleim hart wird und das Toxin zerfällt, wenn auch unterschiedlich schnell, was die Schlange zu wissen scheint. Beim Sumpffrosch wartet sie nur zehn Minuten mit dem Fressen, beim Wasserfrosch dagegen geschlagene vierzig Minuten. Es ist ein evolutionäres Aufrüsten zwischen amphibischer Abwehr und entsprechender Gegenwehr der Feinde, wobei ein Übeltäter nun vielleicht die Oberhand behalten könnte.

In den 1980er-Jahren häuften sich Berichte von Biologen über verschwundene Amphibienarten. Ursache unbekannt. Mittlerweile hat sich der Schuldige als pathogener Pilz entpuppt, der die empfindliche Haut befällt. Der Erreger hat sich vermutlich von Asien aus verbreitet und trifft nun weltweit auf Amphibien ohne Abwehr. Hunderte Spezies hat er bereits an den Rand des Aussterbens getrieben, einige sind wahrscheinlich schon verschwunden. Ähnlich dramatisch ist nun auch die Lage bei den Salamandern, denen ein verwandtes Pathogen den Garaus macht. Die verzweifelten Rettungsversuche der Herpetologen zielen unter anderem darauf ab, die Immunantwort der Tiere zu stärken. Das Vorbild könnten resistente Frösche und Salamander sein, vor allem ihre Schleimschicht, die darin enthaltenen Abwehrstoffe und das möglicherweise bei der Abwehr behilfliche Mikrobiom.

Früh vermisst wurde der australische Magenbrüterfrosch, eine Kuriosität sogar unter Amphibien. Hier schlucken die Weibchen die Eier und brüten sie im Magen aus, um die reifen Jungtiere mit Schwung zu erbrechen. In der temporären Gebärmutter gibt der Nachwuchs Schleim ab, der die Produktion der Magensäure dämpft. Die Forschung versprach sich hier Anregungen für therapeutische Säureblocker, doch die Tiere waren zu schnell verschwunden. Australische Forscher möchten sie nun aber im Lazarus-Projekt wieder zum Leben erwecken. Die DNA der Magenbrüterfrösche wurde dafür in die Eizelle einer verwandten Art transferiert. Noch haben sich aber keine Kaulquappen entwickelt. Ob der Heimatgeruch fehlt?

Zur Paarungszeit werden die meisten Frösche und Kröten vom Ort ihrer Geburt angezogen, selten von anderen Gewässern. Vielleicht liegt dann ein betörender Geruch in der Luft, den sie über ihre sensitive Haut intensiv riechen, schmecken und erspüren. Die Männchen umklammern die Weibchen spätestens vor Ort fest von hinten im Amplexus, einem eisernen Griff. Sind die Arme wie bei der afrikanischen Froschart *Breviceps adspersus* zu kurz, kleben sich die Männchen kurzerhand mit Schleim am Rücken des Weibchens fest. Im Liebesrausch sind paarungswillige Tiere allerdings wenig wählerisch, selbst Fische werden gepackt und online kursieren die Bilder einer australischen Python, auf deren Rücken nicht weniger als zehn paarungswillige Krötenmännchen reiten.

»Liebling?«, schnurrte Sheila. Shay kicherte, nahm meine Hand und hielt sie an ihre Brust. »Es bedeutet, dass ich an dir kleben will und möchte, dass du an mir klebst. Ergibt das Sinn?« Ihre Körper entfernten sich langsam voneinander, Stränge ihrer Essenz trennten sich.

AYA OCEAN, *My Sexy Slime Girlfriend (Monster Girl Romance)*

Bei passenden Paaren erfolgt die Befruchtung im Wasser und muss außerhalb des Körpers über die Eiablage synchronisiert werden. Krötenweibchen geben zwei lange Eistränge ab und die Männchen – huckepack – ejakulieren, sobald sie deren gelatinöse Hülle an ihren Zehen spüren: Klimax auf Krötenart. Und auf Menschenart, wie es scheint. Es gibt bekanntlich nichts, was nicht auch zu Pornografie werden könnte – und Schleim ist keine Ausnahme. Es ist eine eher versteckte Nische, die auf Klebriges, Glibberiges und viskose Kicks aller Art setzt, darunter auch erotische Literatur und Comics, in denen Schleimfrauen die schlüpfrigen Hauptrollen übernehmen – wie in Aya Oceans Roman. Bei den Amphibien geht es natürlich streng um Fortpflanzung und die eng umschlungenen Krötenpaare paddeln gemeinsam in Ufernähe zwischen Wasserpflanzen, um deren Stängel sie die Laichstränge wie dunkle Perlenschnüre wickeln. Macht das Weibchen Pause, hält sich das Männchen bis zum nächsten unwiderstehlichen Gallertekick zurück. Bei Fröschen bleibt weniger Muße, weil die Weibchen auf einmal ablaichen und die gelatinöse Hülle der Eier im Kontakt mit Wasser sehr schnell anschwillt und fest wird – wie auch beim Sternenrotz. Die Männchen ejakulieren sofort und paddeln wie wild, um das Sperma mit den Eiern zu mischen.

Im Schutz der Gallerte entwickeln sich die Kaulquappen, dunkle Blobs mit Schwanz, den sie irgendwann gegen Beine austauschen, um als Frosch oder Kröte an Land zu gehen. Außerdem werden aus den aquatischen Herbivoren terrestrische Fleischfresser – mit Hochleistungszunge. Schneller als wir zwinkern können, springt sie wie eine gespannte Feder bis auf Körperlänge gedehnt aus dem Maul, während sich das Tier nicht einmal vom Platz bewegen muss. Die Froschzunge ist so weich wie Gehirngewebe und schmiegt sich eng an das Beutetier. Sie ist von einem viskoelastischen Schleim bedeckt, der beim Aufprall flüssig genug ist, um auch nasse Würmer, haarige Mäuse oder Insekten mit unebener Oberfläche vollständig zu benetzen. Schnellt die Zunge elastisch zurück, hält der jetzt extrem klebrige Speichel die hilflose Beute fest für den Bungee-Sprung in den Tod.

Wie das Vieh aber von der klebrigen Zunge entfernen? Das Verhalten verrät die Technik: Beim Schlucken halten die Tiere scheinbar genießerisch die Augen geschlossen. Tatsächlich ziehen sie die Augäpfel ein wenig ein, um mit deren Rückseite die Beute von der Zunge in den Rachen zu schieben. Scherstress hilft auch hier bei einem viskoelastischen Hydrogel, wenn man ein Auge darauf hat. Oder zwei. Die Technik ist ausgefeilt und die Klebefalle sollte Fröschen, Kröten, aber auch Salamandern und Reptilien wie Chamäleons die Oberhand gegenüber Insekten garantieren. Dennoch paradieren die großen Laufkäferlarven *Epomis dejeani* geradezu aufreizend vor Amphibien – denn hier sind sie das Raubtier. Der ballistischen Zunge weichen sie spielend aus und beißen sich stattdessen selbst am Frosch oder an der Kröte fest und saugen ihre Beute aus.

Amphibien mögen noch so glitschig und toxisch sein, sie sind trotzdem begehrte Beute und müssen für ausreichend Nachwuchs sorgen. Die Natur ist nach dem langen Winter noch nicht ganz erwacht, der Apriltag in den zaghaft begrünten schottischen Bergen bitterkalt, und doch starren mich aus jedem Bach, Rinnsal und jeder Pfütze viele Tausend gelatinöse Augäpfel mit winzigen Pupillen an. Die Laichmassen lassen sich mit vollen Händen greifen und wiegen schwer. Zwischen all den Eiern sind die zierlichen Molcheltern kaum zu entdecken. Vielleicht bewahrt die gelatinöse Hülle die Eier vor den eisigen Temperaturen. Bei manchen Arten zumindest wärmt sie den schwarzen Embryo, indem sie das Sonnenlicht auf ihn fokussiert.

Eine schnelle Entwicklung könnte seine Überlebenschancen erhöhen, ein Vorteil, denn der Laich ist ein Überfluss, der nicht bleiben wird. Nicht mehr als fünf Prozent amphibischer Larven verlassen das Wasser und nur ein Bruchteil davon kehrt in sexueller Reife zurück, um selbst eine neue Generation hervorzubringen. Das haben Studien an einigen Arten gezeigt, die Ergebnisse sind vermutlich auf andere Spezies übertragbar. Die geheimnisvollen Blindwühlen oder Schleichenlurche als letzte Gruppe der Amphibien setzen dennoch lieber auf Qualität statt Quantität und investieren in aufopfernde Brutpflege. Diese tropischen Tiere sind beinlos und atmen ohne Lunge über die Haut und Schleimhäute im Maul.

Einige Arten legen gelatinöse Eier in feuchter Erde ab, die meisten Blindwühlen sind aber lebendgebärend. Nach der inneren Befruchtung schlüpfen die Jungen von *Boulengerula taitana* im Mutterleib und kratzen die Auskleidung der Gebärmutter ab, um die Sekretion der sogenannten uterinen Milch anzuregen. Auch nach der Geburt bleiben sie bei der Mutter – und häuten diese im Laufe mehrerer Wochen immer wieder. Dafür verbeißen sich die Babykannibalen in die dicke Oberhaut des Weibchens und rotieren um die eigene Längsachse, um ein Fragment nach dem anderen abzureißen.

Fressfeinde sollten von Blindwühlen dennoch lieber die Zähne lassen. Wie alle Amphibien produzieren sie Schleim mit einem maßgeschneiderten Wirkstoffcocktail. Die Lebensweise der brasilianischen Spezies *Siphonops annulatus* im Boden verlangt allerdings eine asymmetrische Verteilung der Drüsen. Schleim wird als Gleitmittel vor allem am Kopf produziert und erlaubt das glitschige Abtauchen der Tiere in die Erde – ähnlich wie die Wurzelspitzen der Pflanzen. Gift ist dagegen am Schwanz wichtig, der den Bau im Boden wie ein Korken abdichtet und toxisch aufgerüstet nachfolgende Korallenschlangen schon beim ersten Biss abschrecken sollte.

1, 2 *Schon die Kelten verehrten die Weißbeerige Mistel, die mithilfe der Misteldrossel Bäume befällt*
3 *Zitat aus* Asterix und die Goldene Sichel *von Goscinny und Uderzo* **4** *Weichtiere wie die Weinbergschnecke* (Helix pomatia) *pflegen ein aufwendiges Paarungsritual*

AUF FESTEM BODEN

Turdus ipse sibi cacat malum.
Die Drossel kackt sich selbst ins Verderben.
Lateinisches Sprichwort

Wo ein Lindenblatt den Siegfried ins Verderben führte, wurde die Mistel einer anderen nordischen Lichtgestalt zum Verhängnis. Die Göttin Frigg ließ alles Lebende schwören, ihren Sohn Baldur nicht zu verletzen, den Gott der Schönheit und Reinheit. Doch der listige Loki fand heraus, dass Frigg ein Gewächs übersehen hatte, vielleicht weil es nicht in der Erde wurzelt. Die parasitische Mistel senkt ihre Ausläufer tief in das Gewebe von Bäumen, denen sie Wasser und Nährstoffe raubt. Die in Europa heimische Weißbeerige Mistel ist ein Halbparasit, weil sie über ihre dauergrünen Blätter wenigstens Fotosynthese betreibt und selbst Zucker produziert. Sie scheint zudem zur Waffe zu taugen, wurde Baldur doch mit einer Mistel der Todesstoß versetzt.

Ihre weißen Beeren sollen Friggs Tränen sein, die sie über den Verlust ihres Sohnes vergoss, wie Jonathan Briggs in seinem Buch über Misteln *A Little Book About Mistletoe* schreibt. Wenigstens trug die Göttin dem Gewächs nichts nach, sondern erklärte die Mistel zum Symbol der Liebe, unter dem sich bis heute vor allem in England Paare zur Weihnachtszeit küssen. Der immergrüne Schmarotzer versorgt sich im Winter auf unbekannte Weise selbst, auch wenn der Wirtsbaum die eigenen Blätter abgeworfen hat. Schon zu Zeiten der Kelten wurden der Mistel deshalb magische Kräfte nachgesagt. Auch der Zaubertrank des Miraculix lässt Asterix und die anderen unbeugsamen Gallier nur erstarken, wenn mit goldener Sichel geerntete Misteln im Gebräu sind.

Wehrhaft ist die Weißbeerige Mistel auch selbst, ihr Name *Viscum album* verweist auf das viskose und klebrige Innere ihrer Früchte, ein zäher Schleim, den nur wenige Spezialisten fressen können. Die Misteldrossel gehört dazu. Sie revanchiert sich für das Mahl, indem sie halbverdauten Schleim mitsamt den Samen ausscheidet, die auf diese Weise und abhängig von der Zielgenauigkeit des

Vogels auf einem Baum festkleben können. Ist das Gehölz als Wirt geeignet, treiben die Keime aus. Die Misteldrossel trägt aktiv zur Verbreitung des Parasiten bei, schadete sich in früheren Zeiten damit allerdings selbst, weil die klebrigen Beeren jenen Vogelleim lieferten, mit dem unter anderem auch ihre Artgenossen gefangen wurden.

Nicht nur Menschen jagen mit Klebstoff und nicht nur Vögel gehen Prädatoren auf den Leim. Im Wasser wie an Land gibt es Schleimfallen, angepasst an das jeweilige Medium. Die Ozeane sind reich an nahrhaften Partikeln und passivem Plankton, die in die Fänge ihrer Fressfeinde treiben oder über eigens erzeugte Wasserwirbel in die gewünschte Richtung gelenkt werden können. Die Luft bietet dagegen nur magere Kost, obwohl auch hier Kleinstlebewesen ohne eigenes Zutun den Wind reiten. Die meisten Organismen können aber fliegen, auch um Fallen herum. Viele Spinnen spannen deshalb unsichtbare und mit Klebeschleim betropfte Netze in hochfrequentierte Luftkorridore. Andere Räuber sorgen selbst für viel Verkehr.

Dann erstrahlen Sternenhimmel unter Tage in ungekannten Konstellationen, etwa in Neuseeland, wo ich mich auf einem Gummireifen wiederfinde, der auf einem unterirdischen Wasserlauf durch eine dunkle Höhle führt. Lediglich an der Decke erstrahlt ein Firmament in bläulichem Licht. Die Sterne stehen so dicht, als müsste sich eine ganze Galaxie auf engem Raum drängen. Ein Bild von überirdischer Schönheit, doch jeder Lichtpunkt ist eine tödliche Falle, die ich erst Jahre später nachts in einem Wald in Australien aus der Nähe betrachten kann. Mückenlarven der Art *Arachnocampa luminosa* – sie sehen aus wie kleine Maden – kriechen hier auf Augenhöhe an einem überwachsenen Abhang durch lange Schleimröhren. Ihre Körper leuchten auf, um fliegende Insekten anzulocken, die sich dann in klebrigen Fäden verstricken, die die räuberischen Larven ausgehängt haben.

Wie Perlen an einer Kette glänzen die Schleimtropfen an den Leinen, ein Gewirr aus Angelschnüren und zugleich ein verschwenderischer Reichtum, den die Larven hier präsentiereren. Andere Fallensteller üben sich dagegen in Minimalismus, etwa die Bolaspinne, die einen einzigen Seidenfaden mit klebrigem Sekret an seinem Ende auf Beutetiere wirft, ein weicher und doch tödlicher Morgenstern, der die Opfer ohne Vorwarnung trifft und keine Chance auf Entkommen lässt. Schleim trifft Beute, ein bewährtes Konzept, auch bei den klebrig eingespeichelten Zungen von Fröschen und anderen Amphibien sowie manchen Reptilien wie der Texas-Krötenechse (*Phrynosoma cornutum*), deren gefährliche Diät sogar den zweifachen Einsatz von klebrigem Sekret verlangt.

Die kleine Echse frisst bevorzugt aggressive Ernteameisen, die empfindlich kneifen und mit einem Giftstachel zustechen können. Es genügt also nicht, sie mit klebriger Zunge aufzufischen. Das Reptil verpackt die Beute vielmehr schon im Maul in einen dicken Schleimball, der die Kiefer, den Stachel und die Ameisen selbst immobilisiert, sodass sie gefahrlos geschluckt werden können. Doch klebrige Zungen können noch mehr, helfen etwa Spechten bei der Jagd. Dabei galt lange als gesichert, dass die Vögel Löcher in Bäume hacken, um die darin verborgenen Insekten mit ihrer Zunge zu harpunieren, deren Spitze verhärtet und mit Haken besetzt ist. Mittlerweile ist klar, dass das hoch spezialisierte Organ auch noch so fest verkeilte Opfer allein über den schleimigen Speichel festhält und zumindest in manchen Fällen dank seiner Tastrezeptoren über die Berührung erkennen kann.

1 *Die Larven von Langhornmücken jagen mithilfe klebriger Angeln* **2** *Die Texas-Krötenechse* (Phrynosoma cornutum) *hüllt wehrhafte Ameisen vor dem Schlucken in Schleim* **3** *Die urtümlichen Stummelfüßer* (Onychophora) *schießen schnell aushärtenden Schleim auf Beutetiere*

Doch auch der Speichel kann mehr als kleben. Heiliges Feuer oder *Ignis sacer* wurde eine im Mittelalter häufige Krankheit genannt, die unter anderem Wahnvorstellungen und schwere Gewebeschäden verursacht. Der Orden der Antoniter errichtete sogar in ganz Europa Spitäler für die Patienten, deren Leiden aber weder verhindert noch gelindert werden konnten, solange der Auslöser unbekannt war. Mittlerweile weiß man, dass es sich um eine Vergiftung durch den Mutterkornpilz handelt, der als Parasit oder möglicherweise als Symbiont Getreide und Gräser infiziert. Die befallenen Pflanzen schützt der Erreger im Gegenzug mit seinen Toxinen vor Fraß. Beim Menschen ist das Leiden selten geworden, weil infiziertes Getreide aussortiert wird, bevor es in die Nahrungskette gelangt. Der Elch (*Alces*

alces) aber muss sich selbst behelfen – und sabbert deshalb kräftig. Sein Speichel ist die Gegenwaffe, weil er Stoffe enthält, die das Wachstum des Pilzes hemmen. Viel hilft hier wohl viel: Die Tiere grasen meist in festen Gebieten, sabbern die dort wachsenden Pflanzen also wiederholt ein, sodass der gefährliche Erreger häufige Dosen Antipilzspeichel abbekommt und entsprechend effizient unterdrückt wird.

Ganz unterschiedliche Tiere haben ihren Speichel zur hochspezialisierten Waffe umfunktioniert – und manche davon können auch dem Menschen gefährlich werden. Es sollte ein normales Interview werden, endete aber in einer Katastrophe. Grace Olive Wiley sollte am 20. Juli 1948 mit ihren giftigen Schlangen fotografiert werden und posierte wie so oft mit einer indischen Kobra, die sich dieses Mal aber vor dem Blitzlicht erschreckte und Wiley in den Finger biss. Ganz unterwartet kam der Unfall nicht, pflegte die amerikanische Herpetologin doch ein sehr enges Verhältnis zu gefährlichen Reptilien aller Art. Selbst tödlich giftige Schlangen hielt sie für zähmbar und erlaubte ihnen, sich frei zu bewegen. Kritische Situationen scheint es bis zu dem verhängnisvollen Interview nicht gegeben zu haben, vielmehr hatte sich Wiley trotz aller Verschrobenheit als Wissenschaftlerin einen Namen gemacht. Im Jahr 1928 gelang es ihr sogar erstmals, Klapperschlangen in Gefangenschaft zu züchten.

Schlangengifte sollen Beute wie Gegner schnell außer Gefecht setzen und sind Cocktails aus Toxinen, die Lähmungen, Blutungen oder Gewebeschäden verursachen. Dabei stammen wohl alle Schlangen von einem giftigen Reptilvorfahren ab, was bedeutet, dass sich selbst bei Würgeschlangen wie Pythons noch Toxine in geringer Menge nachweisen lassen. Ihre Giftdrüsen wurden allerdings wieder umgewandelt, um jetzt viel Schleim zu produzieren, der als Gleitmittel auch gefiederte und haarige Beute reibungslos runterwürgen lässt. Die wirklich giftigen Verwandten verfügen dagegen allesamt über eine ähnliche Ausstattung mit hoch spezialisierten Speicheldrüsen im Kopf, die die Toxine produzieren und in einer Art Kammer speichern und erst bei Bedarf über einen Gang zu den hohlen Zähnen pressen, die das Gift in das Opfer injizieren.

Die Klapperschlange ist, wenn man sie einmal kennengelernt hat, eine liebenswerte Kreatur.
GRACE OLIVE WILEY, *The Milwaukee Sentinel* vom 22. September 1929

Bei Vipern und Giftnattern führt dieser Weg über eine weitere Drüse, die bei *Bothrops jararaca*, einer Lanzenotter, ebenfalls Gift zu produzieren scheint, möglicherweise als Notration, wenn das große Reservoir leer ist. Ansonsten wird vermutet, dass ihr Sekret das stabilisierte Gift auf dem Weg zu den Hohlzähnen aktiviert. Dafür spricht, dass am Ausgang der Drüse große Zellen viel Schleim als möglichen

Schutz für das Gewebe vor den eigenen Toxinen abgeben. Im Aufbau ähnelt das dem Säugermagen, wo Drüsen Säure und Verdauungsenzyme abgeben, ihre eigene Öffnung aber mit dickem Schleim schützen. Im Schlangengift selbst scheint Schleim, wenn überhaupt, eine geringe Rolle zu spielen. Bisher wurden nur im Gift der Kobras mucinähnliche Toxine nachgewiesen, die hier aber kein viskoses Gel bilden. Sie sind Teil eines hochpotenten Cocktails, der letztlich auch Grace Wiley zwei Stunden nach dem Biss das Leben kostete.

Seine Beute blitzschnell immobilisieren muss auch der urtümliche Stummelfüßer. Diese wurmartige Kreatur mit samtener Haut kommt auf ihren kurzen Beinen nur langsam voran, kann ihrem Essen also nicht nachjagen. Der Schleim muss daher zur Beute kommen – und wird aus zwei Kanonen am Kopf des Tieres abgefeuert. Stummelfüßer bilden eine eigene und sehr alte Gruppe. Charakteristisch für die kleinen Karnivoren sind die beiden großen Schleimdrüsen im Kopf, deren klebriges Sekret mit erstaunlich hohem Druck erstaunlich weit aus zwei Öffnungen am Kopf geschleudert werden kann. Während sie kleinere Tiere direkt erbeuten, werden größere Insekten, Spinnen und sogar Schnecken per doppeltem Schleimlasso zugekleistert. Wenn sie sich nicht schnell befreien können, bleibt ihnen keine Chance: Das Gel härtet aus und hält sie hilflos am Platz. Doch nicht nur Beute hat die Schleimkanonen zu fürchten, auch Verfolger der Stummelfüßer werden auf diese Weise außer Gefecht gesetzt.

Hermaphroditische Schnecken sind Männchen und Weibchen zugleich, könnten sich also selbst befruchten, bevorzugen aber die Paarung, die sie meist als ausgedehnt schleimiges Ritual zelebrieren – und sich dabei mit sogenannten Liebespfeilen beschießen. Japanische Samuraischnecken (*Euhadra subnimbosa*) rammen sich die Kalknadeln sogar mehrere Tausend Mal in den Leib, wie der Evolutionsbiologe Menno Schilthuizen schreibt. Ein martialisches Ritual, bei dem es vor allem um den zähen Schleim geht, der die Liebespfeile überzieht und der im Körper des anderen Tieres den Fortpflanzungserfolg des Schützen dramatisch erhöht. Das hat damit zu tun, dass das Spermienpaket vom Empfänger schnell verdaut wird. Es überleben nur jene Spermien, die sich rechtzeitig in Sicherheit bringen und über den Eileiter zu den Eiern eilen. Der Schleim löst Kontraktionen im weiblichen Genitaltrakt aus, sodass besonders viele Spermien aus dem Paket vor der Zerstörung freigepresst werden.

Liebespfeile sind schon ungewöhnlich, die Paarung des Tigerschnegels (*Limax maximus*) fällt aber vollends aus dem Rahmen. Denn die zwei Partner seilen sich etwa von einem überhängenden Ast in unablässiger Umwindung und

Umschlingung an einem zähen Schleimfaden ab, um dann die beiden bläulichen Penisse auszufahren, die mehrere Körperlängen messen können und die sich ebenfalls umeinanderwickeln. Jedes der Organe transportiert ein Spermienpaket an seine Spitze, um sie dort auszutauschen. Was bleibt von der Paarung? Viel Schleim, über den sich möglicherweise dann Ameisen hermachen, die ohnehin wild auf die Sekretionen von Schnecken sind – manchmal auch zu ihrem Schaden.

Liebespfeile der Schnecken: Was hier wie europäische Langschwerter, malaiische Dolche und japanische Wurfsterne anmutet, sind Kalkstrukturen (Seitenansicht und Querschnitte), die sich Schnecken bei der Paarung gegenseitig in den Leib stoßen.

Denn der parasitische Kleine Leberegel (*Dicrocoelium lanceolatum*) befällt bevorzugt Schafe oder Ziegen, durchläuft auf dem Weg zum Endwirt aber einen komplexen Lebenszyklus. Zunächst muss eine Schnecke die Eier aus dem Exkrement der Weidetiere aufnehmen, damit die erste Larvengeneration im Körper des Weichtiers schlüpfen und sich in eine widerstandsfähige Zyste verwandeln kann, die von der Schnecke in Gel gehüllt ausgeschieden wird. Möglicherweise ist der Schleim mit verlockenden Pheromonen angereichert, die ihn zur besonders attraktiven Beute für Ameisen machen. In deren Körper wächst der Parasit dann weiter heran und übernimmt die Kontrolle, indem er auf das Nervensystem im Kopf des Insekts einwirkt. Die Ameise ist nicht mehr als ein Zombie und exponiert sich selbst, indem sie an einem Grashalm hochklettert und sich festbeißt, um schnell von Schaf oder Ziege mitgefressen zu werden.

Andere Parasiten wiederum suchen selbst nach Schleim, von dem sie sich dann ernähren. Der Zungenwurm, ein parasitisches Krebstier mit extrem reduziertem Körperbau, lebt im Nasenraum seiner Wirte. *Linguatula arctica* beispielsweise befällt ausschließlich Rentiere und frisst deren Nasensekret. Diese Vorliebe für Schleim ist aber eher die Ausnahme als die Regel – und das Große Getreidehähnchen baut bei seiner Verteidigung darauf. Dieser Käfer ist ein gefürchteter Ernteschädling, der Hafer, Roggen, Weizen und viele andere Nutzpflanzen befällt. Besonders verheerend wirken sich hier seine Larven aus, die vor eigenen Verfolgern aber gut geschützt sind. Ihr weicher Panzer besteht aus den eigenen Exkrementen, die sie in einen dunklen Schleim einbetten, der sich wie eine glänzende Kuppel über ihrem Körper wölbt.

Der schöne Arm umschlingt mich alldieweile / Sie drückt mich hold und küßt mich in den Mund. / Du magst dir denken, wie von Amors Pfeile / Die Spitze mir im tiefsten Herzen stund.

GIACOMO CASANOVA, *Aus meinem Leben*

1 *Max Schreck in* Nosferatu – Eine Symphonie des Grauens *von Friedrich Wilhelm Murnau, 1922*
2 *Eine angeblich menschenfressende Pflanze, 1887* **3, 4** *Beutetiere werden vom Langblättrigen Sonnentau* (**3**, Drosera anglica) *eingeschleimt, von der Venusfliegenfalle* (**4**, Dionaea muscipula) *hinter Gitter gesetzt*

GRÜNE GRENZGÄNGER

Das ahnungslose Opfer hat keine Chance. Es fällt dem lauernden Ungetüm in die Fänge, wird langsam von den eleganten Tentakeln umschlungen und im Ganzen verschluckt. Noch lange können wir den Wasserfloh im Leib seines Mörders zappeln sehen. Ein Polyp mit Fangarmen sei das, durchsichtig, fast körperlos, fast ein Phantom nur, erklärt Professor Bulwer den staunenden Studenten, die den hinterhältigen Angriff in dieser Szene in *Nosferatu – Eine Symphonie des Grauens* aus dem Jahr 1922 beobachtet haben. Friedrich Wilhelm Murnau folgte in diesem Stummfilmklassiker des Weimarer Expressionismus Bram Stokers *Dracula*, fügte aber auch kurze Sequenzen aus Naturfilmen über Spinnen, den teuflischen Süßwasserpolypen und andere Karnivoren ein. Dazu gehören auch fleischfressende Pflanzen, die die kanadische Forscherin Janet Janzen als Metaphern für die Wahrnehmung sozialer Destabilisierung und den Verlust traditioneller Grenzen im Kino der Weimarer Zeit interpretiert. Diese ›dämonischen Pflanzen‹ sollen aber auch den blutsaugenden Grafen, Bulwers eigentliche Beute, als einen Räuber unter vielen im Gefüge der Natur zeigen.

Eine andere Szene zeigt eine Fliege in der tödlichen Umklammerung einer karnivoren Venusfliegenfalle. »Nicht wahr«, lässt die eingeblendete Texttafel den Professor sagen, »fast wie ein Vampyr!« Trotz Murnaus Versuch einer Ehrenrettung haftet Vampiren aber der Ruch der Anomalität an, weil auch Untote anderen Menschen nicht das Blut aussaugen sollen. In viktorianischen Zeiten kamen auch Pflanzen in Misskredit, nicht weil sie blass und spitzzähnig dem Kompost entstiegen, sondern schon zu Lebzeiten einen unnatürlichen Hunger stillten. Karnivores Grünzeug stand für Anarchie in der gottgewollten Ordnung der Natur, sie galten als Zoophyten, jene seltsamen Hybride, die weder ganz den Pflanzen noch den Tieren zugeordnet werden konnten.

Dabei hätte man sich Fliegen fangende Fleischfresser vielleicht noch gefallen lassen, aber wer wusste schon, wem die großen Geschwister dieser Monstrositäten gefährlich werden konnten? Im April 1874 veröffentlichte die *New York World* den Bericht des deutschen Forschungsreisenden Carl Liche über eine Expedition in den Urwald Madagaskars. Unter der Führung der wilden, aber ortskundigen

Mkodo sei er auf eine fast drei Meter hohe und der »Anana« ähnliche Pflanze mit ebenso langen Blättern und Palpen gestoßen, die das Gewächs wie die Schlangen das Haupt der Medusa umrankten. Eine junge Mkodo-Frau habe den viskosen Nektar der Pflanze trinken müssen, die sie dann mit geschmeidigen Ranken umschlungen und erdrosselt habe. Schreckliche Schreie. Ein noch schrecklicheres Lachen. Ein gurgelndes Stöhnen. Dann sei Pflanzensaft, gemischt mit dem Blut des Opfers, den Stamm entlanggeronnen und von den Mkodo getrunken worden – eine »unbeschreibliche Orgie«.

Die Mär der Mkodo, der menschenfressenden Pflanze und sogar die Persona Liche gingen auf einen Zeitungsredakteur zurück, der noch mehr Münchhausiaden in Druck gebracht hatte. Charles Darwin arbeitete zur selben Zeit an einer Veröffentlichung über karnivore Gewächse und ließ sich nicht hinters Licht führen. Manch anderer begeisterter Leser fiel aber auf das Schauermärchen herein und noch heute geistert *Crinoida dajeena* durchs Internet mit fiktiven Ablegern wie der Blutranke Nicaraguas. Audrey II aus *Der kleine Horrorladen* in Buch und Film wiederum frisst Menschen und stiftet zum Mord an, um die Herrschaft über die Erde zu übernehmen, wie es sich für einen kosmischen Horror frei nach Lovecraft gehört. Die tatsächlich existierenden karnivoren Monster auf der Erde machen es dagegen eine Nummer kleiner und versuchen, auf meist mageren Böden zu überleben, häufig mit der Hilfe von Schleim.

»Haben Sie eine Kontaktlinse verloren?«, fragt mich ein besorgter Wanderer in irgendeinem französischen Marschland, das ich weit vornübergebeugt absuche. Er ahnt nicht, dass ich auf Monsterjagd bin und den Sonnentau *Drosera* sehen möchte. Irgendwo im struppigen Gras soll sich die nur wenige Zentimeter hohe Karnivore verstecken und am Ende finde ich sie auch. Die Blattenden der zarten Pflanzen sind breit ausgewalzt und mit roten Auswüchsen bedeckt. Jedes dieser Härchen wirkt wie mit Tau betropft, an jeder Spitze glitzert es. Das ist der klebrige Schleim, der bei Pflanzen Mucilage heißt, ein hier hoch spezialisiertes Hydrogel, an dem Insekten haften bleiben, um dann vom Blatt umschlungen und von Verdauungssekreten zersetzt zu werden. Es wirkt, als ob die spärlichen Pflanzen mit Mühe ihr Dasein fristen würden. Jahre später in Australien finde ich auf felsigem Boden allerdings dichte *Drosera*-Teppiche, ein Schlachtfeld, das mit den leeren Hüllen ihrer Opfer übersät ist.

Es ist ein sehr primitiver Fangmechanismus, von dem aber Professor Bulwers vampirische Venusfliegenfalle abstammt. Wie fast alle grünen Karnivoren muss *Dionaea muscipula* ihre Diät am mageren Standort durch Fleisch aufbessern und vor allem Stickstoff einfliegen lassen. Ihre raffinierte Schnappfalle besteht aus zwei Hälften mit Scharnier, deren Ränder mit steifen Haken umkränzt sind. Erst nach wiederholter Berührung schnappt sie wie ein weit geöffneter Mund über dem Insekt oder auch einer Spinne zu und klemmt sie hinter dem Hakenkranz ein – Futter hinter Gittern. Entwickelt haben sich die karnivoren Kiefer, weil kräftige Beute dem Klebeschleim entkommen konnte. Wenn auch nicht immer: Fettkräuter beispielsweise bedecken ihre großen Blätter mit klebrigem Sekret, das Insekten zunächst festhalten kann, schleimen die Beute dann aber vollständig ein, um sie nicht mehr entkommen zu lassen.

Die Klebkraft der Natur kam Papageno und anderen Vogelfängern gerade recht. Bis ins 19. Jahrhundert nutzten sie den Vogelleim von Mistel und Ilex für ihre Fallen. Die gefangenen Tiere verkauften sie dann für ihren schönen Gesang – oder für ihr zartes Fleisch. Welche Entschuldigung aber hat der tropische Baum *Pisonia*? Er gehört zu den Wunderblumengewächsen und ist tatsächlich ein botanisches Mysterium. Zur Ausbreitung verfolgt er die an sich nicht ungewöhnliche Taktik, seine Samen über Haken und Klebeschleim als blinde Passagiere an Seevögel andocken zu lassen. Vor allem Jungtiere können häufig aber mit der Last der Schoten nicht mehr abheben und ihre Kadaver säumen die Wurzeln und kleben in der Krone von *Pisonia* fest. Noch ist rätselhaft, ob das Massaker dem Gewächs überhaupt irgendeinen Nutzen bringt.

Mit dem Namen Vogelleim bezeichnet man einen grünlichen, zähen, fadenziehenden, sehr klebrigen, teigartigen, in der Wärme schmelzenden, in Wasser unlöslichen, daher von dem eigentlichen Leim wesentlich verschiedenen Körper, der mit etwas Fett vermischt zum Bestreichen der Ruthen dient, mit denen man Vögel fängt.

JOHANN CARL LEUCHS, *Anweisung zur Bereitung Des Tischlerleims, Der Knochengallerte Der Hausenblase, Des Vogelleims und Der Suppentafeln*, 1842

Eine klare Definition der Karnivorie bei Pflanzen fehlt noch, meist werden fünf Merkmale verlangt: Tiere müssen angelockt, gefangen und getötet, durch eigens sekretierte Enzyme zerlegt und dann von der Pflanze zu ihrem Vorteil absorbiert werden. Das hinterlistige Hirtentäschelkraut geht hier schon sehr weit. Seine Samen locken die Opfer an, die zu über neunzig Prozent die Begegnung nicht überleben, weil der Schleim der Pflanze die Mundwerkzeuge der Insekten festhält und diese ertrinken lässt, wenn sie nicht an Erschöpfung sterben. Das Hirtentäschelkraut galt lange als Protokarnivor, also als ehemaliger oder werdender Fleischfresser, weil eine Verwertung der Beute nicht nachgewiesen werden konnte. Neue Studien haben aber gezeigt, dass der Mord von Fadenwürmern die Samen dieser Art effizienter keimen und die Sprösslinge besonders üppig wachsen lässt. Möglicherweise bildet Karnivorie bei Pflanzen auch ein Spektrum, ist bei manchen Arten also nur eine von mehreren Optionen zur Nahrungsaufnahme.

Vielleicht schubst der Schleim so manche Art in Richtung Fleischfresserei, wenn er eigentlich andere Aufgaben erfüllen soll und quasi unbeabsichtigt zur Klebefalle für Insekten wird. Denkbar ist dies, weil Mucilage aller Art sowohl bei zahlreichen Pflanzen nachgewiesen wurde, darunter Gehölze und Blütenpflanzen, als auch bei Algen, Flechten, Moosen und Farnen. Diese Schleime decken in ihren Funktionen ein breites Spektrum ab, werden etwa über die Wurzeln, in den Sprossen oder den Blütenelementen produziert. Besonders häufig und wichtig ist die Gelhülle bei Diasporen, also den Samen und Früchten, die sie als gelatinöse Kapsel umgibt. Das hilft bei Früchten, die beispielsweise den Verdauungstrakt einer Fledermaus durchwandern müssen, um die Samen keimen zu lassen. Eine Schleimhülle kann die Passage reibungslos gestalten, ähnlich wie gequollener Leinsamen, der das müde Gedärm überfütterter Menschen in Bewegung bringt.

Grundsätzlich bildet die Gelschicht der Diasporen eine klassische Barriere am Interface zur Umwelt, die schützt und ein angenehmes Mikroklima schaffen kann. Ihre zahlreichen Zusatzfunktionen hängen vom jeweiligen Bedarf ab. Landen Diasporen im Wasser, lässt sie ihre Schleimschicht an der Oberfläche treiben und länger überleben. In Wüsten und anderen Trockengebieten schützt Mucilage dagegen eher vor Austrocknung und speichert Wasser. Der Samen von *Artemisia sphaerocephala* beispielsweise nimmt bei maximaler Wasseraufnahme um beinahe das Sechshundertfache zu. Eine weitere wichtige Aufgabe ist die Adhäsion. Manche Samen würden etwa von Ameisen als Nahrung in das Nest verschleppt werden, wenn sie sich nicht sofort mithilfe von Schleim am Boden verankern würden. Andere kleben dagegen an Tieren fest, um als blinder Passagier neue Lebensräume zu erobern und dabei mit etwas Glück vielleicht auch noch die Konkurrenz abzuhängen.

Gerade in harschen Habitaten sind die Samen dann besonders auf Schleim als Barriere und Wasserlieferant angewiesen sowie als Helfer bei der Keimung. Die Gelhülle des Samens der Nachtviole *Hesperis matronalis* ist beispielsweise geformt wie eine Linse und fokussiert das Licht auf einen bestimmten Bereich des Samens, was die Keimung insgesamt erleichtert und wichtige Enzyme aktiviert. Erste Wurzeln unterstützt er dann noch bei der Penetration des Bodens und beherbergt möglicherweise auch ein spezifisches Mikrobiom. Pflanzen sind auf diese Besiedlung angewiesen. Sie sind Holobionten wie wir höheren Tiere und pflegen eine ebenso innige Beziehung zu ihren ansässigen Mikroben, die auch hier intensiv mit einer Schleimbarriere interagieren.

Pflanzen bieten Mikroorganismen viele verschiedene Habitate, das wichtigste und aktivste ist aber die Rhizosphäre. Diesen Begriff prägte der deutsche Agrarwissenschaftler Lorenz Hiltner im Jahr 1904 für die hauchdünne Zone an den Wurzeln, die hier mit Bodenpartikeln und Mikroben wie Bakterien, Archaeen, Pilzen und Viren sowie kleinen Eukaryoten ein integriertes Netzwerk bilden. Die Rhizosphäre ist dichter, aber weniger divers besiedelt als der umliegende Boden, gilt vielfach aber trotzdem als das mikrobiell komplexeste Habitat auf der Erde. Pflanzen können nicht davonlaufen bei Stress durch Dürren, Übersalzung, Schwermetalle oder Temperaturschwankungen. Sie müssen sich mehr Robustheit einkaufen und wählen ihre mikrobiellen Kooperationspartner deshalb mit Bedacht aus. Die Währung für die Transaktion sind sogenannte Exsudate, eine von den Wurzeln sekretierte molekulare Mischung aus Nährstoffen, Aminosäuren, chemischen Keulen gegen Pathogene und vieles mehr – auch Schleim.

1 *Samen der Nachtviole* (Hesperis matronalis) *keimen, wenn ihre Schleimhülle das Sonnenlicht als Linse gezielt bündelt* 2 *Samen des Hirtentäschelkrauts* (Capsella bursa-pastoris) *zeigen auch dank Schleim karnivore Züge*

Wir wissen noch wenig über den Aufbau und die Regulierung der Rhizosphäre, obwohl das Mikrobiom die Produktivität und Immunität der Pflanzen, deren Widerstandskraft bei Umweltstress und die Bodengesundheit beeinflusst, also auch die Grundlagen unserer Ernährung. Ihr genetisches Material gilt sogar als ›zweites Genom‹ der Pflanzen, die bei Bedarf auf dieses Reservoir und die darüber vermittelten Fähigkeiten zurückgreifen können. Das Mikrobiom der Rhizosphäre ist auch deshalb in den Fokus der Forschung gerutscht, weil maßgeschneiderte mikrobielle Mischungen zur

Abhärtung von Pflanzen oder zur Restaurierung ausgelaugter Böden künftig gezielt transferiert werden sollen. Die gezielte Besiedlung durch Mikroben soll helfen, neues Ackerland zu erschließen und den Effekten des Klimawandels auf die Landwirtschaft entgegenzuwirken.

Doch der Lebensraum ist schwer zugänglich und die Rhizosphäre hochdynamisch. Die Zusammensetzung des Mikrobioms wird von den Pflanzen aktiv reguliert und hängt unter anderem von deren Spezies und Alter, der Bodenbeschaffenheit, der Umwelt sowie den aktuellen Bedingungen ab. Es ist ein evolutionär altes Zusammenspiel, das wohl mit der Kolonisierung des Landes durch Pflanzen vor mindestens 460 Millionen Jahren, vielleicht auch schon deutlich früher, seinen Anfang nahm. Eine Herausforderung ist die Beschaffung von Stickstoff, ein essenzieller Nährstoff, der zwar reichlich vorhanden ist, aber von den Pflanzen nicht genutzt werden kann. Leguminosen wie Bohnen und Erbsen halten sich deshalb sogenannte Knöllchenbakterien an ihren Wurzeln, die Stickstoff für die Pflanzen fixieren. Oder es wird bei Mais und anderen Nutzpflanzen künstlicher Dünger ausgebracht, dessen Herstellung extrem viel Energie verbraucht und der teilweise in Gewässer gespült wird, die mit dem Überangebot an Nährstoffen nicht fertigwerden.

Eine andere Lösung wird also gesucht – und könnte vielleicht von einem mexikanischen Riesenmais kommen. Denn diese Pflanze kann Stickstoff direkt aus der Luft holen. Dafür sorgen die dicken roten Luftwurzeln, die die Stämme umkränzen und in dicken Schleim gehüllt sind, ein extrem süßes Hydrogel, das in glänzenden Zähren zu Boden tropft. Ein komplexes Mikrobiom siedelt hier und fixiert den Stickstoff, der im Austausch dem Mais überlassen wird. Ließe sich dieses Prinzip auf andere Pflanzen übertragen, würden stickstoffarme Böden als Ackerland erschlossen und der Einsatz von Dünger reduziert.

Mucilage, der pflanzliche Schleim, spielt aber auch für das Wurzelwerk im Boden eine entscheidende Rolle und ebnet hier der Vorhut den Weg. Das sind die Wurzelspitzen, die besonders gefährdet sind, weil sie dicht besiedeltes mikrobielles Neuland in der Erde durchstoßen. Sie produzieren also viel Schleim und geben ihn in die Erde ab. Er ist ihr Gleitmittel für die Penetration des Bodens, den das Gel auch befeuchtet, stabilisiert und verklebt. Der Schleim beeinflusst die Rhizosphäre, weil er willkommenen Bakterien Nahrung bietet, aber auch antimikrobielle Wirkstoffe enthält. Die empfindliche Wurzelspitze ist von losen Grenzzellen wie mit Schindeln bedeckt, die nach und nach abschilfern und im Bereich der Rhizosphäre über Wochen oder sogar Monate überleben. Sie sind aktiv in der

Abwehr und produzieren dafür eine Matrix, die Pathogene mit klebriger DNA immobilisiert. Ähnlich agieren unsere Neutrophilen, bestimmte weiße Blutkörperchen, die Erreger ebenfalls in klebrigen DNA-Netzen verstricken. Bei Attacken können die Wurzelspitzen die Produktion von Mucilage und Grenzzellen hochschrauben.

Ein Pilz als Söldner: Das unterirdische Hauen und Stechen ist aber nicht den Pflanzen allein vorbehalten. Manche Mikropilze im Boden bilden eine Art Wurzelgeflecht aus, das Fallen formt, sobald Fadenwürmer in der Nähe sind. Da gibt es einmal grobmaschige Strukturen, die vermutlich von einer klebrigen Mucilage bedeckt sind, an der die Würmer hängen bleiben, um dann von den Pilzwurzeln aufgespießt, paralysiert und zerlegt zu werden. Fast noch origineller ist aber das Lasso, ein Ring aus Pilzgeflecht, der blitzschnell anschwillt und festhält, sobald ein Wurm durchkriecht. Diese Mechanismen können aber auch von bestimmten Bakterien aktiviert werden, die von den Würmern gefressen werden – denen sie so den tödlichen Pilz auf den Leib hetzen. Der Feind ihres Feindes wird so zum Freund, und auch wir könnten künftig die parasitischen Würmer und Pflanzenschädlinge mithilfe des Pilzes kontrollieren, dem das nur recht sein sollte. Um Abwehr geht es dem Fallenbauer nicht, die Pilze sind karnivore Killer.

VII

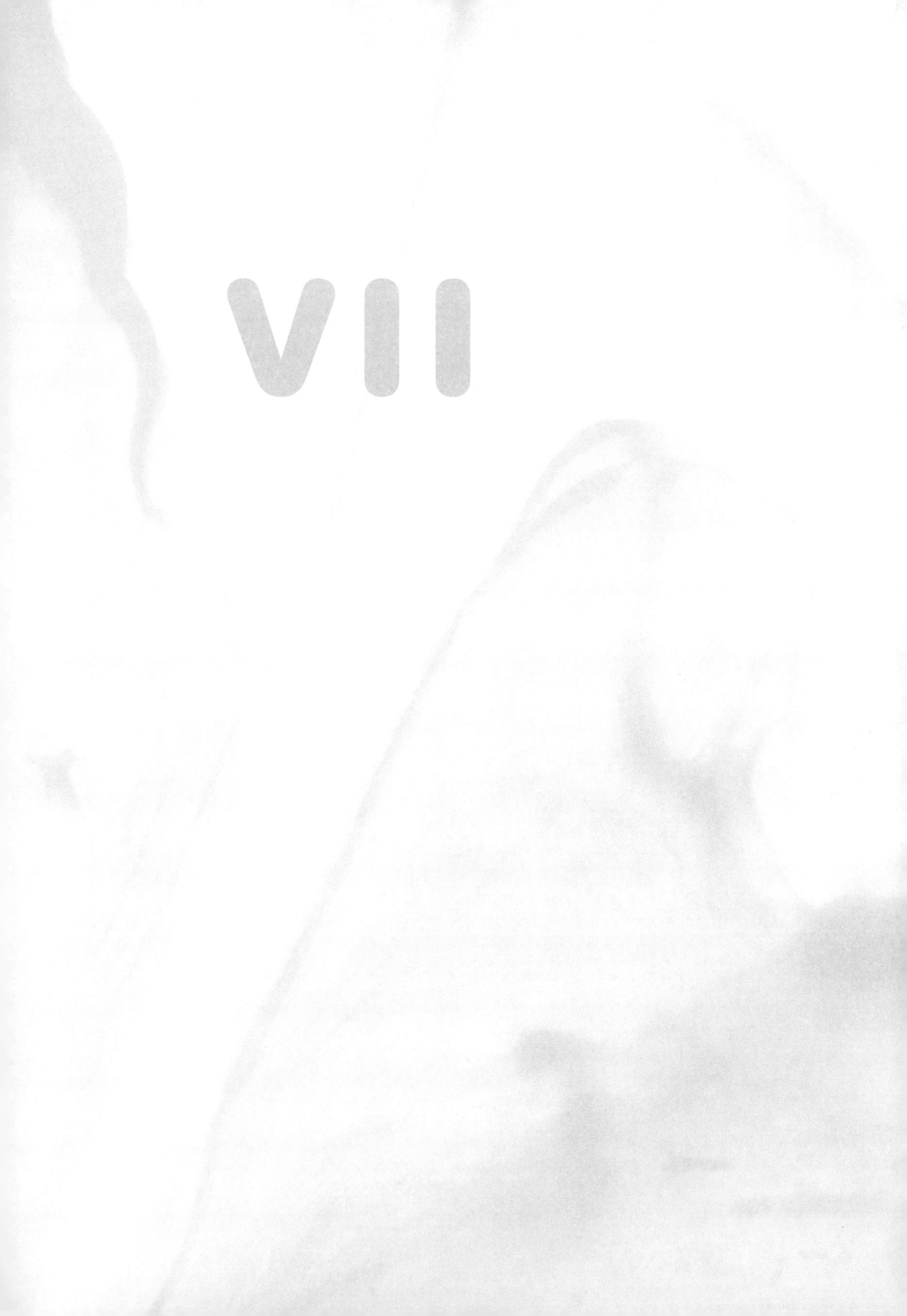

VII UMWELT

Schleim ist das Material der Grenzflächen, auch zwischen den Sphären Luft, Wasser und Boden. Dort bleibt er häufig verborgen, wirkt aber auf jede Interaktion ein. Der Klimawandel könnte sich hier tiefgreifend auswirken, etwa die Schleimproduktion im wärmer werdenden und versauernden Ozean ansteigen lassen. Wird die Balance gestört, drohen globale Auswirkungen, auch auf die Fähigkeit der Meere, als Kohlenstoffspeicher dem Klimawandel entgegenzuwirken. Langfristig könnte sich sogar das Gesicht der Erde ändern: Die Bewegung der tektonischen Platten, also der schwimmenden Landmassen des Planeten, wird von Schleim beeinflusst, der sich als marines Sediment abgelagert hat. Zudem verarmen viele Habitate. Im Meer könnten künftig Algenblüten, Quallenschwärme und Mikrobenmatten dominieren. Es wäre ein quasi menschengemachter Rückschritt in der Evolution, eine neue Epoche des Schleims.

1 *Die extremophilen* Altiarchaeales *leben auch tief in der Erdkruste* 2 *Die US-amerikanische Öko-Pionierin und Autorin Rachel Carson, hier um 1940* 3 *Der Schriftsteller William Golding gab der Gaia-Theorie ihren Namen, hier 1983* 4 *Das zarte Nesseltier* Tubularia indivisa *mit anderen marinen Organismen*

GAIA UND EIN ECHO IN GEL

Die Flut des Pazifiks kehrte zurück, und alle paar Sekunden hob sich das recht ruhige Wasser der Lagune um ein paar Zentimeter. In diesen letzten flüchtigen Wellen des Meeres lebten winzige, durchscheinende Geschöpfe, die mit dem Wasser über den heißen Stein zuckten. ... Wie eine Myriade winziger Sägezähne suchten die durchscheinenden Geschöpfe den Strand ab.
WILLIAM GOLDING, *Herr der Fliegen*

Ebble Thatch Cottage könnte einer Hobbit-Erzählung entstammen. In dem reetgedeckten und rosenberankten Häuschen im englischen Dorf Bowerchalke lebte aber ein Mann, der seinen Weltruhm einer literarischen Dystopie verdankte. William Golding unterrichtete an einer Knabenschule im nahegelegenen Salisbury, als er *Herr der Fliegen* schrieb, die Geschichte einer Gruppe von Jungen, die nach einem Flugzeugabsturz auf einer Pazifikinsel ums Überleben kämpft. Die Maske der Zivilisation bröckelt schnell, Konflikte werden blutig ausgetragen, ein Kind stirbt durch die Hand eines anderen. Das Böse kündigt sich hier in vielen Szenen an, vom fliegenumschwirrten Schweinekopf bis zum scheinbar harmlosen Spiel, bei dem der kleine Peter mysteriösen Wesen aus dem Meer seinen Willen aufzwingt. Für seine verstörende Robinsonade wurde Golding im Jahr 1983 mit dem Nobelpreis für Literatur ausgezeichnet. Zur Verleihung hielt er eine Rede, in der er auf eine kostbare Kindheitserinnerung einging, die Peters Spiel am Strand inspiriert haben mag.

Hier war es allerdings eine besonders niedrige Ebbe, die während der Schulferien eine Höhlung im Gestein freigelegt hatte, die von wundersamen Wesen besiedelt war. Nur eine Handbreit von ihm entfernt, seien sie im flachen Wasser »in Grau, Grün und Lila erblüht.« Golding verrät nicht, welcher Art die Geschöpfe waren, und wusste es wohl selbst nicht. Vielleicht kann hier Rachel Carson helfen, die von einem anderen Pool in einer anderen Höhle an einer anderen Küste berichtet, der ebenfalls nur bei der niedrigsten Ebbe des Jahres kurz zu sehen war. Grüne Schwämme lebten im klaren Wasser und graue Seescheiden glänzten an der Decke, wie sie berichtet. Wann immer sie die magische Zone bei Niedrigwasser besuche, halte sie aber nach den zartesten der schönen Küstenbewohner Ausschau, nach Blumen, die keine Pflanzen seien, sondern Tiere, und an der Schwelle zur Tiefsee blühten. Das ist das Nesseltier *Tubularia* in blassem Pink, gefranst und zierlich. »Hier waren Kreaturen, so exquisit geschaffen, dass sie unecht schienen«, schreibt Carson in *The Edge of the Sea*. »Ihre Schönheit zu fragil, um in einer Welt vernichtender Gewalt zu überleben.«

Tubularia indivisa *mag ein Tier aus dem Stamm der Hydrozoa sein – die zart gefärbten Polypen erinnern aber an Blüten.*

Golding mag ebenso zerbrechliche Wesen bestaunt haben, sicher trug ihre Fremdartigkeit aber zum Zauber der unerwarteten Begegnung bei, die den Jungen so tief berührte, dass er als Mann zur selben Küste zurückkehrte, nur um die Höhle verlassen vorzufinden: »Nichts lebt mehr dort. Es ist jetzt alles rein, auf ironische Weise, sauberer Sand, sauberes Wasser, sauberer Stein.« Ob ein natürlicher Prozess, Heizöl, Abwässer oder Chemikalien das bisschen Magie und Mysterium seiner Kindheit getötet hätten, vermöge er nicht zu sagen. Es spiele aber auch keine Rolle. Wichtig sei, dass dies eines unter Millionen von Beispielen dafür sei, wie wir den einzigen Planeten verarmten, den wir als Wohnstatt hätten. William Golding legte seinem Publikum in Stockholm und rund um den Globus unsere Erde als ›Gaia Mater‹ ans Herz. Sie ist die Urmutter der griechischen Mythologie, von der das Leben abstammt, und im Präfix ›Geo-‹ aller Erdwissenschaften verewigt.

Dank Golding steht sie aber auch für eine seit vielen Jahrzehnten und zum Teil erbittert geführte Kontroverse. Den Anstoß hatte ein Spaziergang mit

James E. Lovelock gegeben, ein Nachbar Goldings aus Bowerchalke und unkonventioneller Denker. Als Wissenschaftler hatte er unter anderem für die NASA gearbeitet. Es ging um ein Projekt zur Suche nach außerirdischem Leben. An jenem Nachmittag im Juni 1965 beschäftigte er sich aber nur mit unserem eigenen Planeten. War die Erde nicht selbst eine Art Superorganismus? Alle Lebewesen interagieren mit der Erdoberfläche, den Ozeanen und der Atmosphäre. Nach Lovelocks Überzeugung würden dadurch immer lebensfreundlichere Bedingungen auf dem Planeten entstehen, das Leben sich gewissermaßen selbst begünstigen. Das Konzept stand, einzig ein griffiger Name fehlte ihm noch für das selbstregulierte System.

Golding kam auf den mythologischen Namen Gaia und die Göttin war als Hypothese wiedergeboren. Die New-Age-Bewegung reklamierte die vermeintlich holistische Erdmutter sofort für sich und verpasste ihr einen esoterischen Unterbau. Es half auch nichts, dass Lovelock ebenso vehement gegen die Vereinnahmung protestierte wie Lynn Margulis, seine spätere Mitstreiterin in Sachen Gaia und berühmte Verfechterin der Endosymbionten-Theorie zur Entstehung der Zellen höherer Organismen. Das Gaia-Konzept war in der Wissenschaft ohnehin umstritten, aber die Hippieassoziation trug sicher zum scharfen Gegenwind bei. Die Kritik hält an, auch weil Beweise für die ultimative Lebensfreundlichkeit des Lebens noch ausstehen. Später wird es um eine Theorie gehen, die das Gegenteil behauptet und ebenfalls nach einer mythologischen Mutter benannt ist, der mörderischen Medea. Unumstritten ist in beiden Fällen aber die tiefgreifende Verzahnung unseres Planeten mit seinen Organismen, deren Aktivitäten ihn verändern und gestalten – und wie wenig wir noch davon wissen.

Lebewesen als Erdengestalter: Dieser Prozess begann vermutlich mit der ersten Mikrobe vielleicht schon vor vier Milliarden Jahren und beruht auch heute noch zu einem großen Teil auf diesen für uns unsichtbaren Organismen. Mikroben zerlegen Gestein und bauen es auf und könnten nach der Meinung mancher Forscher die Bildung der ersten Kontinente entscheidend beeinflusst haben. Sie sind essenziell für viele geochemische Prozesse wie die Zyklen von Kohlenstoff und Stickstoff. Und sie reicherten erstmals die Atmosphäre und Ozeane mit Sauerstoff an, was die Entwicklung höherer Organismen erlaubte. Im Werk unseres Planeten sind sie die zentralen biologischen Zahnräder, von denen wir bislang aber nur unscharfe Blicke erhaschen. Ein entscheidender Faktor für den Erfolg der unsichtbaren Myriaden war, dass sie als Erste auftauchten und den Planeten über Milliarden Jahre für sich allein hatten. In dieser Zeit konnten sie alle besiedelbaren Nischen auf dem Planeten erobern, sich in unvorstellbaren Artenreichtum auffächern und so die Biosphäre begründen. Das ist die organische Hülle der Erde, die Gesamtheit allen Lebens. Die Grenzen der Biosphäre werden durch die Überlebensfähigkeit der Mikroben definiert. Eine davon liegt über den Wolken, die andere im Gestein unter der Erdoberfläche – die sogenannte ›tiefe Biosphäre‹.

Mikroben wurden schon kilometertief unter den Rocky Mountains gefunden, unter dem Meeresboden und in Minen mit für uns unerträglichen Bedingungen. »Bei zwei Meilen unter der Oberfläche der Erde waren die Hitze und Feuchtigkeit fast das Einzige, woran ich denken konnte«, beschreibt der Geomikrobiologe Tullis Onstott einen Trip in eine südafrikanische Goldmine. Die Strapazen sind es wert, weil sich die Wissenschaft in der Tiefe Hinweise erhofft auf den Ursprung und die Ausdehnung des Lebens auf unserem und vielleicht auch fremden Planeten. Vor wenigen Jahrzehnten war das Leben so weit unter der Erdoberfläche noch gänzlich unbekannt und es war auch kaum vorstellbar, dass Mikroben in kleinsten Poren ohne Luft und Licht, unter immensem Druck und unter sehr sauren oder alkalischen Bedingungen überdauern könnten – eingeschlossen über Jahrtausende, Millionen oder sogar Milliarden Jahre. So wie die HMS Challenger in der zweiten Hälfte des 19. Jahrhunderts erstmals die Ozeane kartierte, wurde kürzlich eine über zehn Jahre laufende Expedition von mehr als 1 000 Wissenschaftlern aus 52 Ländern zur Terra incognita im Untergrund beendet.

Mit ebenso erstaunlichen Erkenntnissen: So ist das Volumen der tiefen Biosphäre mit mehr als zwei Milliarden Kubikkilometern doppelt so groß wie alle Ozeane zusammen. Sie könnte siebzig Prozent aller Bakterien und einzelligen Archaeen auf dem Planeten umfassen, wobei die Biomasse der Mikroben hier die des Menschen möglicherweise um das fast Vierhundertfache übertrifft. Die extreme Existenz dieser Mikroben hat aber ihren Preis und sie sind oft nicht wirklich lebendig, sondern eben nur gerade nicht tot. Onstott berichtet von einem Kollegen, der ein ›Death-o-Meter‹ oder ›Tod-o-Meter‹ mit einer Skala von voller Reproduktionsfähigkeit bis zur fatalen Mineralisierung entwickelt hat, um die Aktivitäten dieser Mikroben darzustellen. Der Generationenwechsel dauert hier nicht wie sonst Minuten, sondern vielleicht Jahrtausende, und die Lebensprozesse können das Halberstädter Orgelstück in puncto Langsamkeit um ein Vielfaches übertreffen. Trotzdem ist es Leben, das sich angepasst hat, indem es beispielsweise ohne Zugang zu Sauerstoff andere Energiequellen aus der mineralischen Umgebung nutzt – ein Happen alle paar Jahrtausende. Noch eine Anpassung könnte geholfen haben: Die Wissenschaftler vermuten, dass besonders erfolgreiche Mikroben Gene haben, die sie vor viralen Infektionen schützen, die Aufnahme von Nährstoffen fördern oder die Bildung schleimiger Biofilme als Schutz begünstigen.

Mikroben sind die Grundlage des globalen Ökosystems, wobei ihnen einige extreme Habitate vorbehalten sind. Kein anderer Organismus kann hier überleben. Mehr Konkurrenz haben sie auf der Erdoberfläche, wo sich viele verschiedene Spezies drängen und die Arena menschlicher Aktivitäten liegt. Noch ist unbekannt, ob sie den gesamten Planeten besiedeln, aber von der Wüste über die Arktis bis in die Tiefsee hat sich bislang kein Habitat bei genauem Hinsehen als gänzlich mikrobenlos erwiesen. Davon profitieren auch andere Spezies, weil Mikroben vor allem schwierige Milieus prägen und oft erst lebensfreundlich gestalten. Anders gesagt: Die mikrobiellen Ökosystem-Ingenieure bereiten Neuland auf und ebnen so anderen Arten den Weg. Das bedeutet auch, dass einige Habitate ohne Mikroben kaum oder gar nicht kolonisiert werden könnten.

Ein wichtiges Beispiel dafür sind bestimmte Interfaces, wo Sphären wie Stein, Erde, Wasser und Luft miteinander in Kontakt kommen und gigantische Berührungsflächen bilden. Jeder Austausch erfolgt hier über diese speziellen Milieus, die häufig unter mikrobiellem Kommando stehen. Unterirdische Höhlen gehören ebenso dazu wie Wüsten und Trockengebiete sowie Küstenstreifen und die Oberflächen der Ozeane. Ohne passendes Rüstzeug erobern aber auch mikrobielle Grenzgänger kein lebensfeindliches Terrain. Schleim ist ihr Schutzpanzer, Anker und Kitt, der ganze Landschaften zusammenhält. Die Erde hätte ohne ihn ein anderes Gesicht. Sehen kann man diesen Glibber nur selten mit bloßem Auge, deshalb ist er in vielen Habitaten nur ungenügend untersucht.

Das ändert sich jetzt: Die essenziellen Schleime in der Umwelt rücken in den Fokus der Forschung – weil sie bedroht sind. Denn viele dieser gelgeprägten Habitate könnten sich durch die Umweltzerstörung, das Aussterben von Schlüsselspezies und die Klimaerwärmung grundlegend verändern. Dann drohen nicht nur für die dort siedelnden Spezies, sondern auch für den Menschen katastrophale Folgen. Denkbar ist, dass fruchtbare Gebiete dann austrocknen, Wüsten sich ausdehnen, Küstenlinien rapide erodieren und globale Zyklen aus dem Gleichgewicht kommen. Kurz gesagt: Hier sind der Lebensraum und die Lebensgrundlage vieler Menschen gefährdet.

Ein Gedankenspiel soll illustrieren, wie verbreitet und verwoben die schleimige Matrix mit dem Planeten und der Biosphäre ist: Würde die Erde mit all ihren Lebewesen und dem gesamten Wasser plötzlich verschwinden, bliebe für einen kurzen Moment ein schleimiges Echo ihrer Konturen zurück. Das ist das Gel, das Mikroben, aber auch andere Spezies wie Würmer, Korallen und Schnecken in so großer Menge sekretieren, dass sich dadurch die Eigenschaften ganzer Landstriche und mariner Habitate verändern. Der hauchzarte Abdruck würde große Teile der Erdoberfläche nachzeichnen, von unterirdischen Höhlen bis zu in der Bewegung erstarrten Meereswellen, ein zarter Nachhall in Schleim. Anstelle des offenen Wassers der Ozeane bliebe ein klebriges Gespinst, das sich zu den Profilen nun verlorener Korallenriffe und des Meeresbodens verdichten würde.

Gaia zum Trotz: Die Erde ist kein Organismus. Ein Vergleich mit dem menschlichen Körper schärft aber den Blick für ihre Verletzlichkeit. Unsere Gewebe und Organe bestehen aus hoch spezialisierten Zellen und Blutgefäßen, die eine gelartige Matrix als dreidimensionale Einheit zusammenhält. Ohne diese Art Schleim würden wir und unsere Organe zerfallen. Auf dem Globus wiederum bilden unterschiedliche Domänen aus Luft, Wasser und fester Materie ein dreidimensionales Patchwork mit verteilten Rollen. Das Meer beispielsweise agiert wie eine Lunge, weil es Kohlendioxid aufnimmt und Sauerstoff abgibt.

Der Austausch mit der Atmosphäre erfolgt aber über eine gelartige Membran an der Oberfläche der Ozeane – ähnlich wie bei einer Schleimhaut. Auch Wüsten und Trockengebiete sind von einer schleimhaltigen Oberfläche bedeckt, die hier unter anderem der Erosion und Verdunstung von Wasser entgegenwirkt, entsprechend unserer eigenen Haut. Wir brauchen also ein Narrativ, das den ganzen Globus erfasst, unter seine Haut geht sowie in seine Vergangenheit und Zukunft führt. Diese Erzählung muss auch vom Schleim als Kitt für unsere Umwelt berichten und einen frischen Blick auf vermeintlich vertraute Landschaften erlauben. Bevor es zu spät ist: Diese Balance ist jetzt gefährdet durch das Artensterben,

1 *Mariner Abfall verklebt zu Flocken und rieselt als Meeresschnee in die Tiefe* 2 *Die Limnomeduse* (Olindias formosa) *gehört zur Klasse der Hydrozoen*

die Zerstörung wichtiger Habitate und den Klimawandel. Das bedeutet, dass an vielen Stellschrauben im globalen System gedreht wird und künftig manche Prozesse, etwa wegen einer verstärkten mikrobiellen Aktivität durch zu viel Gel, überwältigt werden könnten, während an anderer Stelle vielleicht ein Mangel an Schleim ganze Habitate unwiderruflich verändert.

Im Folgenden soll es deshalb um die großen Interfaces unserer Welt zwischen Luft, Wasser und Boden und um die dort lebenden Organismen gehen. Immer aber stehen auch die Hydrogele im Zentrum, die diesen Habitaten ihren Stempel aufdrücken, etwa die schleimige Haut der Ozeane, die Gele weicher Küstenstreifen sowie der klebrige Meeresschnee als wichtiges Korrektiv zum Klimawandel. Schleime und Schleimbildner verbinden die Welt, auch wenn sie für unsere Augen unsichtbar sind.

1, 2, 3, 4, 5

Veilchenschnecken (Janthina janthina) *hängen kopfunter von einem Schleimfloß* 2 *Meerwasserläufer* (Halobates) *leben auf offener See* 3 *Historische Seekarten wie die* Carta marina (1539) *wurden oft mit Monstern dekoriert* 4 *Vorlage für* Moby-Dick: *Ein Pottwal versenkte 1820 das Walfangschiff Essex*

DIE HAUT DER SEE

Fünfundsechzig lange Tage zog sich die Überfahrt hin. Fünfundsechzig lange Tage auf offenem Wasser. Fünfundsechzig lange Tage mit Stürmen, Seekrankheit und Skorbut, bis endlich am 9. November 1620 Land in Sicht kam, das religiöse Freiheit versprach. Doch die Mayflower war vom Kurs abgekommen und steuerte weiter nördlich als geplant auf Cape Cod zu, eine Halbinsel bei Boston. Weitersegeln oder von Bord gehen? Die erschöpfte Gruppe entschied sich für festes Land, noch heute erinnert in Provincetown ein schlanker Turm an die Ankunft der englischen Pilger auf amerikanischem Boden. Wirtschaftliche Überlegungen spielten eine wichtige Rolle und Cape Cod – das ›Kabeljau-Kap‹ – bot über Jahrhunderte reiche Fischgründe. Die Waljagd allein lieferte Fleisch, Öl für Lampen, Tran sowie Barten für Korsetts. In *The Perfect Storm* schreibt Sebastian Junger über die Arbeit auf dem Meer in den Gewässern vor der Küste Neuenglands und davon, dass in früheren Zeiten »der Fischfang einer der härtesten Berufe in Gloucester und einer der tödlichsten« war. Daran hat sich wenig geändert.

Hic sunt dracones: Es gilt noch immer, was Junger aus einem Buch von Sir Walter Scott zitiert: »Das ist kein Fisch, den Ihr kauft, es sind Menschenleben.« Die Oberfläche der Meere barg immer das Versprechen auf neue Gefilde, Nahrung und Reichtum, verbarg aber auch Monster aus der Tiefe. Im Mittelalter verdienten Illustratoren mehr, wenn sie auf Seekarten großzügig marine Monster verteilten. Den wohligen Schauer kennen wir auch, wenn auf der Leinwand plötzlich die Rückenflosse des Weißen Hais die trügerisch feste Membran der Meere durchschneidet, oder wenn Godzilla den Fluten entsteigt. Die Oberfläche der Ozeane ist der dünne Schleier, der die Monster unserer Psyche versteckt, solange wir sie nicht auftauchen lassen.

Unbeherrschbare Kräfte lauern zuweilen aber tatsächlich unter der »namenlosen Oberfläche der See«, von der der Historiker Nathaniel Philbrick schreibt. Das zeigt der Fall des Walboots Essex, das 1820 im Südpazifik von einem wütenden Pottwal gerammt und versenkt wurde. Zwanzig Mann setzten in drei kleinen Booten aus, nur acht überlebten, weil sie die toten Körper ihrer Kameraden aßen. Die Essex sei zu ihrer Zeit so bekannt gewesen wie die Titanic heute, schreibt

Philbrick, und einem Mann war sie sogar Inspiration. Herman Melvilles Captain Ahab sticht von der dem Cape vorgelagerten Insel Nantucket aus auf der Suche nach Moby Dick in See. Melville richtet seinen Blick immerhin auf die Membran selbst und die darunter verborgene Welt und lässt seinen Erzähler Ismael sagen: »Das sind die Zeiten verträumten Friedens, da man, in die ruhige Schöne der schimmernden Meereshaut versunken, gern das pochende Tigerherz darunter vergisst und die grausame Pranke, die sich in der Sammetpfote verbirgt.«

1 *Die Meeresschnecke* Glaucus atlanticus *lebt Zeit ihres Lebens an der Meeresoberfläche* 2 *In Herman Melvilles Roman* Moby-Dick *(1851) verzehrt sich Kapitän Ahab in blindem Hass auf den weißen Wal, der ihm ein Bein abgebissen hat*

Die Haut der Ozeane galt lange nur als Grenze zwischen der Welt der Menschen und den gefährlichen Wundern der Meere. Sie ist aber auch ein ungemein großflächiges Interface zwischen Meer und Atmosphäre, das an seinen Säumen mit dem festen Land überlappt und insgesamt siebzig Prozent der Oberfläche unseres Planeten bedeckt. Die Haut der Ozeane besteht zu einem beträchtlichen Teil aus einer zarten Schicht Gel, die mit meist weniger als einem Millimeter Dicke die Grenze zwischen Wasser und Luft markiert. Ob hier seit mythischer Vorzeit das Sperma von Uranos schwappt? Er war Gaias erster Sohn und zeugte viele Kinder mit ihr. Einer davon war Kronos, der auf Gaias Geheiß den Brudervater entmannte. Mit einer Sichel trennte er die Geschlechtsteile ab und warf sie in die See, wo der Samen des Uranos in einem letzten Akt der Zeugung Aphrodite schuf, die schaumgeborene Göttin der Liebe.

Die Wissenschaft spricht lieber von einem gelartigen *sea surface microlayer* (SML) oder einer Mikroschicht der Meeresoberfläche. Sie ist die physikalische Grenze zwischen Ozean und Atmosphäre, wobei es über Ökosystemen mit Frischwasser ähnliche Schichten an der Oberfläche gibt. Die Haut der Meere zeigt einzigartige chemische und biologische Eigenschaften und unterscheidet sich deutlich von den Wasserschichten darunter. Dabei wird sie von organischen Partikeln gespeist, etwa Schleime verschiedener mariner Spezies, aber auch Proteine und Fette, die aus der Wassersäule zur Oberfläche aufsteigen. Sie verdichten sich zu einem nahrhaften Teppich, den Mikroben zerlegen, die an der Oberfläche siedeln und schleimige Biofilme bilden oder der Schicht »wenigstens biofilmartige Züge verleihen«, wie Oliver Wurl von der Universität Oldenburg sagt, der das hauchzarte Interface erforscht.

Die Membran der Meere ist noch wenig erforscht, sie ist zu großflächig, zu dünnhäutig und zu veränderlich für eine umfassende Analyse. Wir wissen aber, dass sie bei biogeochemischen und klimarelevanten Prozessen mitspielt. »Wenn sich der Ozean erwärmt, könnte das das Phytoplankton aktiver und die Gelschicht dicker werden lassen«, sagt Wurl. »Das würde sich wahrscheinlich auch auf den Austausch zwischen Atmosphäre und Ozean auswirken.« Und es herrscht reger Verkehr an dieser Grenzfläche: Das Meer nimmt beispielsweise Kohlendioxid aus der Luft auf und gibt selbst Sauerstoff in die Atmosphäre ab. Jede einzelne dieser Interaktionen erfolgt über die organische Matrix, die den Weg der Gase verlangsamt. Aber auch die Gelschicht selbst kann am Austausch beteiligt sein. Dann zerplatzen Bläschen aus dem Ozean an der Oberfläche und versprühen Material aus der Mikroschicht sowie Bakterien, die unter bestimmten Umständen in der Atmosphäre hochgetragen werden und zur Wolkenbildung beitragen.

Das Gel markiert neben dem Meeresboden (Benthos) und dem offenen Wasser (Pelagial) eine eigene Domäne, ein einzigartiges Ökosystem mit distinkter Gemeinschaft von Bewohnern, die das sogenannte Neuston bilden. So ist die mikrobielle Dichte der Besiedlung im Gel ungleich höher und in ihr dominieren andere Arten, möglicherweise die härtesten der harten: An der Oberfläche ist das Neuston starken Winden, starken Wellen und einer extrem starken Sonneneinstrahlung ausgesetzt, die Temperatur und der Salzgehalt des Wassers können stark schwanken. Diese wechselhafte Umwelt müssen die Bakterien, einzelligen Algen, Pilze, Quallen, Muscheln und andere wirbellose Tiere, Fischeier, Larven und Jungfische tolerieren können, ob sie in, an oder auf der Meereshaut leben, ob sie nach einer strengen Auslegung des Begriffs dem Neuston überhaupt angehören oder nur damit assoziiert sind.

Der weitverbreitete Meerwasserläufer *Halobates* gehört zu den Grenzgängern und ist ein Kuriosum in der Welt der Insekten, der aquatische Habitate weitgehend und marine Lebensräume fast gänzlich fremd sind. Auch *Halobates* taucht nicht mehr als seine Zehen in die See, wasserabweisende Härchen an den Beinen lassen ihn über die Oberfläche gleiten und nach Beute wie treibenden Eiern und Larven suchen, die er aussaugen kann. Ein Narzissus, der ein Leben lang sein eigenes Spiegelbild betrachtet. Vielleicht kommt ihm manchmal auch eine andere Visage mit blauer Kriegsbemalung unter. Das ist die Meeresschnecke *Glaucus atlanticus*, deren Blick auf immer gen Himmel gerichtet ist, weil sie unter der Haut der See gleitet, nicht wissend, wer in ihrem Rücken aus den Untiefen aufsteigt. In der Mythologie verwandelte ein magisches Kraut den Fischer Glaucus in einen Meeresgott mit Flossen statt Fingern. Entsprechend wachsen der Schnecke lange Cerata. Das sind fingerförmige Auswüchse, die das Weichtier aussehen lassen, als ob es Toter Mann in den Wellen spielen würde.

Ich habe noch eine alternative Lesart: Glauke ist der Name jener unglückseligen Königstochter, die besser als Kreusa bekannt ist und von der eifersüchtigen Medea ein vergiftetes Hemd erhielt. Auch hier gibt es eine Parallele zur Ozeanschnecke, nur bergen in diesem Fall erbeutete Handschuhe eine tödliche Gefahr. *Glaucus atlanticus* frisst neustonische *Gelata*, vor allem die Portugiesische Galeere. Die giftigen Nesselkapseln dieser Staatsqualle sind eine äußerst wirkungsvolle Waffe, die auch die Schnecke gerne für sich nutzt. Dabei droht dem Dieb Gefahr, weil die Giftkapseln bei der minimalsten Berührung auslösen. Was nützt Sprengstoff, der bei der kleinsten Erschütterung hochgeht? Schon Alfred Nobel beschäftigte sich mit dieser Frage und entwickelte das erste in der Handhabung halbwegs sichere Dynamit, indem er das hochempfindliche Material in eine Art Gel einbettete. Noch heute werden Bauwerke ohne allzu große Gefahr für die Arbeiter mit dieser Sprenggelatine dem Boden gleichgemacht. Vermutlich folgt *Glaucus* demselben Prinzip und bettet die erbeuteten Nesselzellen in Schleim, um sie durch das eigene Gewebe heil in die Cerata zu transportieren. Unfälle federn wohl die Chitinplatten ab, die den Verdauungstrakt als Panzerung auskleiden.

Bei Attacken schützen die Nesselkapseln dann den Dieb, dessen Giftwirkung höher als die einer Portugiesischen Galeere sein kann, weil er sein Arsenal von mehreren Staatsquallen gestohlen hat. ›Pirat‹ wird die Schnecke auch genannt, was umso besser passt, als sie der ›Blauen Flotte‹ angehört. So nannte der britische Naturalist Alister Hardy all die treibenden und segelnden Neustontiere in den Farben der See. Er verstand ihre Kolorierung als Schutz vor der UV-Strahlung, mittlerweile gilt sie eher als Tarnung, eine Idee, die auch Hardy hätte haben können. Denn er arbeitete im Ersten Weltkrieg als Camoufleur, entwarf und gestaltete also militärische Tarnung. Wie der Autor Peter Forbes schreibt, wurde Hardy nur dafür ausgewählt, weil er mit einem professionellen Künstler gleichen Namens verwechselt wurde. Eine neue Herausforderung für Camoufleure waren Gegner, die erstmals auch von Flugzeugen aus erkundeten. Wie lassen sich große Mengen Equipment und ganze Truppen für den Blick aus der Luft unsichtbar machen?

Eine Revolution in der Kunst der ersten Dekade des 20. Jahrhunderts half hier vielleicht, weil sie die Umrisse von Objekten und Figuren auflöste – am extremsten im Kubismus. Wie Forbes schreibt, wirkten die vielfach facettierten Gitarren von Pablo Picasso und Georges Braque fast wie Tarnung, was den Malern nicht entgangen sein soll. Ganz verstecken ließen sich große und vor allem bewegliche Objekte damit kaum, aber ohne klar erkennbare Umrisse waren ihre Richtung und Geschwindigkeit wenigstens schwer zu erfassen. Forbes zitiert ein Interview mit Braque, in dem dieser darauf beharrt, dass die Armee den Kubismus für Camouflage genutzt habe. Zur Zeit des Impressionismus seien die Uniformen dagegen blassblau gewesen, als eine Art atmosphärische Camouflage. Die ›Blaue Flotte‹ der Meere scheint also eher dieser Kunstperiode anzuhängen. Schließlich ist sie wie das Meer gefärbt und damit kaum von Räubern aus der Luft auszumachen, während der bleiche Rücken des *Glaucus atlanticus* von der Meerestiefe aus gesehen mit dem hellen Himmel verschwimmt – es ist die perfekte Anpassung in jede Richtung.

Der ukrainische Forscher Yuvenaly P. Zaitsev hat sich schon vor einem halben Jahrhundert mit dem Neuston und der Abstammung seiner Bewohner beschäftigt. Demnach hätten sie sich aus ehemals am Meeresboden beheimateten Arten entwickelt. Zaitsev fiel auf, dass das Neuston den Meeresboden mit seiner Besiedelung reflektiert und eine Art Spiegelwelt bildet. Unten kriechen Schnecken und krabbeln Krebse, während Muscheln und Seeanemonen fest verankert sind. Für die Nahrungssuche grasen sie den Untergrund ab oder fischen Partikel aus dem offenen Wasser. An der Wasseroberfläche aber finden all diese Artengruppen ihren Gegenpart – wenn auch kopfunter. Die räuberisch lebenden Veilchenschnecken beispielsweise gehören ebenfalls Hardys ›Blauer Flotte‹ an. Sie schäumen mit ihrem Fuß ein Floß aus schnell aushärtendem Schleim auf, ihr Anker an der Oberfläche, von dem sie ins offene Wasser hängen. Neustonische Krabben müssen dagegen mit kräftigen Paddelfüßen für die richtige Orientierung sorgen, während Seeanemonen eine Fußplatte und die Bojenbildende Entenmuschel ein styroporartiges Floß entwickelt haben, von denen sie nach unten hängen, um Beute aus dem Meerwasser zu filtern.

Sie alle sind auf das Leben an der Oberfläche der Ozeane spezialisiert, bilden hier eigene Ökosysteme. Doch es gibt auch Gäste, und Uranos mag hier eine Hand im Spiel gehabt haben. Für viele Fische und andere marine Arten ist die Haut der See ein Brutkasten für ihre Eier und eine Kinderstube für die Jungtiere. Neustoniker bleiben sie freilich nicht alle, meist taucht der ausgewachsene Nachwuchs in tiefere Schichten ab. Vorher liefern sie neustonischen Räubern wie dem Meerwasserläufer *Halobates* aber eine wichtige Ressource und beeinflussen die saisonale Zusammensetzung der ohnehin extrem dynamischen und diversen SML. Ihre Grundlage sind aufsteigende organische Partikel aus dem offenen Wasser wie klebrige, gelartige Teilchen, die nach oben treiben. Deren Menge und Zusammensetzung hängen auch von dem marinen Leben am Meeresboden darunter ab. Korallen beispielsweise produzieren ungeheure Mengen schützenden Schleims, bis zu fünf Liter pro Quadratmeter Riff, auch um Parasiten und Sediment abzustreifen, wie Christian Wild von der Universität Bremen während seiner Diplomarbeit in Australien herausfand. »Ich habe die Korallen mit Sediment berieselt und konnte beobachten, dass sie unheimlich viel Schleim produziert haben«, sagt er. Schließlich konnte er zeigen, dass Korallen über ihren Schleim die diversen Lebensgemeinschaften ihrer Riffe mit Energie und Nährstoffen versorgen. »Insgesamt ist der von den Korallen abgegebene Schleim ein dominanter Bestandteil des organischen Materials in der Wassersäule über Riffen«, sagt Wild. Der Schleim wirke als Klebefalle, in der planktonische Organismen und andere Partikel hängen bleiben. So werden die Aggregate immer schwerer, sinken ab und können von Mikroorganismen abgebaut werden, was etwa Stickstoff und Phosphor im an sich sehr nährstoffarmen System Korallenriff hält und wieder verfügbar macht. »Nachdem ich diese Arbeiten veröffentlicht hatte, wurde ich von den Kollegen noch als Mister Schleim belächelt«, berichtet Wild. »Jetzt kommen sie häufiger auf mich zu, weil immer klarer wird, wie wichtig Schleime im Meer sind.« So auch die Gele der Korallen, die eine wichtige Rolle im gesamten Riff-Ökosystem spielen – und die Mikroschicht an der Oberfläche der See versorgen.

Es ist die mikrobiell besiedelte Schleimhaut der Meere, die – entsprechend dem Gel im menschlichen Körper – den selektiven Austausch am Interface prägt. Energie wird hier über die Sonnenstrahlung absorbiert. Moleküle können entlang der Oberfläche diffundieren und Materie wird zerlegt. Dafür sorgen die Mikroorganismen in der warmen und nahrhaften Suppe der Mikroschicht, die ähnlich wie die Bakterien in unserem Dickdarm höchst aktive Abbauprozesse betreiben. Eine entscheidende Frage ist nun, wie sich der Klimawandel und die Erwärmung der Ozeane auf dieses fein balancierte Gefüge auswirken werden. Noch wissen wir zu wenig, um fundierte Prognosen aufzustellen. Verschwinden wird die SML wohl nicht, ganz im Gegenteil: Ihre Mikroben könnten durch die Erhitzung aktiver werden und die Mikroschicht über Gebühr anschwellen lassen, den Austausch Photon für Photon und Molekül für Molekül also erschweren. Kein Problem auf kleiner Fläche, möglicherweise aber von globaler Konsequenz, wenn sich ein Interface verändert, das zwei Drittel der Erdoberfläche bedeckt.

Ebenso besorgniserregend ist die Verschmutzung der Ozeane durch Plastik und andere menschengemachte Substanzen, die toxisch für die sensitiven Neustoniker sind. Viele Kunststoffe treiben im Wasser, reichern sich also gezielt mit Pharmazeutika, Pestiziden und anderen Chemikalien in der SML an. Dort treffen sie auf die Eier und Jungtiere vieler mariner Arten, die durch diese Schadstoffe erheblich in ihrer Entwicklung gestört werden könnten.

Groß angelegte und technisierte Versuche, die größeren schwimmenden Plastikteile einzufangen und von der Haut der See abzuschöpfen, werden von manchen Forschern aber ebenfalls kritisch gesehen, weil sie auch dem Neuston gefährlich werden könnten. Denn der Abfall und die Bewohner der Oberfläche sind sich in ihrem Verhalten sehr ähnlich: »Plastik ahmt die Welt des Neustons nach«, schreibt die amerikanische Quallenforscherin Rebecca Helm in einem Artikel in *The Atlantic*. »Es hat Auftrieb, ist an der Oberfläche und gummiartig.« Dazu kommt, dass sowohl Plastik als auch Neuston passiv treiben und dabei denselben Strömungen ausgesetzt sind, also gemeinsam auftreten. Neunzig Prozent des Plastiks mit den heute verfügbaren Methoden abzuräumen könne potenziell neunzig Prozent des Neustons zerstören, schreibt Helm. Vielleicht sind der treibende Müll und das Ökosystem auf der Haut der See bereits untrennbar verflochten, zumindest aber verschwimmt die Trennlinie: *Halobates* legt seine Eier ebenso gern auf schwimmendem Holz oder anderem Treibgut ab wie auf einer treibenden Plastikflasche. So wurden auf einem Stück Abfall mehr als 70 000 Eier des Insekts gefunden, das nun als einer der wenigen Profiteure der Plastikflut wahrscheinlich sogar schneller als je zuvor dank des treibenden Mülls eine geeignete Brutstätte finden kann.

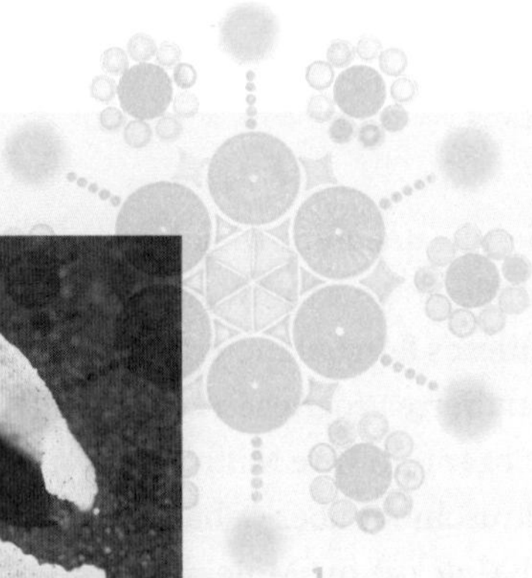

1

2

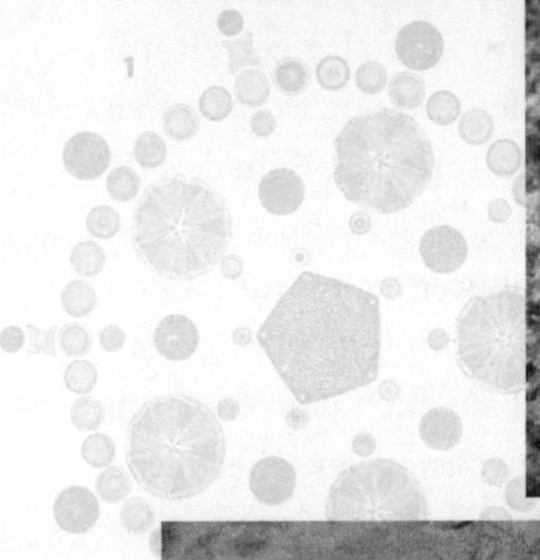

1

3

4

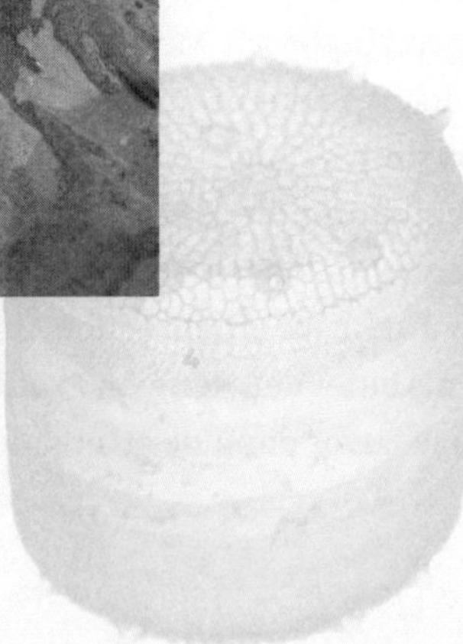

5

1, 5 Der Optiker Johann Diedrich Möller schuf im 19. Jahrhundert Schaubilder aus den ziselierten Strukturen von Kieselalgen (Diatomeen) *2, 4 Mondschnecken verpacken ihre Eier in Gallerte, die zu Sandkrägen aushärtet 3 Algen wie die einzelligen* Diatomeen *produzieren ungeheure Mengen Sauerstoff*

DIE KONTUREN DER WELT

... wenn der euch so hinter sich herzieht, Jungens; und wenn die Karre gegen 'nen Berg rennt, heißt's verdammt aufpassen, daß man nicht über Bord geht wie die zwei vorhin ... Hurra! So ist 'nem wackern Burschen zumute, wenn er mit Extrapost zu Davy Jones in die Hölle fährt ... die lange Rutschbahn runter in die Ewigkeit! ... Und der Wal da, hurra! Das ist der Postillon!

HERMAN MELVILLE, *Moby Dick*

»Hast du Angst vor dem Tod?«, fragt Davy Jones den vor Angst zitternden Seemann. »Fürchtest du diesen dunklen Abgrund?« Der herzlose Hollywood-Bösewicht aus *Fluch der Karibik* könnte mit den Tentakeln im Gesicht als kleiner Bruder von H. P. Lovecrafts bösem Gott Cthulhu durchgehen, hat aber seine eigene und viel ältere Geschichte. Ist er der Teufel selbst oder nur der Kapitän des Geisterschiffes *Der fliegende Holländer*, auf ewig verflucht, die Meere zu kreuzen? Der Anfang des Mythos liegt im Dunkeln, doch gefürchtet wurde Davy Jones über Jahrhunderte, weil ihm alle ertrunkenen oder anderweitig auf dem Meer gestorbenen Seeleute gehören. Als literarische Figur erwies er sich für viele Autoren als unwiderstehlich, von Daniel Defoe bis zu Herman Melville, der seine Seemänner in *Moby Dick* vor dem nassen Grab in Davy Jones' Reich zittern lässt. Im Film wiederum kann er Gefangene, die dem Tod nahe oder bereits über die Schwelle getreten sind, vor eine trügerische Wahl stellen: Anstatt auf ewig in den Untiefen des Meeres zu treiben, können sie sich hundert Jahre auf seinem Schiff knechten lassen.

Auch der Kapitän ist verwundbar, weil er sich sein eigenes Herz aus dem Leib geschnitten hat, das er nun in einer kunstvoll verschlossenen Truhe verwahrt. Im Mythos hat die Kiste des Davy Jones aber eine noch dunklere Bedeutung, als Metapher für das Reich des Kapitäns, für den Meeresboden, das nasse Grab der toten Seeleute und den Friedhof gesunkener Schiffe. Wie Rachel Carson schreibt, sollten in einer anderen Variante der Geschichte das dichtere Meerwasser in der

Tiefe und der Auftrieb die sinkenden Körper und Wracks in ihrer Passage verlangsamen und über dem Boden anhalten. Tote Seeleute und untergegangene Schiffe würden demnach für immer geisterhaft im Wasser schweben. Die physikalischen Überlegungen für das fiktive Phänomen tragen nicht, doch der Salzgehalt und die Dichte der Ozeane können Lebensräume tatsächlich abgrenzen.

Ein Ästuar ist die Mündung eines Flusses in die See, deren salziges Wasser sich bei Flut wie ein Keil stromaufwärts schiebt, ohne sich vollständig mit dem Frischwasser zu durchmischen. Das dichtere Ozeanwasser bleibt am Boden und unterwandert den Fluss. Ästuare sind eigene Lebensräume mit Arten, die häufig nur einen spezifischen Salzgehalt in ihrer Umgebung tolerieren können, sodass sich manche marinen Spezies bei Ebbe im Sediment eingraben, um dem anrollenden Frischwasser zu entgehen. Das erlaubt ihnen wie auch unempfindlicheren Arten, weit in Fließgewässer vorzudringen, wie der ichnologische Spurensucher Anthony Martin schreibt. Wie nehmen sich die Organismen in diesen offenen und doch getrennten Sphären wahr? Vielleicht treiben sie mit großen Augen aneinander vorbei, ähnlich wie Besucher die Unterwasserwelt moderner Aquarien bestaunen, die sie in Glastunneln durchwandern.

Wernadski vollbrachte für den Raum, was Darwin für die Zeit geleistet hatte: So wie Darwin gezeigt hatte, dass alles Leben von einem entfernten Vorfahren abstammt, so hat Wernadski gezeigt, dass alles Leben einen materiell einheitlichen Raum bewohnt, die Biosphäre.
LYNN MARGULIS, DORION SAGAN, *What is Life?*

Ästuare gehören zu den marginalen oder peripheren Biotopen des Ozeans, für die der Neuston-Forscher Yuvenaly P. Zaitsev den heute selten gebrauchten Begriff *Contours* prägte. Gemeint sind die Ränder der See wie ihr Bett, ihre Oberfläche und die Küstenlinien, die immer wieder etwa im Wechsel der Gezeiten vom Salzwasser überspült werden. Die Spezies dieser Grenzgebiete bilden nach Zaitsev als *Contourobionten* trotz aller Unterschiede eine gemeinsame ökologische Gruppe, weil sie allesamt marine Interfaces bewohnen. Sein Konzept wiederum basierte auf dem Werk des russischen Wissenschaftlers Wladimir Wernadski (1863–1945), der im Westen zu Unrecht in Vergessenheit geraten ist – obwohl er, wie Lynn Margulis und Dorion Sagan betonen, die Vorstellung von Raum revolutioniert hat.

Simon Ings schreibt in seinem Buch *Triumph und Tragödie* über die Wissenschaftler unter Stalin, dass der aus einer begüterten Familie stammende Wernadski mit mehreren Freunden beschloss, sein Leben dem Wohl des russischen Volkes zu widmen. Sie schworen einen Eid, so viel wie möglich zu produzieren, so wenig wie möglich zu konsumieren und die Bedürfnisse anderer wie die eigenen zu behandeln. Ihr Idealismus bewährte sich, als Dürren, Überschwemmungen und andere klimatische Kapriolen im Jahr 1891 bei 35 Millionen Menschen eine Hungersnot auslösten. Betroffen waren die fruchtbaren Regionen mit humusreicher Schwarzerde, die vom Wind in solcher Menge aufgewirbelt wurde, dass sich die Sonne verdunkelte. Während Wernadski, seine Freunde und viele Angehörige der Aristokratie Notküchen einrichteten und das Leid linderten, verkaufte die Regierung das wenige verbleibende Getreide an ebenfalls unterversorgte osteuropäische Staaten.

Der britische Historiker Orlando Figes sieht in der Hungerkrise, dem Versagen der Staatsmacht und dem Erstarken der Zivilgesellschaft einen entscheidenden Wendepunkt. Das Erwachen der Öffentlichkeit gehöre zu den breiten sozialen Änderungen, die an der Wurzel der nachfolgenden Revolution lagen. Ebenso bahnbrechend war Wernadskis Beitrag in der Wissenschaft. Er erdachte den Begriff nicht, entwickelte aber mehr als einhundert Jahre vor Lovelocks Gaia bereits ein groß angelegtes Konzept der Biosphäre, nachdem er bei einer Wanderung in den Alpen die enge Verknüpfung der Geschichte des Kosmos mit dem Leben erkannt hatte. Das Bindeglied sollte die Geologie unseres Planeten sein, das eigentliche Fachgebiet des Mineralogen.

Ozeane skizzierte er als Konzentration lebender Materie, die als eine Art Film unter anderem das Land sowie marine Interfaces überzieht. Deren Schleime wiederum prägen und stabilisieren diese sensitiven Habitate. Das sind gewissermaßen die weichen Ränder der See, wo sich Sand und feine Partikel als Sediment am Boden sammeln und über die Bewegung des Wassers immer wieder aufgegriffen, transportiert und an anderer Stelle abgelagert werden. Dieses Phänomen umfasst unter anderem Ästuare, Wattgebiete sowie das Kontinentalschelf, also den unterseeischen Sockel des Festlandes.

Warum ist das weiche Bett der See an ihren Rändern überhaupt von Bedeutung? Das Sediment kann hier unterschiedliche Profile ausbilden, also Dünen bilden, sich in sanfte Wellen legen, die sogenannten Rippel, oder aber zur flachen Ebene werden. Diese Muster wiederum beeinflussen unter anderem die Richtung und Geschwindigkeit der Wasserströmung in diesen Bereichen. Bei Ästuaren beispielsweise hängt vom Profil des Sediments unter Wasser auch die Schiffbarkeit des Wasserwegs ab. Selbst bei der Verlegung unterseeischer Kabel muss das Gewässerbett berücksichtigt werden. Kurz gesagt: Der Mensch nutzt diese küstennahen Bereiche auf ganz unterschiedliche Weise und muss deshalb das Profil des Sediments im Auge behalten – sowie dessen künftige Entwicklung nach

1 *Der russische Wissenschaftler Wladimir Wernadski arbeitete zur Biosphäre, hier 1934* **2, 3** *Einzellige Diatomeen (hier* Arachnoidiscus japonicus, *um 1870) und andere Mikroorganismen produzieren an den Küsten Biofilme, die Strandläufer fressen*

Möglichkeit akkurat vorhersagen. Das ist so wichtig, weil der Klimawandel allen Erwartungen nach die Ozeane ansteigen lassen wird, was die jetzt fein austarierten Prozess an diesen Grenzflächen aus der Balance bringen könnte.

Doch entsprechende Computersimulationen konnten hier zunächst nicht helfen. Ihre Kalkulationen errechneten meist sehr viel ausgeprägtere Profile, als die Wissenschaftler dann tatsächlich vorfanden. Irgendwo war der Wurm drin – und zwar buchstäblich. Die Modelle basierten vor allem auf Sand als Sediment, dessen Körner aber nicht interagieren und sich leicht bewegen lassen. In echten Gewässerbetten spielt meist aber auch Schlamm eine Rolle, der berücksichtigt werden muss, weil er zumindest für eine schwache Bindung zwischen den Teilchen sorgt. Die größte Auslassung betraf aber die biologischen Schleime. Sie können in Gewässerbetten und auch an Küsten die Partikel regelrecht verkitten und so das ganze Sediment stabilisieren. Übersetzt bedeutet das, dass Gewässerbetten schon dann abflachen können, wenn ihr Sediment nur zu einem halben Prozent aus Schleim besteht. Das spricht für eine außerordentliche Klebkraft.

Woher aber stammt das Gel? Die üblichen Verdächtigen betätigen sich hier als Produzenten. Da sind beispielsweise Würmer, die das Sediment als Lebensraum durchtunneln und dabei mit Schleim durchziehen. Nicht zu vergessen ist aber natürlich die Menagerie an Mikroorganismen, die das Substrat mithilfe klebriger Exopolymere verkleistern und mit ihren Biofilmen die Oberfläche abdichten. Die altbekannten Diatomeen oder Kieselalgen sind als Gelbildner global besonders prominent. Und nicht nur in dieser Rolle: Diese Einzeller, die mit ihrem zweiteiligen Kalkskelett an fein ziselierte Pillendosen erinnern, sind die wichtigste Gruppe im Fotosynthese betreibenden Phytoplankton. Sie schleusen ungeheure Mengen organischen Materials in die Nahrungsketten – und produzieren einen großen Teil des Sauerstoffs in der Atmosphäre.

Hier soll es aber um ihre Gele gehen, die auch an Land eine Rolle spielen, weil sich die Einzeller in einer gigantischen Migration jede Nacht an die Küsten treiben lassen, wo sie sich mithilfe ihrer Exopolymere verankern. Eine einzelne Diatomee produziert wenig Schleim, in der Masse und gemeinsam mit anderen Gelbildnern helfen sie aber, ganze Küstenstreifen zu verkleben und zu stabilisieren. Ein besonders plastisches Beispiel ist das sogenannte Schlickwatt mit einem so hohen organischen Anteil, dass jeder Besucher tief einsinkt. Hier konnten kanadische Forscher auch Abertausende Strandläufer auf der Durchreise beobachten und ein Rätsel lösen: Wovon ernährten sich die Zugvögel, in deren Mägen nur Wasser und Sand zu finden war? Die bürstenähnliche Zunge lieferte schließlich die Antwort: Die Strandläufer und vielleicht auch andere Zugvögel sammeln die energiereichen Biofilme der Diatomeen aus dem Schlick auf.

Grundsätzlich sind alle Gezeitenzonen von den Schleimen einzelliger und anderer Sedimentbewohner geprägt. Das sollte beispielsweise in den Ästuaren am rein wässrigen Interface kaum eine Rolle spielen, doch umso mehr an den überlappenden Sedimentbereichen. Denn allgemein wirkt sich der Salzgehalt des Wassers stark auf die Klebkraft von Gelen im Gewässerbett aus. Zumindest im Experiment hat sich gezeigt, dass Biofilme auch die Sedimente in Frischwasser stabilisieren. Sie haften aber wohl weniger stark als die marinen Schleime. Das gilt zumindest so lange, bis Meerwasser anrollt, das sich nicht nur auf die Klebkraft der vorhandenen Biofilme auswirkt, sondern auch noch seine eigenen wirkungsvollen Gelbildner mitbringt.

Ähnlich geht es den Salzwiesen und Salzmarschen, die weiter im Inland liegen, aber dennoch periodisch von der See überspült werden. Diese besonderen Habitate finden sich auch auf Cape Cod, wo schwankende Planken durch das hohe Gras schlängeln. Den Weg zum Strand kann ich noch trockenen Fußes zurücklegen, bei meiner Rückkehr sind auch die Planken bereits geflutet. Und mit dem Salzwasser kommt immer auch Sediment samt Besiedelung mit. Die angeschwemmten Mikroorganismen lassen sich hier nieder, wenn sie den wechselhaften Lebensraum tolerieren können – und produzieren Schleim.

Sie tragen also einen wichtigen Teil zur Stabilisierung des empfindlichen Habitats bei. Dessen Erhalt ist so wichtig, weil die Salzmarschen als Pufferzone die Küste vor Erosion schützen und gleichzeitig den ablaufenden Dünger der Felder ausfiltern, bevor er ins Meer gelangen kann. Ob Gewässerbett, Ästuar, Küste oder Salzwiese: Es handelt sich immer um wichtige Habitate, die ohnehin herausfordernden Bedingungen ausgesetzt sind. Wird nun dieses fragile Gleichgewicht etwa durch den Klimawandel und die ansteigenden sowie versauernden Ozeane gestört, könnte sich das Gesicht der Erde merklich verändern.

Die Salzmarschen beispielsweise drohen sich künftig in wattähnliche Gezeitenzonen zu verwandeln, wenn Ozeane höhersteigen. Wenn zudem Flüsse langsam versiegen, verschiebt sich auch die Balance in Ästuaren. Anthony Martin, der Experte für fossile Spuren, berichtet von einem Fall, bei dem Seepocken und andere marine Arten bereits dreißig Kilometer weit ins Inland vorgedrungen sind. Sie siedeln also in einem Gewässer, das nur dem Namen nach noch Fluss ist. Es gibt aber noch ein weiteres Interface der See, das von Schleim geprägt ist. Es findet sich in der Tiefsee. Wie Wernadski und Zaitsev zeigten, ist das Leben im Wasser nicht gleichmäßig verteilt, sondern drängt sich an den Rändern in außerordentlicher Vielfalt. Die Wassersäule ist im Vergleich dazu viel spärlicher besiedelt. Zumindest tagsüber ist sie aber in ihren lichtdurchfluteten oberen Schichten der Hort der Diatomeen und anderer Arten, die Fotosynthese betreiben.

Hier entsteht viel organische Materie, häufig in Form schleimiger Partikel unterschiedlicher Größe und Konsistenz. Und klebrig sind sie noch dazu. Was nicht gefressen wird, sinkt langsam durch die Wassersäule nach unten. Andere Überreste kommen dazu und vieles davon ist gelartig wie die toten Körper der Salpen und die Schleimnetze der Larvaceen. Eine eigene Kategorie bildet der sogenannte Scheinkot, der entsteht, wenn Meerestiere Nahrung aus dem Wasser filtern, die unverdaulichen Reste aber sofort ausstoßen – in Gel verpackt. Beständig rieselt also ein organischer Regen aus schleimigem und anderem Abfall zum Boden der Ozeane. Viele Mikroben und andere Organismen in der Tiefe hängen von diesem Reichtum der oberen Schichten ab. Gleichzeitig werden hier aber auch ungeheure Mengen organischen Materials in die Tiefsee transportiert und gespeichert.

Meterhoch kann sich dieses Sediment ablagern und über Jahrtausende oder noch länger am Meeresboden verbleiben. Warum ist das wichtig? Das an Kohlenstoff reiche Material ist der Atmosphäre entzogen, kann also nicht in Form von Treibhausgasen den Klimawandel befeuern – zumindest vorerst. Das gilt, solange die biologische Pumpe gleichmäßig weiterläuft. Vielleicht sind die schleimigen Flocken des sanft rieselnden Meeresschnees der wahre Reichtum in der Kiste des Davy Jones: »Wenn ich an den Boden der Tiefsee denke, ist der eine überwältigende Fakt, der meine Imagination besetzt, die Akkumulation von Sedimenten«, schreibt Rachel Carson in *The Sea Around Us*, und weiter:

> *Ich sehe immer das stetige, unermüdliche Treiben von oben nach unten, Flocke um Flocke, Schicht um Schicht – ein Treiben, das für Hunderte von Jahrmillionen anhält, das weitergeht, solange es Meere und Kontinente gibt. Denn diese Sedimente sind das Material des unglaublichsten »Schneefalls«, den die Erde je gesehen hat.*

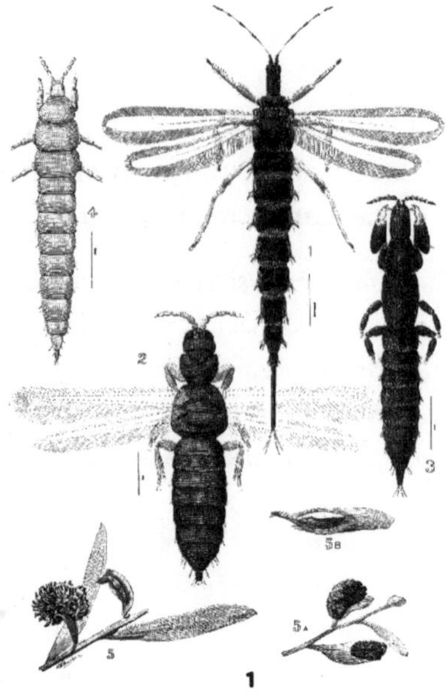

1

2

3

1 Die kaum oder gar nicht flugfähigen Fransenflügler werden bis zu tausend Kilometer weit vom Wind getragen 2 Pollen, Sporen und andere Vertreter von Luftplankton 3 Im Dust Bowl der 1930er-Jahre löste eine verfehlte Agrarpolitik die schlimmste menschengemachte Umweltkatastrophe der USA aus

LEBENDE KRUSTEN

Am Morgen hing der Staub dicht wie Nebel über der Erde, und die Sonne war wie frisches, reifes Blut. Den ganzen Tag lang rieselte der Staub vom Himmel, und auch am nächsten Tag noch rieselte er herab. Eine gleichmäßige Decke breitete sich über die Erde. Der Staub legte sich auf das Korn, auf die Spitzen der Zaunpfähle, auf die Drähte und auf die Dächer, auf das Unkraut und auf die Bäume.

JOHN STEINBECK, *Die Früchte des Zorns*

Haboobs sind Staubstürme, ein arabischer Name für ein Phänomen, das vor knapp einem Jahrhundert den Mittleren Westen als Plage biblischen Ausmaßes heimsuchte. Doch es war nicht die strafende Hand Gottes, die sich erhob, sondern die schlimmste menschengemachte Umweltkatastrophe in den USA. Die Great Plains erstrecken sich als breiter Korridor östlich der Rocky Mountains von Mexiko bis Kanada. Das Land ist karg und trocken, natürlicherweise bedeckt von einer robusten Pflanzengemeinschaft, allen voran die Präriegräser, deren dichtes Wurzelwerk den Boden stabilisiert. Doch dann kam der Mensch. Der Regierung war bekannt, dass die Ebenen kein Ackerland waren und höchstens große Farmen mit komplexem Bewässerungssystem hier ein Auskommen finden können.

Kleine Höfe im Familienbetrieb ohne ausreichendes Kapital sollten sich dagegen nicht halten können. Dennoch wurde das Land bis in die 1930er-Jahre intensiv beworben und kostenlos an Siedler als besonders fruchtbares Ackerland vergeben, das mit dem Pflug nur ›gekitzelt‹ werden müsse, um seine Produktivität zu entfalten. Die Eisenbahnen, deren neu gelegte Schienennetze sich erst bezahlt machen mussten, stimmten ein in die Propaganda vom ›Nil der Neuen Welt‹. Etwa ein Drittel der Great Plains wurde über Jahrzehnte in grünes Grasland und Viehweiden umgewandelt, also tief mit Pferd und Pflug umgegraben, was das dichte Wurzelwerk der ursprünglichen Bepflanzung zerstörte.

Dass dem Pflug der Regen folge, war ein weiteres Versprechen der Regierung gewesen, doch was hier folgte, war die Apokalypse. Die ungeschützte Erde wurde trockener und heißer, verlor ihre Stabilität, war Dürre und Erosion ausgesetzt. Dazu kam ein seltenes Wetterphänomen, das den sogenannten Jetstrom umkehrte, der normalerweise Wolken und Regen in den Mittleren Westen trägt. Jetzt aber blieb der Niederschlag aus, die Ernte verdorrte und gewaltige Staubwolken türmten sich kilometerhoch auf. Allein im Jahr 1933 gab es mehr als fünfzig Haboobs, die wie schwarze Felswände über die Landschaft fegten.

Bilder aus dieser Zeit zeigen Häuser und Höfe wie unter einer grauen Flut begraben, deren Wellen aus Staub und Erde bis auf die Hausdächer schwappten. Zeitzeugen berichteten von den feinen Körnchen, die die Haut wie Schleifpapier abrieben, die Augen blind werden, das Vieh ersticken und Kinder an der ›braunen Seuche‹ erkranken ließen, eine durch Staub ausgelöste Lungenentzündung, wie der Autor Timothy Egan in seinem preisgekrönten Buch *The Worst Hard Time* schreibt. Ein Entrinnen gab es nicht. Abends dichteten die Familien ihre Fenster und Türen mit feuchten Handtüchern ab, mussten morgens aber trotzdem den Staub aus ihren Hütten und Häusern schaufeln.

Der Staub in der Luft dämpfte die Stimmen der krähenden Hähne und die Sonne stand blutrot am Himmel. Nachmittags wurde es bereits wieder dunkel, und wer im dichtesten Staubnebel auf dem Hof unterwegs war, band sich ein Seil um die Mitte, um den Weg zurück zu finden. Bis nach Chicago am anderen Ende des Landes und in die weit entfernte Hauptstadt Washington wurde der Staub aus den Great Plains getragen, der sich sogar auf Schiffen im Ozean wie eine braune Decke niederließ. Der 14. April 1935, der ›Schwarze Sonntag‹, brachte dann den schlimmsten aller Haboobs, bei dem laut Egan an einem einzigen Nachmittag zweimal so viel Staub über das Land wirbelte, wie in sieben Jahren für den Panamakanal ausgegraben worden war.

Für die meisten Farmer gab es im Mittleren Westen kein Auskommen mehr. Die Fotografin Dorothea Lange wurde berühmt für ihre Porträts der verhärmten und ausgemergelten Migranten und ihrer zerlumpten Kinder, die sich auf den Weg nach Westen machten. Sie folgten wie die Familie Joad in John Steinbecks Meisterwerk *Die Früchte des Zorns* einem weiteren leeren Versprechen, in den großen Städten Kaliforniens und anderswo sollte es Arbeit geben, was sich auch wegen der Weltwirtschaftskrise der 1930er nicht erfüllte. Wer blieb, hatte aber auch nicht mehr Glück, weil die mageren Ernten durch verheerende Pilzinfektionen vernichtet wurden und das Land sich ohnehin nicht von der Zerstörung erholte.

Nicht immer sind die Folgen so katastrophal, wenn trockener Boden seine Stabilität verliert und ungeschützt der Erosion preisgegeben ist. Aber auch kleine Veränderungen könnten unsere Versorgung gefährden, wenn sie nur ausgedehnt genug auftreten und etwa durch den Klimawandel ganze Landstriche höheren Temperaturen und geringeren Niederschlägen ausgesetzt sind. Besonders gefährdet sind dadurch die Biologischen Bodenkrusten, meist unsichtbare oder nur wenige Millimeter hohe Lebensgemeinschaften, die in Wüsten und trockenen Landstrichen den Boden bedecken, aber auch an und unter Steinen wachsen können.

Ob und wo sie sich bilden, hängt vom Niederschlag, der Temperatur und der landwirtschaftlichen Nutzung ab. Vorherrschend sind sie in Wüsten sowie in den Steppen und Savannen, vor allem im südlichen Afrika, Australien und Asien sowie im Südwesten der USA. Nur in gemäßigten Zonen wie in Mitteleuropa, wo Gefäßpflanzen wie Sträucher und Bäume den Boden lückenlos bedecken, sind sie selten. Nach einer Studie am Max-Planck-Institut für Chemie in Mainz unter der Leitung von Bettina Weber bedecken die Biologischen Bodenkrusten bis zu zwölf Prozent der Erdoberfläche, was etwa vierzig Prozent der festen Landmasse entspricht.

Wenn die Gelschicht auf der Oberfläche der Ozeane die feuchten Schleimhäute des Planeten bilden, dann sind die Biologischen Bodenkrusten die lebende Haut der Erde, die Nährstoffe akkumuliert und transformiert. Das ist auch ihrer zentralen Rolle bei geochemischen Prozessen wie den globalen Zyklen für Stickstoff und Kohlenstoff zu verdanken. »Die Bodenkrusten haben schon was Schleimiges«, sagt Weber. »Sie sind zwar trocken, hart und eben auch krustig, aber es gibt daneben auch den Schleimaspekt.« Dafür sorgen vor allem Cyanobakterien, die immer den Anfang machen. Sie produzieren eine schleimige Matrix, sogenannte Exopolysaccharide, die Partikel im Boden verkleben und diesen so vor Erosion schützen. Das Hydrogel ist außerdem wichtig, weil es das wenige Wasser, etwa nach Regen, speichern kann, bevor es verdunstet oder versickert.

Biologische Bodenkrusten sind komplexe Lebensgemeinschaften, die von der Wissenschaft entsprechend ihrer Entwicklungsstufen eingeteilt werden. Als Pioniere bereiten die Cyanobakterien den Boden für andere Bakterien, auch Archaeen und Pilze, die organische Materie abbauen. Dazu können Flechten, Moose sowie Einzeller, Würmer, Schnecken und Gliedertiere wie Springschwänze kommen. Bis sich die Besiedlung derart divers und möglicherweise mit vielen Hundert Arten entfaltet, können aber Jahre oder sogar Jahrzehnte vergehen.

Die Biologischen Bodenkrusten sind aber nicht nur zeitlich in ihrer Reifung zu unterscheiden, sondern auch räumlich in Schichten aufgeteilt. Stark pigmentierte Pilze sowie alle Fotosynthese betreibenden Organismen wie die Cyanobakterien siedeln meist oben, weil sie die UV-Strahlung gut aushalten können und auch brauchen, während weiter unten im Ökosystem das lichtscheue Gesindel lebt. Sie alle müssen längere Dürreperioden überstehen können. Spezialisten sind hier beispielsweise die Bärtierchen, die in einen Dauerzustand übergehen, sich aber schnell reaktivieren, sobald wieder Wasser zur Verfügung steht.

Gilliatt glaubte nicht an die Leere der Luft. Er sagte sich: Wenn das Meer von Leben erfüllt ist, warum sollte da die Atmosphäre leer sein? Luftfarbene Geschöpfe würden im Licht verschwinden und sich unserem Blick entziehen. (…) Wenn das Licht ihre Gestalt durchdränge, würden sie keinen Schatten werfen und keinen Umriss bilden, und wir könnten sie daher nicht gewahren und ihrer habhaft werden. Gilliatt stellte sich vor, dass eine Menge solcher überraschender Wesen im Luftmeer zu finden wäre, könnte man die Atmosphäre aus ihm ablaufen lassen wie das Wasser aus einem Teich, wenn man ihn abfischen will.

VICTOR HUGO,
Die Arbeiter der Meere

Heute sind die Biologischen Bodenkrusten aber gefährdet, nach Berechnungen von Bettina Weber könnte bis zu ein Viertel dieser schützenden Hülle künftig verschwinden. Der Klimawandel ist ein Risikofaktor ebenso wie das Anwachsen der Bevölkerung, für deren Versorgung Ackerflächen auf trockenere und bislang ungenutzte Landstriche ausgeweitet werden müssen – die bislang von Biologischen Bodenkrusten bedeckt sind. Diese Entwicklung könnte globale Auswirkungen haben, etwa auf den Stickstoffkreislauf. Dieser Nährstoff kommt in Böden und in der Atmosphäre vor, kann von Pflanzen aber nicht direkt genutzt werden.

Sie sind auf die Mithilfe von Mikroben angewiesen, die Stickstoff fixieren, ihn also in eine verwertbare Form bringen. Nach Bettina Webers Berechnungen könnte dieser essenzielle Dienst weltweit zur Hälfte von den Bodenkrusten geleistet werden. Störungen im Gefüge würden viele Ökosysteme an nährstoffarmen Standorten besonders hart treffen. Ein Verlust der Bodenkrusten würde die Erde aber auch verstärkt der Erosion durch Wind und Wasser aussetzen, also die Atmosphäre enorm mit feinsten Partikeln anreichern. Das ist eine Gefahr für die menschliche Gesundheit, nicht nur für Menschen mit Allergien und Heuschnupfen, die etwa unter dem Pollenflug leiden. Dafür muss es nicht einmal so schlimm kommen wie in den Great Plains der 1930er-Jahre, bei denen die Zerstörung von Wurzelwerk und der empfindlichen Bodenkrusten die massiven Staubstürme auslöste.

Die Lehre der Miasmen, die tödliche Infektionen wie die Malaria – also die ›mal aria‹ oder ›schlechte Luft‹ – übertragen, ist längst überholt. Dennoch ist die Luft um uns herum erfüllt von Mikroben, Pollen und anderen Teilchen, die uns möglicherweise gefährlich werden können. Der große Mikrobiologe Louis Pasteur wies als Erster nach, dass offene Wunden mit Keimen aus der Luft infiziert werden können. Er ist damit in gewisser Weise der Begründer der Aerobiologie. Ihre erste und bislang letzte goldene Zeit erlebte diese Disziplin in den 1930er-Jahren, als neben der Weltwirtschaftskrise und den verheerenden Haboobs auch Pflanzenpathogene den Farmern im Mittleren Westen zusetzten.

Die richtige Person am richtigen Ort zur richtigen Zeit war Fred C. Meier im amerikanischen Landwirtschaftsministerium, ein ungemein charismatischer Mann mit Pilotenschein, der erkunden wollte, wie sich die gefährlichen Rostpilze oder ihre Sporen verbreiteten, welche Rolle das Wetter und die Atmosphäre dabei spielten. Dafür rekrutierte er die Superstars der amerikanischen Aviation, etwa Amelia Earhart, die später – wie Meier selbst auch – bei einem Flugzeugabsturz ums Leben kam. Mit dabei war auch das Ehepaar Lindbergh, wobei Charles dank seines Pionierflugs über den Atlantik seine Frau Anne überschattete, die aber eine der ersten Pilotinnen der USA war und bei den gemeinsamen Flügen ebenfalls das Steuer übernahm.

Das war auch nötig bei einer Reise im Jahr 1933, die das Ehepaar von den USA über Grönland bis nach Dänemark führte und bei der die beiden in Absprache mit Meier sogenannte ›sky hooks‹ oder ›Himmelshaken‹ ausbrachten – als Luftfallen. Charles hatte sie selbst aus einem Metallzylinder konstruiert, in den ölig-klebrige Glasplatten eingespannt werden konnten, die alle festen Teile in der Luft einfingen. Tatsächlich fanden sich einen Kilometer über Grönland Sporen der Roste und anderer Pilze, die Tausende von Kilometern entfernt am Boden wuchsen und enorme Schäden in der Landwirtschaft anrichteten.

Das Ergebnis war klar: Diese Sporen bewegten sich als Nomaden der Lüfte hoch oben in der Atmosphäre um den Planeten. Und sie waren nicht allein: Die Lindberghs brachten in ihren versiegelten Fallen unter anderem auch Pollenkörner, Fragmente von Pilzhyphen, einzellige Algen, Diatomeen, Insektenflügel, vulkanische Asche und Glas mit.

Neben den mikrobiellen Bewohnern der tiefen Erdkruste definieren die Bakterien und Sporen über den Wolken die Grenzen der Biosphäre. All die lebendigen Bewohner oder Gäste der Lüfte, die nur im Wind treiben, aber nicht selbst fliegen können, werden manchmal in Anlehnung an die driftenden Lebensgemeinschaften der Ozeane auch Aeroplankton genannt. Hier aber endet die Ähnlichkeit: Anders als Victor Hugo die Figur Gilliatt in *Die Arbeiter der Meere* mutmaßen lässt, findet sich in luftiger Höhe keine gelatinöse Gegenwelt, leben dort weder durchsichtige Luftfische noch transparente Luftmedusen.

Dafür finden sich zahlreiche Mikroben, und in Ansätzen wissen wir bereits, woher sie stammen, wo also ihre Reise beginnt. Sie gelangen beispielsweise aus dem Meer in die Atmosphäre, wenn Luftblasen im Wasser aufsteigen und an der gelartigen und mikrobiell besiedelten Oberfläche zerplatzen. Erstaunlicherweise lässt sich ein ähnliches Phänomen beobachten, wenn Regentropfen auf Ackerland treffen und Staub sowie Mikroben durch den Aufprall in die Höhe wirbeln.

Selbst Pflanzenblätter können zum Startplatz werden – wenn sie erkältet sind. Viele Erreger, die uns Menschen befallen, werden über die Atemluft oder beim Niesen übertragen. Wir sprechen dann von einer Tröpfcheninfektion. Wie Lydia Bourouiba am MIT gezeigt hat, gibt es eine entsprechende Ausbreitung unter Pflanzen. Dann wandern etwa Pilz-Pathogene über spritzende Regentropfen weiter. Dafür hüllen sie sich in eine schleimige Hülle aus Mucilage, die sie schützt und verhindert, dass sie vom Wind hochgetragen werden können. Trifft aber ein Regentropfen auf das befallene Blatt, spritzt Wasser weg und die Mikroben sind mit dabei.

Ein anderer gefährlicher Pflanzenerreger ist *Pseudomonas syringae*, ein Bakterium, das spezialisiert ist auf das Leben in der Luft. Zwar kommt das Pathogen überall auf der Erde und auch im Wasser vor, es kann aber auch mehrere Tage in der Atmosphäre überstehen, wo es vermutlich von ebenfalls hochgewirbelten Pflanzenfragmenten lebt. Ob es dort einen Biofilm bildet, ist unbekannt. »Belege dafür fehlen bislang«, sagt der Mikrobiologe Hans-Curt Flemming. »Es ist aber sehr wahrscheinlich, dass solche Biofilme existieren. Die Mikroben könnten als kleine Klümpchen in den Wolken leben.« Und dort sind einige von ihnen außerordentlich aktiv. So produzieren einige Stämme von *Pseudomonas syringae* ein Protein, das Wasser bei ungewöhnlich hohen Temperaturen gefrieren lässt. Das Bakterium agiert also wie andere Mikroben und Partikel als Kristallisationspunkt für die Bildung von Eis. Eine Vermutung ist, dass *Pseudomonas syringae* auf diese Weise bei allzu ungemütlichen Bedingungen in der Höhe zu reicheren Jagdgründen auf der Erde im Inneren eines selbst initiierten Hagelkorns oder einer Schneeflocke zurückkehren kann.

Grundsätzlich tragen Mikroben in Aerosolen wohl auch zur Bildung von Wolken bei, könnten also an vielen fundamentalen Prozessen beteiligt sein. Manche

Forscher sprechen bereits von einem ›airborne microbiome‹, einem in die Luft getragenen Mikrobiom. Eine Langzeitstudie hat bereits gezeigt, dass die mikrobielle Zusammensetzung des Luftplanktons über Grönland stark von der Jahreszeit abhängt, mit großen Unterschieden zwischen Sommer und Winter. Neben Spinnen, flügellosen Insekten, Sporen, Pflanzensamen und vielen anderen Bewohnern und Bestandteilen finden sich hier vor allem Hunderte Arten von Bakterien und Tausende Arten von Pilzen. Bevor wir die Interaktionen und die Bedeutung dieser Gemeinschaften entschlüsseln können, droht sie der Klimawandel aber bereits irreversibel zu verändern.

Eng mit dem Aeroplankton verbunden und ebenfalls bedroht sind die Biologischen Bodenkrusten. Neben dem Klimawandel und der Ausdehnung der Landwirtschaft können ihnen schon kleine Störungen gefährlich werden. Selbst Schuhe, Hufe und Reifen zerstören diese fragilen Ökosysteme, die Jahrzehnte brauchen können, um sich zu regenerieren, wenn sie überhaupt eine Chance dazu bekommen. Mit ihnen würden wir vermutlich die erste Pionierlebensgemeinschaft der Evolution verlieren. Sie kommen nicht nur auf allen Kontinenten und in allen Klimazonen vor, sondern wagten sich vermutlich auch als Erste auf trockenes Terrain vor und bildeten sich entlang von Gewässergrenzen, bevor sie weiter landeinwärts zogen.

Noch immer gestalten sie den Lebensraum für viele andere Organismen, etwa indem sie Stickstoff fixieren oder Kohlendioxid aus der Atmosphäre aufnehmen und verwerten. Sie sind zudem wichtig für Verwitterungsprozesse, wenn sie mineralische Unterlagen abbauen. Nicht zuletzt aber speichert die schleimige Matrix der Cyanobakterien das karge Wasser, das der gesamten Bodenkruste sowie höheren Pflanzen zugutekommt, die hier wachsen – auch auf Weideland. Viel bringt dabei übrigens nicht immer viel: Die Atacama-Wüste in Chile gehört zu den trockensten Plätzen auf der Erde. Hier können nur wenige Bakterien, Algen, Pilze und Flechten in Bodenkrusten oder zumindest als Bodenmikrobiom überleben. Als im Jahr 2017 wohl als Folge des Klimawandels nach trockenen Jahrzehnten erstmals Regenstürme über das Gebiet hinwegzogen, schien dies den Überlebenskünstlern endlich einmal ausreichend Wasser zu bescheren. Tatsächlich aber endete die Episode in einem mikrobiellen Massaker, weil der ungewohnte Überfluss an Flüssigkeit die Organismen platzen ließ. Von den ohnehin nur wenigen Arten von Mikroben, die normalerweise im und auf dem Boden der Atacama vorkommen, hatte nur eine Handvoll überlebt.

1 *Das Bakterium* Akkermansia muciniphila *gehört zu den Gärtnern menschlicher Schleimlandschaften*
2 *Mikroplastik landet in Plankton* **3, 4** *Klimawandel und Krankheiten: Stachelhäuter wie der Sonnenblumen-Seestern* (**3**) *fallen einer Seuche anheim, ob diese mysteriöse Tiefsee-Spezies* (**4**) *ebenfalls bedroht ist?*

MEDEA UND DIE NEUE ÄRA

Manche finden diese neue Sicht auf das Leben vielleicht deprimierend. Ich finde sie aufregend, weil, wenn sie korrekt ist, nur wir Menschen (oder andere intelligente Spezies dort draußen im Kosmos) die Regeln ändern und das übrige Leben sowie unsere eigene Spezies vor sich selbst retten können.

PETER WARD, *The Medea Hypothesis*

»Der Killer ist das Leben selbst«, schreibt der Paläontologe Peter Ward. »Es wird den Tod allen Lebens auf der Erde beschleunigen.« Medea nannte er diese apokalyptische Vision in Anlehnung an die Zauberin im griechischen Mythos, die ihre eigenen Kinder vernichtet. Medea nannte er sie auch in bewusstem Widerspruch zur Urmutter Gaia, der Namensgeberin von James Lovelocks Theorie vom Leben, das den eigenen Fortbestand begünstigt. Für Ward ist dies eine ebenso verhängnisvolle Fehleinschätzung wie die Idee, Mutter Natur die Kontrolle zu überlassen. Denn seiner Ansicht nach ist das mehrzellige Leben eine Art suizidaler Superorganismus. Was machen wir falsch? Nach Wards Ansicht versäumen wir Mehrzeller es immer wieder, die Mikroben an die kurze Leine zu nehmen. Derart ungezügelt würden sie sich aber ohne Einschränkung ausbreiten und Prozesse in Gang setzen, die letztlich die höhere Konkurrenz – also uns – ausschalten oder ausschalten sollen.

Fast alle Massenaussterben der Erdgeschichte führt Ward letztlich auf die »ruchlose Vergiftung von Land und See« durch mikrobielle Prozesse zurück. Dabei dürfen wir uns nichts vormachen, der Mensch kommt bei ihm auch nicht viel besser weg. Schließlich hätten auch wir das Potenzial, die Lebensdauer der Erde als bewohnbaren Planeten zu reduzieren. Dennoch müssten wir die Zügel an uns reißen und gezielt in globale Zyklen intervenieren, meint Ward. Denn Medea hätten wir einzig unsere Intelligenz und unseren Einfallsreichtum entgegenzusetzen.

Hier klingt ein altes Konzept an, die Noosphäre als erdumspannender Einflussbereich menschlichen Denkens, den Wladimir Wernadski für ebenso mächtig hielt wie das Leben und dessen Biosphäre. Die Sprache, die Kultur sowie die Technik gehören zu ihren Errungenschaften und das Internet ist nun wohl ihr prägnantester Ausdruck. Wie also sieht die Zukunft aus und welche Rolle wird Schleim dabei spielen?

Der Mensch denkt nur selten über wenige Generationen hinaus, was uns mit dem Klimawandel, der Zerstörung der Umwelt und dem Artensterben teuer zu stehen kommt. Noch debattiert die Wissenschaft, ob sie unsere Zeit offiziell zum Anthropozän erklären soll und damit zu jener Epoche, in der wir Menschen der Erde unwiderruflich unseren Stempel aufdrücken. Außer Frage steht aber schon jetzt, dass künftige Generationen in jedem Winkel des Planeten auf unsere Spuren stoßen werden. Dazu gehört der Plastikmüll, der schon bis in die Tiefsee vorgedrungen ist und sich in marinen Nahrungsnetzen anreichert. Das hat auch damit zu tun, dass Mikropartikel aus Plastik außerordentlich gut an den Schleimen der Meeresbewohner haften bleiben.

Künftig könnte sich diese außerordentliche Klebkraft aber auch nützlich machen: So könnten Biofilter aus Quallenschleim entstehen, die Plastikpartikel aus den Gewässern fischen. In Forschung und Technik scheint tatsächlich eine Ära der Hydrogele anzubrechen und der Fantasie der Entwickler sind hier kaum Grenzen gesetzt, weil die Materialien so vielfältig sind. Der Bereich der *Soft Robotics* schreitet hier voran, der oft Hydrogele mit Elektronik kombiniert und sich seine Anregungen nicht selten aus der Natur holt, etwa gelatinöse Kunstwesen unauffällig unter Wasser erkunden lässt, die dem tatsächlich existierenden Glasaal nachempfunden sind. Das Interesse an Schleimen ist aber vielleicht nirgends größer als in der Biomedizin. Es geht hier unter anderem um neuartige Klebstoffe, aber auch um sogenannte intelligente Bandagen, die auf einer dehnbaren Gelmatrix basieren und gespeicherte Wirkstoffe oder Zellen dosiert abgeben, per Sensor sogar die Temperatur des Patienten überwachen – oder aber im Körper den Blutzucker messen. Weniger auf Heilung ausgerichtet ist dagegen der Ansatz, per Hydrogel im männlichen Samenleiter die Passage von Spermien zu blockieren. Diese Art der Verhütung wäre reversibel, weil sich der Pfropf bei Bedarf wieder auflösen ließe. Als selektiv durchlässige Barriere – Wasser beispielsweise kann passieren – erinnert er an die Hydrogelhürde im weiblichen Genitaltrakt.

Diese Barriere wiederum steht ebenso im Fokus der Forschung wie andere Schleime im Körper sowie deren mikrobielle Besiedlung. Denn die vielen Funktionen des Mikrobioms sind noch lange nicht geklärt, auch wenn wir immer weitere Gärtner unserer Schleimlandschaften identifizieren. So wichtig *Akkermansia muciniphila* für die Regeneration des Gels im Darm ist, so essenziell könnte beispielsweise *Lactobacillus crispatus* in der Vagina sein. Ist das Bakterium dominant, gestaltet es das Milieu ungemütlich sauer für Pathogene und stärkt die Schleimbarriere. Sonst kommen Erreger wie *Gardnerella vaginalis* zum Zug, der Mucine zerlegt und das Hydrogel schwächt, sodass Pathogene wie das HI-Virus leichter vordringen können.

Wie aber verschiebt sich die Balance im Mikrobiom? Die Umwelt scheint hier vielfach eine Rolle zu spielen und unsere Schleime stehen mit ihren mikrobiellen Bewohnern wahrscheinlich von mehreren Seiten unter Beschuss. Ein wichtiger Faktor ist die Diät, die auch die Mikroben im Darm mitversorgt. Fehlt es hier an Abwechslung, verarmt wohl auch das Mikrobiom. Die typisch westliche Ernährung ist oft einseitig und es mangelt an Ballaststoffen. Das kann dazu führen, dass sich mikrobielle Arten im Darm breitmachen, die den Schleim selbst abbauen. Dies ist aber nicht der einzige Risikofaktor. An Mäusen wurde gezeigt, dass ein gängiger Farbstoff in Lebensmitteln den Mikroben im Darm zusetzen kann. Titandioxid, kurz E171, ist als Weißmacher vielen Produkten zugesetzt, von Kaugummi über Zahnpasta bis zu Käse und Süßigkeiten. Doch der Stoff durchläuft unseren Verdauungstrakt nicht einfach, sondern verändert die Aktivitäten der Bakterien im Darm – und ist nicht der einzige Störfaktor.

Nanopartikel aus Plastik beispielsweise kommen mittlerweile überall in der Umwelt vor, auch in Nahrungsnetzen der Ozeane, weil sie bevorzugt an den Schleimen von Meerestieren hängen bleiben. Warum sollten diese Teilchen, aber auch andere Schadstoffe wie Pestizide und Schwermetalle, nicht auch mit unseren Gelen interagieren? Das ist kein reines Gedankenexperiment: Es gibt bereits Hinweise, dass viele toxische Partikel aus der Umwelt unser Mikrobiom massiv stören, sich aber auch auf die Schleimbarrieren direkt auswirken, etwa ihre Dicke und ihren Aufbau verändern. Und nicht nur das: Wahrscheinlich fangen unsere Gelhürden als Filter einige dieser Partikel ein, wodurch ihre toxische Wirkung auf den Organismus sogar noch länger anhält.

Bevor wir die schleimige Auskleidung unseres Körpers also auch nur im Ansatz verstanden haben, könnte sie sich bereits dramatisch verändern, manche Forscher sprechen bereits von einem industrialisierten Mikrobiom, das durch prozessierte Nahrung, den exzessiven Gebrauch von Antibiotika und übertriebene Hygiene geprägt und an diese moderne Umwelt angepasst ist. Mikroben sind

Überlebenskünstler und können oft flexibel auf Änderungen reagieren. Doch diese Spezies haben in einer langen und gemeinsamen Evolution ihr Zusammenleben mit unserem Organismus perfektioniert. Wir sind Holobionten: Wenn sich das Mikrobiom nun unter dem Druck moderner Prozesse verändert, unsere Biologie dem aber nicht ebenso schnell folgen kann, passen wir dann überhaupt noch zusammen? Nach einer Theorie entsteht hier eine Unverträglichkeit im Holobionten zwischen Mensch und Mikrobe, ein Spannungsverhältnis, das demnach zur Häufung von chronischen Entzündungen, Diabetes, Krebs und anderen Volkskrankheiten sowie Immunstörungen beitragen könnte.

Um auf das Bild der Hecke zurückzukommen: Die Besiedlung unseres schleimigen Dickichts verändert sich massiv, weil das Mikrobiom verarmt und aus der Balance kommt. Vielleicht ist aber auch die Hürde selbst durch den Einfluss künstlicher Partikel wie Pestizide und Mikroplastik im Wandel begriffen. Werden unsere Schleimlandschaften also zu ›edgelands‹? Das sind eigentlich jene Randzonen, in denen Städte mit stillgelegten Industrieanlagen und verlassenen Häusern ausfransen oder gar ausbluten. Aus dem umgebenden Land brandet dagegen in Zeitlupe eine grüne Welle an, wenn die Natur die bebauten und besiedelten Gebiete zurückerobert. Dann bilden sich ganz eigene und auf ihre Weise komplexe Ökosysteme.

Die Tür zur Bibliothek unserer Hydrogele und ihrer Bewohner ist erst einen Spalt weit offen, lässt aber eine Welt erahnen, die sich dramatisch wandelt, bevor wir sie überhaupt kartiert haben. Ähnliches gilt für die Schleime anderer Organismen, ein ungeheurer und weitgehend ungenutzter Reichtum. Ein Beispiel: Antibiotika sind unverzichtbare Wirkstoffe im Kampf gegen bakterielle Erreger, verlieren durch die Resistenz der Mikroben aber ihre Schlagkraft. Ersatz könnte aus der Natur kommen, weil viele höhere Organismen im Lauf ihrer Evolution antimikrobielle Substanzen entwickelt haben. Immer wieder stoßen Forscher deshalb auf unbekannte Wirkstoffe, zuletzt in Fischschleim. Ob sie zum Therapeutikum taugen, weiß keiner, der Weg von der Entdeckung zum Einsatz am Menschen ist extrem weit, steinig und vor allem ungewiss.

Doch im Moment laufen wir Gefahr, viele dieser Chancen aufzugeben, weil wir mit dem Klimawandel und der fortschreitenden Zerstörung der Umwelt nicht nur eine ungeheure Zahl oft völlig unerforschter Spezies verlieren, sondern auch kostbare Ressourcen. So wütet seit einigen Jahren die verheerendste aller bekannten Seuchen, eine Pilzkrankheit, die schon mehr als 500 Amphibienarten dezimiert oder ausgelöscht hat. In der Öffentlichkeit findet diese Katastrophe ein überraschend geringes Echo, möglicherweise weil hier keine charismatischen Arten wie Panda, Tiger oder Wale betroffen sind.

Doch hier gehen Arten mit langer Evolution unter, hinterlassen Lücken in Lebensgemeinschaften und nehmen ihre spezialisierten Hydrogele mit in den Untergang. Aber nicht alle schleimigen Organismen stehen auf der Verliererliste. Manche werden gestärkt aus der Klimakatastrophe hervorgehen, wenn auch mit ähnlich katastrophalen Konsequenzen für den Planeten. Dem Meer kommt hier eine Schlüsselrolle zu, weil es einer unserer wichtigsten Kohlenstoffspeicher ist. Anders gesagt: Es fängt das Treibhausgas Kohlendioxid aus der Atmosphäre ein, wandelt es in organische Verbindungen um und schickt diese in die Tiefsee, wo sie mindestens über Jahrtausende in zum Teil mehreren Hundert Meter dicken Schichten lagern, also nicht zum Klimawandel beitragen.

Rund ein Drittel des Kohlendioxids, das der Mensch durch die Verbrennung fossiler Brennstoffe freigesetzt hat, wurde von den Ozeanen aufgenommen. Doch die Absorption verändert die Wasserchemie nachhaltig, weil mehr und mehr Kohlensäure entsteht, die das Meer versauern lässt. Eine der dramatischen Konsequenzen lässt sich bereits jetzt beobachten: Skelette und andere Kalkstrukturen, die viele Planktonarten sowie Muscheln, Schnecken, Korallen, Seeigel und weitere Spezies bauen, können dem nicht standhalten und lösen sich auf. Ein Schreckensszenario, das fast vergessen lässt, dass auch Schleime dem veränderten Milieu ausgesetzt sind.

Das ist aber wichtig, weil sie weitverbreitet in den Ozeanen sind, deren Grenzflächen sie zudem auskleiden. Selbst geringfügige Veränderungen könnten weitreichende Auswirkungen haben. Ein Beispiel: Nach einer Studie am Alfred-Wegener-Institut in Bremerhaven könnten die Mikroben im erwärmten und versauerten Ozean aktiver werden, also auch mehr Schleim produzieren. Eine Folge wäre, dass der Biofilm an der Haut der See anschwillt, also dicker wird. Würde dies den Austausch mit der Atmosphäre erschweren und verlangsamen? Eindeutige Antworten fehlen darauf ebenso wie auf die Frage, ob und wie sich der extrem gelhaltige Meeresschnee dadurch verändern könnte.

Er muss als vertikales Fließband der biologischen Pumpe kohlenstoffreiches Material in die Tiefe schaffen. Das ist eine bemerkenswerte Funktion für ein Phänomen, das auf den ersten Blick nicht viel mehr ist als ein Sammelsurium marinen Mülls. Denn wie sonst würde man Überreste wie mikrobielle Exopolymere, gelgebundene fäkale Pellets sowie gelatinöse Kadaver nennen? Zum Schneegestöber kommt es, wenn kleine viskose Partikel zu größeren Flocken verklebt werden, die dann nach unten sinken. Auf der teils wochenlangen Passage in die Tiefe werden die Klumpen von Mikroben samt Biofilm besiedelt, aber auch von Organismen aller Art angefressen. Den Bodenbewohnern der Tiefsee liefert der schleimige Schnee eine wichtige, vielleicht sogar die einzige Nahrungsquelle.

Dennoch lagert sich im Lauf geologischer Zeitspannen viel Sediment ab, das nach einer Studie an der University of Sydney unter der Leitung von Dietmar Müller maßgeblich über die Bindung von Kohlendioxid aus der Atmosphäre zur Kühlung des Planeten beitragen kann. Das organische Material verdichtet sich zunächst zu einer Art schleimigem Schlamm, um dann über Jahrmillionen zu mineralisieren. Die weißen Klippen von Dover etwa sind Stein gewordener Meeresschnee. Von welch weitreichender Bedeutung das Sediment ist, konnte nun eine Computersimulation zeigen, die die Ablagerung am Meeresboden parallel mit der Entwicklung des Klimas rekonstruierte: Als vor 50 Millionen Jahren verstärkt Kohlendioxid aus der Atmosphäre als organischer Meeresschnee in die Tiefe sank, änderte sich anschließend auch das Klima – die Erde wurde vom Treibhaus zur Kühlkammer.

Heute dagegen haben wir ein sich rapide aufheizendes Treibhausklima zu befürchten, was auch die biologische Pumpe beeinträchtigt. Auf den ersten Blick lässt allein die verstärkte Aktivität der Mikroben einen verstärkten Transport in die Tiefe erwarten. Doch andere Faktoren wirken dem entgegen, weil sie das Sinken der schleimigen Teilchen erschweren. Auch hier ein Beispiel: Nach einer irischen Studie könnten sich die Ausscheidungen der Salpen in Leichtgewichte verwandeln. Die gelatinösen Tiere nehmen viel organisches Material auf und scheiden einen großen Teil davon wieder als Pellets aus, die in die Tiefe sinken. Doch nun sind die Ausscheidungen zunehmend von Mikroplastikpartikeln durchsetzt, die die Pellets wohl so leicht machen, dass sie schwer oder gar nicht sinken.

Was passiert mit dem in den oberen Schichten treibenden Material? Es würde vermutlich durch die nun hochaktiven Mikroben besonders schnell abgebaut werden. Das setzt Kohlendioxid frei und lässt das Meer weiter versauern – oder als Treibhausgas den Klimawandel zusätzlich anheizen. Doch damit nicht genug. Die Arbeit aus Bremerhaven hat auch gezeigt, dass die marinen Schleime künftig an Klebkraft verlieren könnten, als Kitt für Meeresschnee also vielleicht zu schwach sind. Bleibt der Nachschub von oben aus, lässt aber auch der Kühleffekt der Sedimente in der Tiefsee nach. »Diese schleimigen Anteile liefern tatsächlich das Ausgangsmaterial für den Kohlenstoffspeicher am Boden der Tiefsee«, bestätigt mir Dietmar Müller.

Und nicht nur das: Nach einer Studie der University of Texas liefern sie zudem das Schmiermittel für unsere dynamische Erde, knüpfen also eine Verbindung zwischen dem Leben und der Bewegung der Kontinentalplatten. Das sind die Landmassen, die auf dem zähflüssigen Erdmantel schwimmen. Kollidieren sie, können sich Gebirge auftürmen, wenn die Platten nicht übereinander rutschen. Subduktion heißt diese Überlagerung. Dabei kann enorme Reibung auftreten, die der aktuellen Studie zufolge abgelagertes Sediment als Gleitmittel mindern kann. Vom ursprünglichen Schleim ist nicht mehr viel übrig, die mineralisierten Überreste scheinen aber seine Erinnerung zu wahren. »Das Sedimentgestein ist viskos«, schreibt mir Thorsten Becker, Geophysiker und Co-Autor der Studie. »Durch den immensen Druck der Subduktionszone wird es über Jahrmillionen immer flüssiger.«

Ausreichend Gleitmittel lässt die Platten relativ reibungslos und so schnell gleiten, dass kaum Zeit für die erneute Ablagerung von Sediment bleibt. Der Prozess gerät also ins Stocken, die Platten verkanten und türmen Gebirge auf. Wenn dieses Gestein dann erodiert und zum neu akkumulierenden Sediment beiträgt, kann neues Gleitmittel seinen Dienst tun: Die Platten nehmen an Fahrt auf und ein neuer Zyklus beginnt. Der Schleim aus dem Meeresschnee wäre demnach also nur Lieferant für das Sediment, das aber wohl nicht gänzlich gelfrei ist. »Hier existieren Biofilme, weil Mikroben im Sediment viel Nahrung finden«, sagt der Mikrobiologe Hans-Curt Flemming. »Aber sie können auch kilometerweit in den Untergrund geraten. Dann leben sie in extremer Nährstoffarmut und fahren ihren Stoffwechsel so weit zurück, dass sie Generationszeiten von bis zu 20000 Jahren haben. Aber wenn sie sich dann doch vermehren, tun sie es in einem selbst gebildeten Schleim.«

Ob als Lieferant oder Akteur: Schleim ist essenziell für viele globale Prozesse. Störungen können weite Kreise ziehen, die Artenvielfalt ebenso gefährden wie die geologischen Grundlagen des Planeten. Und im Meer droht gar eine neue langweilige Jahrmilliarde des Schleims. Dann löscht der Gleichschritt von Erwärmung, Versauerung und Überfischung der Ozeane in manchen marinen Habitaten alle höheren Arten aus, was die Nahrungsnetze von der Spitze her ausdünnt. Was bleibt? Schleim und nichts als Schleim. Der Meeresbiologe Jeremy Jackson sprach hier vom Aufstieg des Schleims, der Fischerei-Experte Daniel Pauly nannte es das Myxozän oder Zeitalter des Schleims.

Beide meinen den Siegeszug von Mikrobenmatten, Algenblüten und Quallenschwärmen. Können wir uns durch die Katastrophe essen? Es gibt Projekte, die Quallen auch außerhalb der asiatischen Küche als Snack popularisieren sollen, und es wäre nicht das erste Mal, dass der Mensch zu Hydrogel greift. Wird Fleischbrühe vollends eingekocht, bleibt eine Art steifes Gelee zurück. Über Jahrhunderte wurde diese ›tragbare Suppe‹ vor allem in der Schifffahrt als extrem haltbarer Proviant mitgeführt, der sich mit kochendem Wasser schnell in Brühe zurückverwandelte. Kein Hochgenuss, aber wenigstens nahrhaft, wie es der Autor Patrick O'Brian in seinem historischen Roman *The Fortune of War* beschreibt. Quallenmatrix wäre nicht mehr als ein zeitgemäß kalorienarmes Gelgericht, auch wenn fraglich scheint, ob sich der Siegeszug der überlebenden Schleimer auf diese Weise stoppen lässt.

»Oh«, sagte sie und nahm abwesend drei Löffel von der Suppe. »Gütiger Gott«, sagte sie, »was ist das?« »Suppe. Tragbare Suppe. Nimm bitte noch ein wenig mehr, sie wird dich wiederherstellen.« »Ich dachte, es wäre lauwarmer Leim. Aber es geht ganz gut runter, wenn man nicht atmet. Wie freundlich von Dir, sie zu bringen, Stephen.«

PATRICK O'BRIAN, *The Fortune of War*

Zudem streckt Medea schon jetzt ihre klammen Finger aus: Marine Mikroben haben einmal mehr das letzte Wort in einer Welt, die aus der Balance geraten ist. Die Marineökologin Drew Harvell berichtet von einer neuen Auszehrung, wenn mysteriöse Pathogene Seesterne und Muscheln zu Abertausenden dahinraffen, die Tiere buchstäblich zu Schleim zerfallen lassen. Und der Klimawandel spielt hier möglicherweise eine wichtige Rolle, fördert wohl den Aufstieg der krankmachenden Mikroben über die Erwärmung der Ozeane. Noch wissen wir zu wenig über die künftige Entwicklung unserer sich rasant ändernden Welt. Doch eines scheint klar: Es könnte eine neue Ära des Schleims anbrechen. Die erste langweilige Jahrmilliarde markierte das Schweigen vor dem Aufbruch in eine vielstimmige Welt. Dies aber ist eine menschengemachte Katastrophe. Es wäre das Verstummen unseres Planeten.

NACHWORT: SCHLEIME IM WELTALL

Die Erde rot verbrannt oder zu Ocker vergilbt, daneben die tiefblauen Wasser der See. Und wo Gestrüpp den Boden bedeckt, durchziehen Staubstraßen diese grüne Haut wie rote Adern. Die karge Küste Westaustraliens ist ein Landstrich der Farbkontraste auf einem ohnehin extremen Kontinent, der die ersten Europäer abgestoßen habe, wie der Autor Tim Winton schreibt. Die Intensität ihres Ekels und Entsetzens klinge nach in australischen Ortsnamen, so auch im Westen. Der *Lake Disappointment* beispielsweise ist der meist ausgetrocknete See der Enttäuschung. Ich dagegen bin ausgerechnet wegen des lebensfeindlichen Hamelin Pools hier. Das ist der innerste Rand der Shark Bay, den aber eine unsichtbare Barriere von der für ihre Artenvielfalt berühmten Bucht der Haie trennt: Das extrem salzige Wasser des flachen Pools lässt kaum Leben zu, dafür oder auch deswegen haben die schleimigen Stromatolithen hier einen raren Rückzugsort gefunden. Sie sind die modernen Nachfahren der ältesten Lebensform der Erde, die es seit mindestens 3,5 Milliarden Jahre auf der Erde gibt. Anders gesagt: Der Hamelin Pool gibt eine Ahnung von der Frühzeit des Lebens.

Sind wir ganz allein hier draußen? Eine einzelne Weizenähre auf weitem Feld sei ebenso seltsam wie eine einzelne bevölkerte Welt im unendlichen Raum. So oder so ähnlich soll der griechische Philosoph Metrodoros von Chios schon im 4. Jahrhundert vor Christus gesagt haben. Die Frage nach außerirdischem Leben hat seit der Antike nichts an Dringlichkeit verloren, ist im Zeitalter des Anthropozäns möglicherweise noch brisanter geworden. Wo Zuflucht finden, wenn der durch Menschenhand ruinierte Planet zu klein für uns geworden ist, einstmals divers besiedelte Habitate dem Schleim anheimfallen? Die Suche nach grünen oder begrünbaren Gefilden anderswo im Kosmos könnte zur Notwendigkeit werden.

Vorerst aber starren wir beharrlich ins All, weil der menschliche Forschergeist letzte Grenzen kartieren und auf diese Weise auch nach Hause finden möchte. »In einer kosmischen Umgebung, die weit und alt jenseits menschlichem Verständnis ist, sind wir ein bisschen allein …«, schrieb der Astronom und Autor

Carl Sagan. »Die Suche nach außerirdischer Intelligenz ist im Kern eine Suche nach uns selbst.« Uns selbst durch das ultimative Fremde zu definieren steht auch im Zentrum des kosmischen Horrors und der Geschichten des H.P. Lovecraft mit dem Machtkampf zwischen Mensch und Monster. Schleim muss hier oft als Bindeglied dienen, die verfremdete Vertrautheit. Die oberflächliche Botschaft aber hat Bestand: Sollte es je zum Kontakt mit kosmischen Kräften kommen, müssen wir gut gerüstet sein.

Ob ein Treffen überhaupt möglich sein kann, bestimmen Technologie und Herangehensweise. Wie lässt sich fremde Biologie auf noch unerreichbar weit entfernten Himmelskörpern per Teleskop und Computersimulation orten? Wie lässt sich fremde Biologie erkennen, die sich grundlegend vom Leben auf der Erde unterscheidet? »Irgendwo könnte es sehr exotische Biologien und Technologien und Gesellschaften geben«, heißt es bei Sagan. Außerirdische Intelligenz könnte zudem weit älter und fortgeschritten genug für einen Überraschungsbesuch sein, der sie in unsere Galaxie oder sogar in unser Sonnensystem führt – um uns aufzuspüren.

Am 19. Oktober 2017 entdeckte der kanadische Astronom Robert Weryk mit dem Pan-STARRS-Teleskop auf Hawaii ein unbekanntes Objekt, das die Wissenschaft seitdem intensiv beschäftigt. Viel mehr als ein Lichtpunkt auf bogenförmiger Bahn durch unser Sonnensystem war nicht zu sehen, Größe und Gestalt des Körpers konnten also nur abgeleitet werden. Sind die Kalkulationen korrekt, handelt es sich um ein überraschend kleines Objekt aus Stein oder Metall in eigenartiger Zigarrenform. Die Entdeckung präsentiere ein kleines Problem, schrieb das mit den Daten geringer astronomischer Körper befasste Minor Planet Center. Eine gehörige Untertreibung, irrlichterte das Objekt doch ebenso unberechenbar durch die Klassifikation, wie es auf seiner Flugbahn chaotisch zu taumeln schien.

Zunächst als Komet C / 2017 U1 eingestuft, wurde es wegen einiger unstimmiger Merkmale dann als A / 2017 U1 zu den Asteroiden gezählt, was allerdings nicht die rätselhafte Beschleunigung des Objekts erklären konnte. Seine Route führte nahe genug an der Sonne vorbei, um den kleinen Körper mit neuem Schwung aus seiner bisherigen Bahn abzulenken. Statt sich mit zunehmender Distanz von der Sonne wieder zu verlangsamen, legte das Objekt aber an Tempo zu. Also doch ein Komet, angetrieben wie eine Rakete durch den Rückstoß der eigenen Ausgasung? Dafür fehlten sichtbare Spuren wie ein langgezogener Kometenschweif oder ein anderer Nachweis. Der komplexe Knoten der Klassifizierung ließ sich nicht lösen, letztendlich aber zerschlagen.

Denn es handelt sich hier um das erste nachgewiesene interstellare Objekt, das also unser Sonnensystem kreuzt, aber nicht von hier stammt, sondern aus den Tiefen des Alls. Das Minor Planet Center führte flugs mit den I-Nummern eine eigene Klassifikation ein und ernannte nach einer weiteren Umbenennung 1I/'Oumuamua zum ersten und bislang einzigen Vertreter. Der Name sei hawaiianischen Ursprungs, erklärte das Minor Planet Center. Er drücke aus, dass das Objekt wie ein Kundschafter oder Botschafter aus ferner Vergangenheit gesandt sei, uns die Hand zu reichen.

... dann repräsentiert 'Oumuamua eine neue Klasse von dünnem interstellarem Material, das entweder natürlich durch einen noch unbekannten Prozess ... produziert wurde oder einen künstlichen Ursprung hat.
SHMUEL BIALY UND ABRAHAM LOEB,
Could Solar Radiation Pressure Explain 'Oumuamua's Peculiar Acceleration?

Die Absicht hinter der galaktischen Geste ist allerdings noch unklar und die Harvard-Astrophysiker Shmuel Bialy und Abraham Loeb haben dazu einige durchaus beunruhigende Gedanken angestellt. Als Antrieb für die mysteriöse Beschleunigung schlagen sie den Druck durch die Sonnenstrahlung vor, die durch eine hauchdünne Plane aufgefangen werde, die weniger als einen Millimeter dick ist. Das Sonnensegel könne theoretisch beim Zerfall eines größeren Himmelskörpers entstanden oder durch eine außerirdische Intelligenz gezielt geschaffen worden sein, ähnlich wie dies irdische Entwickler derzeit versuchen. Ein gezielt gesandter Kundschafter? Letzteres sei reine Spekulation, beeilten sich Bialy und Loeb zu versichern. H. P. Lovecraft würde wohl dennoch den mahnenden Finger heben.

Mehrfach laufe ich in der grellen Sonne den Holzsteg ab, der die Stromatolithen im Hamelin Pool von oben betrachten lässt. Dennoch: Zu sehr erinnern sie an einfaches Gestein, zu gut verbergen sie ihren biologischen Ursprung und die lebende Schicht Bakterienschleim an der Außenseite lässt sich mit bloßem Auge ohnehin nicht erkennen. Ich fühle mich wie am Fuß eines Vulkans, der von sanften Wellen umspült wird. Denn die niedrigen Mikrobenmatten nahe am Ufer sind körnig wie ein dunkles Geröllfeld, während die gerundeten Stromatolithen selbst bei Ebbe unter Wasser bleiben – und an erstarrte Lavaströme erinnern. Wie bedeutsam sie sind, lässt sich nicht sehen, nur erfassen. Was also sind Stromatolithen? Dominant in der Lebensgemeinschaft sind die Cyanobakterien, die

In Hörweite und Sichtweite gab es nichts als eine riesige Fläche aus schwarzem Schleim ... Am vierten Abend erreichte ich den Fuß des Hügels, der sich als weit höher erwies, als er aus der Ferne gewirkt hatte ... Plötzlich bannte mich der Anblick eines riesenhaften alleinstehenden Gebildes ... trotz seiner

gewaltigen Größe und Lage in einem Abgrund, der sich bereits im Meeresboden aufgetan hatte, als die Welt noch jung war, erkannte ich ohne jeden Zweifel, dass es sich bei dem seltsamen Gebilde um einen sorgfältig gearbeiteten Monolithen handelte, dessen wuchtige Masse einst von lebenden und denkenden Geschöpfen verziert und womöglich angebetet worden war.
H.P. LOVECRAFT, *Dagon*

die Fotosynthese erfanden und nach den Ozeanen auch die Atmosphäre mit Sauerstoff vollpumpten. So auch in ihren Stromatolithen, wo sie sich in immer neue hauchdünne Schleimschichten an der Außenseite betten, nachdem sie die unten liegenden Lagen mit Sediment durchsetzt und mit Kalziumkarbonat zementiert haben. Es ist ein mühsames Geschäft, das im Lauf von Milliarden Jahren aber viele Meter hohe Stromatolithen und sogar Riffe an den Rändern der Ozeane hervorbrachte.

Die Natur von ’Oumuamua wird wahrscheinlich für immer ein Mysterium bleiben, weil das Objekt längst außerhalb unserer Reichweite ist. Aber vielleicht war dieser Kundschafter gar nicht allein. Wir wissen nicht, ob dies tatsächlich die erste Begegnung der interstellaren Art war. Viele kosmische Objekte könnten unser Sonnensystem in der Vergangenheit besucht haben und auch jetzt hier unterwegs sein, aufgrund ihrer geringen Größe für uns aber unsichtbar bleiben. Leistungsstärkere Teleskope könnten künftig aber Lovecrafts schlimmste Befürchtung bestätigen: Der kosmische Horror weilt schon lange und unbemerkt unter uns.

Noch aber ist es nicht so weit. Wer außerirdisches Leben finden möchte, muss Spuren suchen, die sich kaum ohne irgendeine Art von Biologie erklären lassen. Ist dieses fremde Leben im Vergleich zu uns aber gar zu exotisch oder zu weit entwickelt, erkennen wir die Signale möglicherweise gar nicht. Entfernt erinnert dieses Szenario an den wenig kommunikativen oder auch nur für Menschen unverständlichen Ozean in Stanislaw Lems Roman *Solaris*. »Dies alles ließ die Wissenschaftler zu der Überzeugung neigen, ein denkendes Monstrum vor sich zu haben, etwas wie ein millionenfach auseinandergewuchertes, den ganzen Planeten umfangendes protoplasmatisches Hirn-Meer«, heißt es dort. »… all das aber, was unsere Apparate herausgreifen, das sind kleine, zufällig aufgeschnappte Bruchstücke dieses ewig in den Tiefen abrollenden, jegliche Möglichkeit unseres Begreifens überschreitenden gigantischen Monologs.«

Denkbar ist auch, dass außerirdisches Leben eine ähnliche Entwicklung wie wir auf der Erde durchläuft, mit entsprechendem zeitlichen Vorsprung diese biologische Hülle aber bereits abgelegt hat. »Ich halte es für sehr wahrscheinlich – sogar unausweichlich –, dass biologische Intelligenz ein vorübergehendes Phänomen ist, eine flüchtige Phase in der Evolution von Intelligenz im Universum«, schreibt der Astrobiologe Paul Davies in *The Eerie Silence*. »Wenn wir je fremder Intelligenz begegnen, halte ich es für überwältigend wahrscheinlich, dass sie in ihrer Natur postbiologisch ist.« Wie wahrscheinlich die Existenz eines derart fortschrittlichen Lebens ist, lässt sich diskutieren. In der Praxis erwarten die meisten Astrobiologen aber ein weit weniger futuristisches Szenario.

Als Maßstab für potenziell bewohnbare Objekte im All gilt ihnen unweigerlich die Erde mit flüssigem Wasser und wohltemperierter Distanz zu einem wärmenden Stern. Ein vermuteter Salzsee unter einer Eisdecke auf dem Mars könnte das ebenso bieten wie viele Millionen verborgener Ecken und Nischen auf anderen Himmelskörpern. Welche Art Leben könnte dort überhaupt zu finden sein? »Ich denke, die Astrobiologie geht allgemein davon aus, dass mikrobielles Leben eher vorherrschend sein wird als komplexe Organismen, wenn es denn Leben jenseits der Erde gibt«, schreibt mir der NASA-Astrobiologe Tori Hoehler.

> *Dafür sprechen mehrere Gründe. Einmal ist da die Idee, dass organisches Leben überall vor der Entwicklung in komplexe Mehrzelligkeit eine einfache, mikrobenartige Phase durchlaufen müsste. Außerdem können Mikroben allgemein mit einer größeren Bandbreite von Umweltbedingungen und Energiequellen zurechtkommen als komplexe Organismen. Es könnte also viele Welten geben, in denen Mikroben gedeihen können – nicht aber komplexes Leben.*

Wie exklusiv besiedelt manche harschen Milieus sind, führen auch heute noch manche terrestrische Mikrobenarten vor. Sie tolerieren dann extreme Temperaturen, kochende Säure oder radioaktive Strahlung – meist in ein schützendes Gel gehüllt. Das macht die Überlebenskünstler auf der Erde für die Astrobiologie so interessant, ob sie nun in der Tiefsee, unter Eis oder in heißen Quellen leben. Tief in der Erdkruste leben sogar mikrobielle Gemeinschaften, die möglicherweise seit Jahrmillionen in kleinsten Poren ohne Licht oder Kontakt zur Erdoberfläche eingeschlossen sind, die *Subsurface lithoautotrophic microbial ecosystems* oder SLiMEs in der Grauzone zwischen Leben und Tod.

Ebenso spannend sind unterirdische Höhlen, die von dicken Biofilmen ausgekleidet sind. Manche Schleimzähren hängen dann wie Stalaktiten von der Decke und werden nach dem englischen Wort *snot* für Rotz auch *snottites* genannt. Tropft von diesen Gebilden dann noch Schwefelsäure, wie etwa in einem unterirdischen Höhlensystem in den USA, dürfen sich die Forscher nur im Schutzanzug und mit Atemmaske vorwagen. Die Mikroben dagegen ficht das extreme Milieu nicht an, sind sie doch in einen üppigen Schleim gebettet, in dem sie sich ein angenehmes Mikroklima schaffen. Entsprechend könnten sich auch Mikroben auf anderen Planeten schützen, wie erste Versuche gezeigt haben. Dafür wurden irdische Mikroben in Wasser versetzt, das dem unterirdischen See auf dem Mars ähneln könnte. Sie überdauerten in diesem salzigen Milieu, vor allem wenn sie in einem Biofilm steckten.

*Vor gut einem Jahrhundert wurden von Pferden oder Kamelen gezogene Wagen (**1**) in den flachen Hamelin Pool geführt, deren Spuren (**2**) in den extrem langsam wachsenden Mikrobenmatten noch heute zu sehen sind.*

Muss es also zwingend Schleime im Weltall geben? »Es ist zumindest nicht ausgeschlossen, dass es außerirdische Schleimwelten gibt, wenn nur genügend Wasser da ist«, sagt Hans-Curt Flemming, der das Überleben von Mikroben unter außerirdischen Bedingungen wie im Vakuum, bei Austrocknung oder starker Strahlung getestet hat. An die Außenseite der Raumstation ISS angebracht, widerstand die besonders robuste Art *Deinococcus geothermalis* dem Stress sogar für fast zwei Jahre, wenn auch nicht immer gleich gut. Nur wenige Einzelzellen blieben am Leben, während Mikroben in einem ausgetrockneten Biofilm den Härtetest in großer Zahl überstanden. Wie wahrscheinlich ist es dann, dass irdische Schleime in einer Umkehrung des kosmischen Horrors das Weltall kontaminierten? »Den Transport könnten Mikroben im Inneren von Mineralien überstehen, die beim Einschlag von Meteoriten ins Weltall geschleudert werden«, so Flemming. »Über das Sonnensystem können sie aber nicht hinausgekommen sein – eher nur bis in die Nähe des Jupiters.«

Was trieb die Stromatolithen an den Rand des Untergangs? Einer populären These zufolge setzten ihnen grasende Verfolger wie Schnecken und Krebstiere zu. Mein Besuch am Hamelin Pool scheint dies zu bestätigen. Hier können die Stromatolithen ohne hungrige Verfolger wachsen, wenn auch extrem langsam mit weniger als einem Millimeter pro Jahr. Deutlich sind die weißen Linien zu sehen, die die Mikrobenmatten durchschneiden. Es sind die Spuren von Kamelwagen, die von Booten in der Bucht Waren übernahmen oder eigene Güter wie Wolle ablieferten – vor mehr als hundert Jahren. Ebenso lange ist es her, dass der deutsche Geologe Ernst Kalkowsky Stromatolithen ihren Namen verlieh und ihre einzigartige Natur erkannte. Nicht in Australien, sondern anhand fossiler Funde im heimischen Harz. Auch sie sprechen für den Konkurrenzdruck als entscheidenden Faktor: Diese Stromatolithen bildeten sich vor rund 240 Millionen Jahren nach dem größten Massenaussterben der Erdgeschichte im Perm. Doch was Katastrophen und Fressfeinde nicht schaffen, könnte nun dem Klimawandel gelingen: Steigende Temperaturen, rasant veränderte Meeresspiegel und eine neue Wasserchemie könnten der seit Äonen überdauernden Lebensform der Stromatolithen die Zukunft nehmen und so unsere eigene Vergangenheit auslöschen.

WEITERFÜHRENDE LITERATUR

Übersetzungen ins Deutsche, sofern nicht anders angegeben, durch die Autorin.

AUFSÄTZE

ACKERMANN, T.: »Schönheit und Abgrund«, in: *Weltkunst* (Eine Sonderveröffentlichung des ZEIT Weltkunst Verlags) (2017).

AGOSTINI, S. et al.: »Ocean acidification drives community shifts towards simplified non-calcified habitats in a subtropicaltemperate transition zone«, in: *Scientific Reports* (2018), DOI: 10.1038/s41598-018-29251-7.

ALBERTI, S. et al.: »Considerations and Challenges in Studying Liquid-Liquid Phase Separation and Biomolecular Condensates«, in: *Cell* (2019), DOI: 10.1016/j.cell.2018.12.035.

ALEGADO, R. A. / KING, N.: »Bacterial influences on animal origins«, in: *Cold Spring Harbor Perspectives in Biology* (2014), DOI: 10.1101/cshperspect.a016162.

ALLWOOD, C. A. et al.: »Reassessing evidence of life in 3,700-million-year-old rocks of Greenland«, in: *Nature* (2018), DOI: 10.1038/s41586-018-0610-4.

AMABEBE, E. / ANUMBA, D. O. C.: »The Vaginal Microenvironment: The Physiologic Role of Lactobacilli«, in: *Frontiers in Medicine* (2018), DOI: 10.3389/fmed.2018.00181.

AMBORT, D. et al.: »Calcium and pH-dependent packing and release of the gel-forming MUC2 mucin«, in: *PNAS* (2012), DOI: 10.1073/pnas.1120269109.

AMBORT, D. et al.: »Perspectives on Mucus Properties and Formation – Lessons from the Biochemical World«, in: *Cold Spring Harbor Perspectives in Medicine* (2012), DOI: 10.1101/cshperspect.a014159.

ASLAM, S. N. et al.: »Identifying metabolic pathways for production of extracellular polymeric substances by the diatom Fragilariopsis cylindrus inhabiting sea ice«, in: *The ISME Journal* (2018), DOI: 10.1038/s41396-017-0039-z.

AZUA-BUSTOS, A. et al.: »Unprecedented rains decimate surface microbial communities in the hyperarid core of the Atacama Desert«, in: *Scientific Reports* (2018), DOI: 10.1038/s41598-018-35051-w.

BAKSHANI, C. R. et al.: »Evolutionary conservation of the antimicrobial function of mucus: a first defence against infection«, in: *Npj Biofilms and Microbiomes* (2018), DOI: 10.1038/s41522-018-0057-2.

BANANI, S. F. et al.: »Biomolecular condensates: organizers of cellular biochemistry«, in: *Nature Reviews. Molecular Cell Biology* (2017), DOI: 10.1038/nrm.2017.7.

BARR, J. J. et al.: »Bacteriophage adhering to mucus provide a non-host derived immunity«, in: *PNAS* (2013), DOI: 10.1073/pnas.1305923110.

BATCHELOR, M. T. et al.: »A biofilm and organomineralisation model for the growth and limiting size of ooids«, in: *Scientific Reports* (2018), DOI: 10.1038/s41598-017-18908-4.

BAUM, C. et al.: »A zymogel enhances the self-cleaning abilities of the skin of the pilot whale (*Globicephala melas*)«, in: *Comparative biochemistry and physiology* A (2001), DOI: 10.1016/S1095-6433(01)00445-7.

BAUM, C. et al.: »Surface properties of the skin of the pilot whale Globicephala melas«, in: *Biofouling* (2003), DOI: 10.1080/0892701031000061769.

BEHR, W. M. / BECKER, T. W.: »Sediment Control on subduction plate speeds«, in: *Earth and Planetary Science*

Letters (2018), DOI:10.1016/j.epsl.2018.08.057.

BELCAID, M. et al.: »Symbiotic organs shaped by distinct modes of genome evolution in cephalopods«, in: *PNAS* (2019), DOI:10.1073/pnas.1817322116.

BERNARD, P. et al.: »Physics and hydraulics of the rhizosphere network«, in: *Journal of Plant Nutrition and Soil Science* (2018), DOI:10.1002/jpln.201800042.

BHATIA, R. et al.: »Cancer-associated mucins: role in immune modulation and metastasis«, in: *Cancer Metastasis Reviews* (2019), DOI:10.1007/s10555-018-09775-0.

BIALY, S. / LOEB, A.: »Could Solar Radiation Pressure Explain 'Oumuamua's Peculiar Acceleration?«, in: *Astrophysical Journal Letters* (2018), DOI:10.3847/2041-8213/aaeda8.

BITTLESTON, L. S. et al.: »Convergence between the microcosms of Southeast Asian and North American pitcher plants«, in: *eLife* (2018), DOI:10.7554/eLife.36741.

BOETIUS, B.: »Global change microbiology – big questions about small life for our future«, in: *Nature Reviews Microbiology* (2019), DOI:10.1038/s41579-019-0197-2.

BOEYNAEMS, S. et al.: »Protein Phase Separation: A new Phase in Cell Biology«, in: *Trends in Cell Biology* (2018), DOI:10.1016/j.tcb.2018.02.004.

BÖNI, L. et al.: »Hagfish slime and mucin flow properties and their implications for defense«, in: *Scientific Reports* (2016), DOI:10.1038/srep30371.

BOSCH, T. C.: »Rethinking the role of immunity: lessons from Hydra«, in: *Trends in Immunology* (2014), DOI:10.1016/j.it.2014.07.008.

BOWLING, A. J.: »Immunocytochemical characterization of tension wood: Gelatinous fibers contain more than just cellulose«, in: *American Journal of Botany* (2008), DOI:10.3732/ajb.2007368.

BRAIN, R. B.: »How Edvard Munch and August Strindberg Contracted Protoplasmania: Memory, Synesthesia, and the Vibratory Organism in Fin-De-Siècle Europe«, in: *Interdisciplinary Science Review* (2010), DOI:10.1179/030801810X12628670445383.

BRAU, F. et al.: »Dynamics of prey prehension by chameleons through viscous adhesion«, in: *Nature Physics* (2016), DOI:10.1038/nphys3795.

BRUNET, T. / KING, N.: »The origin of animal multicellularity and cell differentiation«, in: *Developmental Cell* (2018), DOI:10.1016/j.devcel.2017.09.016.

BUCKLEY, J. et al.: »Biparental mucus feeding: a unique example of parental care in an Amazonian cichlid«, in: *Journal of Experimental Biology* (2010), DOI:10.1242/jeb.042929.

BURGER, A. E.: »Dispersal and germination of seeds of *Pisonia grandis*, an Indo-Pacific tropical tree associated with insular seabird colonies«, in: *Journal of Tropical Ecology* (2005), DOI:10.1017/S026646740400 2159.

BYRD, A. L. et al.: »The human skin microbiome«, in: *Nature Reviews. Microbiology* (2018), DOI:10.1038/nrmicro.2017.157.

CÁLIZ, J. et al.: »A long-term survey unveils strong seasonal patterns in the airborne microbiome coupled to general and regional atmospheric circulations«, in: *PNAS* (2018), DOI:10.1073/pnas.1812826115.

CAVALIER-SMITH, T.: »Origin of animal multicellularity: precursors, causes, consequences – the choanoflagellate/sponge transition, neurogenesis and the Cambrian explosion«, in: *Philosophical Transactions of the Royal Society B.*

Biological Sciences (2017), DOI:10.1098/rstb.2015.0476.

CELLI, J. et al.: »Helicobacter pylori moves through mucus by reducing mucin visco-elasticity«, in: *PNAS* (2009), DOI:10.1073/pnas.0903438106.

CHEN, W. G.: »Charge Influences Substrate Recognition and Self-Assembly of Hydrophobic FG Sequences«, in: *Biophysical Journal* (2017), DOI:10.1016/j.bpj.2017.08.058.

CHEN, X. D. et al.: »Hindered erosion: The biological mediation of noncohesive sediment behavior«, in: *Water Resources Research* (2017), DOI:10.1002/2016WR020105.

CHOY, A. C. et al.: »The vertical distribution and biological transport of marine microplastics across the epipelagic and mesopelagic water column«, in: *Scientific Reports* (2019), DOI:10.1038/s41598-019-44117-2.

CHOY, C. A. / HADDOCK, S. H. D. / ROBISON, B. H.: »Deep pelagic food web structure as revealed by in situ feeding observations«, in: *Proceedings of the Royal Society B. Biological Sciences* (2017), DOI:10.1098/rspb.2017.2116.

COHEN, M.: »Notable Aspects of Glycan-Protein Interactions«, in: *Biomolecules* (2015), DOI:10.3390/biom5032056.

COHEN, S. et al.: »How viruses access the nucleus«, in: *Biochimica et Biophysica Acta* (2011), DOI:10.1016/j.bbamcr.2010.12.009.

CONCHA, A. et al.: »Oscillation of the velvet worm slime jet by passive hydrodynamic instability«, in: *Nature Communications* (2015), DOI:10.1038/ncomms7292.

CONLEY, K. R. et al.: »Mammoth grazers on the ocean's minuteness: a review of selective feeding using mucous meshes«, in: *Proceedings of the Royal Society B. Biological Sciences* (2018), DOI:10.1098/rspb.2018.0056.

CONNOR, V. M.: »The Use of Mucous Trails by Intertidal Limpets to Enhance Food Resources«, in: *The Biological Bulletin* (1986), DOI:10.2307/1541623.

CONNOR, V. M. / QUINN, J. F.: »Stimulation of Food Species Growth by Limpet Mucus«, in: *Science* (1984), DOI:10.1126/science.225.4664.843.

CORNICK, S. et al.: »Entamoeba histolytica-Induced Mucin Exocytosis Is Mediated by VAMP8 and Is Critical in Mucosal Innate Host Defense«, in: *mBio* (2017), DOI:10.1128/mBio.01323-17.

COX, K. D. et al.: »Human Consumption of Microplastics«, in: *Environmental Science & Technology* (2019), DOI:10.1021/acs.est.9b01517.

CULPEPPER, P. D. et al.: »Visually Activating Pathogen Disgust: A New Instrument for Studying the Behavioral Immune System«, in: *Frontiers in Psychology* (2018), DOI:10.3389/fpsyg.2018.01397.

CUNLIFFE M. et al.: »Sea surface microlayers: A unified physico-chemical and biological perspective of the air-ocean interface«, in: *Progress in Oceanography* (2013), DOI:10.1016/j.pocean.2012.08.004.

CUNLIFFE, M. / MURRELL, J. C.: »The sea-surface microlayer is a gelatinous biofilm«, in: *The ISME Journal* (2009), DOI:10.1038/ismej.2009.69.

CURTIS, V. / DE BARRA, M.: »The structure and function of pathogen disgust«, in: *Philosophical Transaction of the Royal Society B. Biological Sciences* (2018), DOI:10.1098/RSTB.2017.0208.

CURTIS, V. et al.: »Evidence that disgust evolved to protect from risk of disease«, in: *Proceedings of the Royal Society B. Biological Sciences* (2004), DOI:10.1098/rsbl.2003.0144.

CURTIS, V. et al.: »Disgust as an adaptive system for disease avoidance behaviour«, in: *Proceedings of the Royal Society B. Biological Sciences* (2011), DOI:10.1098/rstb.2010.0117.

DABIRI, J. O. et al.: »Flow patterns generated by oblate medusan jellyfish: field measurements and laboratory analyses«, in: *Journal of Experimental Biology* (2005), DOI:10.1242/jeb.01519.

DADON-PILOSOF, A. et al.: »Surface properties of SAR11 bacteria facilitate grazing avoidance«, in: *Nature Microbiology* (2017), DOI:10.1038/s41564-017-0030-5.

DADON-PILOSOF, A. et al.: »Prey taxonomy rather than size determines salp diets«, in: *Limnology and Oceanography* (2019), DOI:10.1002/lno.11165.

DASSARMA, P./DASSARMA, S.: »Survival of microbes in Earth's stratosphere«, in: *Current Opinion in Microbiology* (2018), DOI:10.1016/j.mib.2017.11.002.

DAVIES, J. E. et al.: »Concise Review: Wharton's Jelly: The Rich, but Enigmatic, Source of Mesenchymal Stromal Cells«, in: *Stem Cells Translational Medicine* (2017), DOI:10.1002/sctm.16-0492.

DAVIES, M. S./BECKWITH, P.: »Role of mucus trails and trail-following in the behaviour and nutrition of the periwinkle Littorina littorea«, in: *Marine Ecology Progress Series* (1999), DOI:10.3354/meps179247.

DAVIES, M. S./BLACKWELL, J.: »Energy saving through trail following in a marine snail«, in: *Proceedings of the Royal Society B. Biological Science* (2007), DOI:10.1098/rspb.2007.0046.

DAVIS, A. L. et al.: »Testing Darwin's Hypothesis about the Wonderful Venus Flytrap: Marginal Spikes Form a ›Horrid Prison‹ for Moderate-Sized Insect Prey«, in: *American Naturalist* (2018), DOI:10.1086/701433.

DAVIS-BERG, E. C.: »The predatory snail *Euglandina rosea* successfully follows mucous trails of both native and non-native prey snails«, in: *Invertebrate Biology* (2012), DOI:10.1111/j.1744-7410.2011.00251.x.

DE ARAUJO, G. G. et al.: »Survival and ice nucleation activity of *Pseudomonas syringae* strains exposed to simulated high-altitude atmospheric conditions«, in: *Scientific Reports* (2019), DOI:10.1038/s41598-019-44283-3.

DECHO, A. W./GUTIERREZ, T.: »Microbial Extracellular Polymeric Substances (EPSs) in Ocean Systems«, in: *Frontiers in Microbiology* (2017), DOI:10.3389/fmicb.2017.00922.

DENG, J. et al.: »A Bioinspired Medical Adhesive Derived from Skin Secretion of *Andrias davidianus* for Wound Healing«, in: *Advanced Functional Materials* (2019), DOI:10.1002/adfm.201809110.

DENNY, M. W.: »The role of gastropod pedal mucus in locomotion«, in: *Nature* (1980), DOI:10.1038/285160a0.

DENNY, M. W.: »Mechanical Properties of Pedal Mucus and Their Consequences for Gastropod Structure and Performance«, in: *American Zoologist* (1984), DOI:10.1093/icb/24.1.23.

DENNY, M. W.: »Invertebrate mucous secretions: functional alternatives to vertebrate paradigms«, in: *Symposia of the Society of Experimental Biology* 43 (1989), S. 337–366.

DENNY, M. W./BLANCHETTE, C. A.: »Hydrodynamics, shell shape, behavior and survivorship in the owl limpet *Lottia gigantea*«, in: *Journal of Experimental Biology* 203 (2000), S. 2623–2639.

DI PALMA, V.: »Architecture and the organic metaphor«, in: *The Journal of Architecture* (2006), DOI:10.1080/13602360601037644.

DODD, M. S. et al.: »Evidence for early life in Earth's oldest hydrothermal vent precipitates«, in: *Nature* (2017), DOI: 10.1038/nature21377.

DRIOUICH, A. et al.: »Root border cells and secretions as critical elements in plant host defense«, in: *Current Opinion in Plant Biology* (2013), DOI: 10.1016/j.pbi.2013.06.010.

DRIOUICH, A. et al.: »Root extracellular traps versus neutrophil extracellular traps in host defence, a case of functional convergence?«, in: *Biological Reviews of the Cambridge Philosophical Society* (2019), DOI: 10.1111/brv.12522.

DROBOT, B. et al.: »Compartmentalised RNA catalysis in membrane-free coacervate protocells«, in: *Nature Communications* (2018), DOI: 10.1038/s41467-018-06072-w.

DUTKIEWICZ, A. et al.: »Sequestration and subduction of deep-sea carbonate in the global ocean since the Early Cretaceous«, in: *Geology* (2018), DOI: 10.1130/G45424.1.

EME, L. et al.: »Archaea and the origin of eukaryotes«, in: *Nature Reviews. Microbiology* (2017), DOI: 10.1038/nrmicro.2017.133.

ESTERHÁZY, D. et al.: »Compartmentalized gut lymph node drainage dictates adaptive immune responses«, in: *Nature* (2019), DOI: 10.1038/s41586-019-1125-3.

ESTHER, C. R.: »Mucus accumulation in the lungs precedes structural changes and infection in children with cystic fibrosis«, in: *Science Translational Medicine* (2019), DOI: 10.1126/scitranslmed.aav3488 .

EWOLDT, R. H. et al.: »Rheological fingerprinting of gastropod pedal mucus and synthetic complex fluids for biomimicking adhesive locomotion«, in: *Soft Matter* (2007), DOI: 10.1039/B615546D.

FAGHERAZZI, S. et al.: »Ecogeomorphology of Salt Marshes«, in: *Ecogeomorphology* (2013), DOI: 10.1016/B978-0-12-374739-6.00403-6.

FAIRCLOUGH, S. R. et al.: »Multicellular development in a choanoflagellate«, in: *Current Biology* (2010), DOI: 10.1016/j.cub.2010.09.014.

FENBERG, P. B. / ROY, K.: »Anthropogenic harvesting pressure and changes in life history: insights from a rocky intertidal limpet«, in: *American Naturalist* (2012), DOI: 10.1086/666613.

FEUDA, R. et al.: »Improved Modeling of Compositional Heterogeneity Supports Sponges as Sister to All Other Animals«, in: *Current Biology* (2017), DOI: 10.1016/j.cub.2017.11.008.

FLEMMING, H. C.: »EPS – Then and Now«, in: *Microorganisms* (2016), DOI: 10.3390/microorganisms4040041.

FLEMMING, H. C. et al.: »Biofilms: An emergent form of bacterial life«, in: *Nature Reviews. Microbiology* (2016), DOI: 10.1038/nrmicro.2016.94 .

FORGET, A. et al.: »Mechanically Defined Microenvironment Promotes Stabilization of Microvasculature, Which Correlates with the Enrichment of a Novel Piezo-1+Population of Circulating CD11b+/CD115+ Monocytes«, in: *Advanced Materials* (2019), DOI: 10.1002/adma.201808050.

FOWLER, J. E. et al.: »Surface chemistry of the frog sticky-tongue mechanism«, in: *Biointerphases* (2018), DOI: 10.1116/1.5052651.

FRANCE, M. M. / TURNER, J. R.: »The mucosal barrier at a glance«, in: *Journal of Cell Science* (2017), DOI: 10.1242/jcs.193482.

FRANTZ, C. / STEWART, K. M. / WEAVER, V. M.: »The extracellular matrix at a glance«, in: *Journal of Cell Science* (2010), DOI: 10.1242/jcs.023820.

FRECKELTON, M. L. et al.: »Induction of Invertebrate Larval Settlement; Different

Bacteria, Different Mechanisms?«, in: *Scientific Reports* (2017), DOI: 10.1038/srep 42557.

FREEDMAN, B. R. et al.: »The (dys)functional extracellular matrix«, in: *Biochimica et Biophysica Acta* (2015), DOI: 10.1016/j.bbamCR.2015.04.015.

FRENKEL, E. S. / RIBBECK, K.: »Salivary mucins in host defense and disease prevention«, in: *Journal of Oral Microbiology* (2015), DOI: 10.3402/jom. v7.29759.

FRENKEL, E. S. / RIBBECK, K.: »Salivary Mucins Protect Surfaces from Colonization by Cariogenic Bacteria«, in: *Applied and Environmental Microbiology* (2015), DOI: 10.1128/ AEM.02573-14.

FREY, S. et al.: »Surface Properties Determining Passage Rates of Proteins through Nuclear Pores«, in: *Cell* (2018), DOI: 10.1016/j.cell.2018.05.045.

FRÖSLER, J. et al.: »Survival of Deinococcus geothermalis in Biofilms under Desiccation and Simulated Space and Martian Conditions«, in: *Astrobiology* (2017), DOI: 10.10 89/ast.2015.1431.

FUDGE, D. S. et al.: »Composition, morphology, and mechanics of hagfish slime«, in: *Journal of Experimental Biology* (2005), DOI: 10.1242/ jeb.01963.

FUDGE, D. S. et al.: »Hagfish slime threads as a biomimetic model for high performance protein fibres«, in: *Bioinspiration & Biomimetics* (2010), DOI: 10.1088/1748-3182/5/3/035002.

FURTER, M. et al.: »Mucus Architecture and Near-Surface Swimming Affect Distinct *Salmonella Typhimurium* Infection Patterns along the Murine Intestinal Tract«, in: *Cell* (2019), DOI: 10.1016/ j.celrep.2019.04.106.

GALGANI, L. et al.: »Effects of ocean acidification on the biogenic composition of the sea-surface microlayer: Results from a mesocosm study«, in: *JGR Oceans* (2014), DOI: 10.1002/2014JC010188.

GEERLINGS, S. Y. et al.: »*Akkermansia muciniphila* in the Human Gastrointestinal Tract: When, Where, and How?«, in: *Microorganisms* (2018), DOI: 10.3390/microorganisms6030075.

GERRINGER, M. et al.: »Pseudoliparis swirei sp. Nov.: a newly-discovered hadal snailfish (Scorpaeniformes: Liparidae) from the Mariana Trench«, in: *Zootaxa* (2017), DOI: 10.11646/ zootaxa.4358.1.7.

GERRINGER, M. E. et al.: »Distribution, composition and functions of gelatinous tissues in deep-sea fishes«, in: *The Royal Society Publishing* (2017), DOI: 10.1098/rsos.171063.

GILET, T. / BOUROUIBA, L.: »Rain-induced ejection of pathogens from leaves: revisiting the hypothesis of splash-on-film using high-speed visualization«, in: *Integrative & Comparative Biology* (2014), DOI: 10.1093/icb/icu116.

GILET, T. / BOUROUIBA, L.: »Fluid fragmentation shapes rain-induced foliar disease transmission«, in: *Journal of the Royal Society Interface* (2015), DOI: 10.1098/rsif.2014.1092.

GILLOIS, K. et al.: »Mucus: An Underestimated Gut Target for Environmental Pollutants and Food Additives«, in: *Microorganisms* (2018), DOI: 10.3390/ microorganisms6020053.

GOLDMANN, O. / MEDINA, E.: »The expanding world of extracellular traps: not only neutrophils but much more«, in: *Frontiers in Immunology* (2013), DOI: 10.3389/fimmu. 2012.00420.

GOLDSTEIN, M. C. et al.: »Increased oceanic microplastic debris enhances oviposition in an endemic pelagic insect«, in: *Biology Letters* (2012), DOI: 10.1098/rsbl.2012.0298.

GOMES, E. / SHORTER, J.: »The

molecular language of membraneless organelles«, in: *Journal of Biological Chemistry* (2019), DOI: 10.1074/jbc.TM118.001192.
GOULD, J. et al.: »Adhesive defence mucus secretions in the red triangle slug (Triboniophorus graeffei) can incapacitate adult frogs«, in: *bioRxiv* (2019), DOI: 10.1101/544775.
GOWDA, D. C. / DAVIDSON, E. A.: »Structural features of carbohydrate moieties in snake venom glycoproteins«, in: *Biochemical and Biophysical Research Communications* (1992), DOI: 10.1016/S0006-291X(05)80144-5.
GOWDA, D. C. / DAVIDSON, E. A.: »Isolation and characterization of novel mucin-like glycoproteins from cobra venom«, in: *Journal of Biological Chemistry* 31/269 (1994), S. 20031–20039.
HADDOCK, S. H. D.: »A golden age of gelata: past and future research on planktonic ctenophores and cnidarians«, in: *Hydrobiologia* (2004), DOI: 10.1007/s10750-004-2653-9.
HANSMA, H. G.: »Better than Membranes at the Origin of Life?«, in: *life* (2017), DOI: 10.3390/life7020028.
HANSSON, G. C. et al.: »The inner of the two Muc2 mucin-dependent mucus layers in colon is devoid of bacteria«, in: *Gut Microbes* (2010), DOI: 10.4161/gmic.1.1.10470.
HARGENS, A. R. / SHABICA, S. V.: »Protection against lethal freezing temperatures by mucus in an antarctic limpet«, in: *Cryobiology* (1973), DOI: 10.1016/0011-2240(73)90052-7.
HAUSCHKE, N. et al.: »Ernst Kalkowsky (1851–1938): ›Oolith und Stromatolith im norddeutschen Buntsandstein‹. Nach 100 Jahren Nationaler Geotop: Der Heeseberg«, in: SDGG 63 (2009), S. 211.
HAY, P.: »Bacterial vaginosis«, in: *F1000Research* (2017), DOI: 10.12688/f1000research.11417.1.
HAYASHI, K. et al.: »Fast-forming hydrogel with ultralow polymeric content as an artificial vitreous body«, in: *Nature Biomedical Engineering* (2017), DOI: 10.1038/s41551-017-0044.
HAYS, G. C. / DOYLE, T. K. / HOUGHTON, J. D. R.: »A Paradigm Shift in the Trophic Importance of Jellyfish?«, in: *Trends in Ecology & Evolution* (2018), DOI: 10.1016/j.tree.2018.09.001.
HENNIG, R: »Liegen der Erzählung vom ›Geronnenen Meer‹ geographische Tatsachen zugrunde?«, in: *Geographische Zeitschrift* 32/2 (1926), S. 62–73.
HERR, J. E. et al.: »Stabilization and swelling of hagfish slime mucin vesicles«, in: *Journal of Experimental Biology* (2010), DOI: 10.1242/jeb.038992.
HIRANO, S. S. / UPPER, C. D.: »Bacteria in the Leaf Ecosystem with Emphasis on *Pseudomonas syringae* – a Pathogen, Ice Nucleus, and Epiphyte«, in: *Microbiology and Molecular Biology Reviews* (2000), DOI: 10.1128/MMBR.64.3.624-653.2000.
HOLLINGSWORTH, M. A. / SWANSON, B. J.: »Mucins in cancer: protection and control of the cell surface«, in: *Nature Reviews Cancer* (2004), DOI: 10.1038/nrc1251.
HOSSFELD, U. / LEVIT, G. S.: »›Tree of life‹ took root 150 years ago«, in: *Nature* (2016), DOI: 10.1038/540038a.
HSU, B. B. et al.: »Dynamic Modulation of the Gut Microbiota and Metabolome by Bacteriophages in a Mouse Model«, in: *Cell Host & Microbe* (2019), DOI: 10.1016/j.chom.2019.05.001.
HSUE, Y. P. et al.: »Nematode-Trapping Fungi Eavesdrop on Nematode Pheromones«, in: *Current Biology* (2013), DOI: 10.1016/j.cub.2012.11.035.
HUANG, Y. et al.: »Sundew adhesive: a naturally occurring hydrogel«, in: *Journal*

of the Royal Society Interface (2015), DOI: 10.1098/rsif.2015.0226.

HUERTAS, V. et al.: »Mucus-secreting lips offer protection to suction-feeding corallivorous fishes«, in: *Current Biology* (2017), DOI: 10.1016/j.cub.2017.04.056.

HUSSEY, G. S. et al.: »Extracellular matrix-based materials for regenerative medicine«, in: *Nature Reviews Materials* (2018), DOI: 10.1038/s41578-018-0023-x.

IONOV, L.: »Hydrogel-based actuators: possibilities and limitations«, in: *Materials Today* (2014), DOI: 10.1016/j.mattod.2014.07.002.

JACKSON, J. B. C.: »Ecological extinction and evolution in the brave new ocean«, in: *PNAS* (2008), DOI: 10.1073/pnas.0802812105.

JARDINE, C. B. et al.: »Biofilm Consumption and Variable Diet Composition of Western Sandpipers (*Calidris mauri*) during Migratory Stopover«, in: *PLoS One* (2015), DOI: 10.1371/journal.pone.0124164.

JARED, C. et al.: »Skin gland concentrations adapted to different evolutionary pressures in the head and posterior regions of the caecilian *Siphonops annulatus*«, in: *Scientific Reports* (2018), DOI: 10.1038/s41598-018-22005-5.

JOHANNESSON, K. et al.: »Indiscriminate Males: Behaviour of a Marine Snail Compromised by a Sexual Conflict?«, in: *PLoS* One (2010), DOI: 10.1371/journal.pone.0012005.

JOHANNSEN, M. E. / HANSSON, G. C.: »Is the intestinal goblet cell a major immune cell?«, in: *Cell Host Microbe* (2014), DOI: 10.1016/j.chom.2014.02.014.

JOHANNSEN, M. E. / HANSSON, G. C.: »Mucus and the goblet cell«, in: *Digestive Diseases* (2015), DOI: 10.1159/000354683.

JOHANNSEN, M. E. / HANSSON, G. C.: »Immunological aspects of intestinal mucus and mucins«, in: *Nature Reviews. Immunology* (2016), DOI: 10.1038/nri.2016.88.

JOHANNSEN, M. E. et al.: »The gastrointestinal mucus system in health and disease«, in: *Nature Reviews. Gastroenterology & Hepatology* (2013), DOI: 10.1038/nrgastro.2013.35.

JOHANNSON, M. E. et al.: »Bacteria penetrate the normally impenetrable inner colon mucus layer in both murine colitis models and patients with ulcerative colitis«, in: *Gut* (2014), DOI: 10.1136/gutjnl-2012-303207.

JONES, S. J.: »Goo, glue, and grain binding: importance of biofilms for diagenesis in sandstones«, in: *Geology* (2017), DOI: 10.1130/focus102017.1.

JOUNG, Y. S. / BUIE, C. R.: »Aerosol generation by raindrop impact on soil«, in: *Nature Communications* (2015), DOI: 10.1038/ncomms7083.

KANG, D. W. et al.: »Long-term benefit of Microbiota Transfer Therapy on autism symptoms and gut microbiota«, in: *Scientific Reports* (2019), DOI: 10.1038/s41598-019-42183-0.

KATIJA, K. et al.: »New technology reveals the role of giant larvaceans in oceanic carbon cycling«, in: *Science Advances* (2017), DOI: 10.1126/sciadv.1602374.

KATIJA, K. et al.: »From the surface to the seafloor: How giant larvaceans transport microplastics into the deep sea«, in: *Science Advances* (2017), DOI: 10.1126/sciadv.1700715.

KNEE, E. M. et al.: »Root Mucilage from Pea and Its Utilization by Rhizosphere Bacteria as a Sole Carbon Source«, in: *Molecular Plant-Microbe Interactions* (2007), DOI: 10.1094/MPMI.2001.14.6.775.

KNOOP, K. A. / NEWBERRY, R. D.: »Goblet cells: multifaceted players in immunity at mucosal surfaces«, in: *Muco-*

sal Immunology (2018), DOI:10.1038/s41385-018-0039-y.

KREMBS, C./EICKEN, H./DEMING, J.W.: »Exopolymer alteration of physical properties of sea ice and implications for ice habitability and biogeochemistry in a warmer Arctic«, in: *PNAS* (2011), DOI:10.1073/pnas.1100701108.

KUFE, D.W.: »Mucins in cancer: function, prognosis and therapy«, in: *Nature Reviews Cancer* (2010), DOI:10.1038/nrc2761.

KUFE, D.W.: »MUC1-C Oncoprotein as a Target in Breast Cancer: Activation of Signaling Pathways and Therapeutic Approaches«, in: *Oncogene* (2013), DOI:10.1038/onc.2012.158.

KUO, J.C. et al.: »Physical Biology of the cancer cell glycocalyx«, in: *Nature Physics* (2018), DOI:10.1038/s41567-018-0186-9.

LABOKHA, A.A./ FASSATI, A.: »Viruses Challenge Selectivity Barrier of Nuclear Pores«, in: *Viruses* (2013), DOI:10.3390/v5102410.

LAIRD, M.K. et al.: »Facultative oviparity in a viviparous skink (*Saiphos equalis*)«, in: *Biology Letters* (2019), DOI:10.1098/rsbl.2018.0827.

LANG, T. et al.: »Gel-forming mucins appeared early in metazoan evolution«, in: *PNAS* (2007), DOI:10.1073/pnas.0705984104.

LANG, T. et al.: »Searching the Evolutionary Origin of Epithelial Mucus Protein Components – Mucins and FCGBP«, in: *Molecular Biology and Evolution* (2016), DOI:10.1093/molbev/msw066.

LANGE, J. et al.: »Husbandry of jellyfish, from the beginning until today – Überblick über die Quallenhaltung von den Anfängen bis heute«, in: *Der Zoologische Garten* (2016), DOI:10.1016/j.zoolgart.2015.09.009.

LAREEN, A. et al.: »Plant root-microbe communication in shaping root microbiomes«, in: *Plant Molecular Biology* (2016), DOI:10.1007/s11103-015-0417-8.

LAUNDON, D. et al.: »The architecture of cell differentiation in choanoflagellates and sponge choanocytes«, in: *PLoS Biology* (2019), DOI:10.1371/journal.pbio.3000226.

LEE, J.W. et al.: »Hepatocytes direct the formation of a prometastatic niche in the liver«, in: *Nature* (2019), DOI:10.1038/s41586-019-1004-y.

LEVIN, T.C. et al.: »The rosetteless gene controls development in the choanoflagellate S.rosetta«, in: *eLife* (2014), DOI:10.7554/eLife.04070.

LI, J.: »Tough adhesives for diverse wet surfaces«, in: *Science* (2017), DOI:10.1126/science.aah6362.

LI, L.D. et al.: »Spatial configuration and composition of charge modulates transport into a mucin hydrogel barrier«, in: *Biophysical Journal* (2013), DOI:10.1016/j.bpj.2013.07.050.

LICHTMAN, I.D. et al.: »Bedform migration in a mixed sand and cohesive clay intertidal environment and implications for bed material transport predictions«, in: *Geomorphology* (2018), DOI:10.31223/osf.io/cys39.

LIDELL, M.E. et al.: »Entamoeba histolytica cysteine proteases cleave the MUC2 mucin in its C-terminal domain and dissolve the protective colonic mucus gel«, in: *PNAS* (2006), DOI:10.1073/pnas.0600623103.

LIELEG, O./RIBBECK, K.: »Biological Hydrogels as Selective Diffusion Barriers«, in: *Trends in Cell Biology* (2011), DOI:10.1016/j.tcb.2011.06.002.

LINDEN, S.K. et al.: »Mucins in the mucosal barrier to infection«, in: *Mucosal Immunity* (2008), DOI:10.1038mi.2008.5.

LIU, K. et al.: »How carnivorous fungi use three-celled constricting rings to trap nematodes«, in: *Protein Cell* (2012), DOI:10.1007/s13238-012-2031-8.

MADSEN, S. S. et al.: »Sexual maturation and changes in water and salt transport components in the kidney and intestine of three-spined stickleback (*Gasterosteus aculeatus L.*)«, in: *Comparative Biochemistry and Physiology Part A, Molecular & integrative Physicology* (2018), DOI:10.1016/j.cbpa.2015.06.021.

MAIXNER F. et al.: »The 5300-year-old *Helicobacter pylori* genome of the Iceman«, in: *Science* (2016), DOI:10.1126/science.aad2545.

MALARKEY, J. et al.: »The pervasive role of biological cohesion in bedform development«, in: *Nature Communications* (2015), DOI:10.1038/ncomms7257.

MCFALL-NGAI, M. et al.: »Animals in a bacterial world, a new imperative for the life sciences«, in: *PNAS* (2013), DOI:10.1073/pnas.1218525110.

MCKEE, A. et al.: »Substrate Attributes Determine Gait in a Terrestrial Gastropod«, in: *The Biological Bulletin* (2013), DOI:10.1086/BBLv224n1p53.

MCNEAR, D. H.: »The rhizosphere-roots, soil and everything in between«, in: *Nature Education Knowledge* (2013).

MEIER, F. C. / LINDBERGH, C. A.: »Collecting Micro-Organisms from the Arctic Atmosphere«, in: *The Scientific Monthly* 1/40 (1935), S. 5–20.

MEYER, JUSTIN R.: »Sticky bacteriophage protect animal cells«, in: *PNAS* (2013), DOI:10.1073/pnas.1307782110.

MIYASHITA, T. et al.: »Hagfish from the Cretaceous Tethys Sea and a reconciliation of the morphological-molecular conflict in early vertebrate phylogeny«, in: *PNAS* (2019), DOI:10.1073/pnas.1814794116.

MOMMER, L. et al.: »Advances in the rhizosphere: stretching the interface of life«, in: (2016), DOI:10.1007/s11104-016-3040-9.

MORAN, M. A. et al.: »Deciphering ocean carbon in a changing world«, in: *PNAS* (2016), DOI:10.1073/pnas.1514645113.

MORASCH, M. et al.: »Heat-Flow-Driven Oligonucleotide Gelation Separates Single-Base Differences«, in: *Angewandte Chemie Internationale Edition* (2016), DOI:10.1002/anie.201601886.

MORRIS, C. E. et al.: »The life history of the plant pathogen *Pseudomonas syringae* is linked to the water cycle«, in: *The ISME Journal* (2008), DOI:10.1038/ismej.2007.113.

MOUW, J. K. et al.: »Extracellular matrix assembly: a multiscale deconstruction«, in: *Nature Reviews. Molecular Cell Biology* (2014), DOI:10.1038/nrm3902.

MUKHERJEE, I. et al.: »The Boring Billion, a slingshot for Complex Life on Earth«, in: *Scientific Reports* (2018), DOI:10.1038/s41598-018-22695-x.

MUSTAFFA, N. I. H. et al.: »High-resolution observations on enrichment processes in the sea-surface microlayer«, in: *Scientific Reports* (2018), DOI:10.1038/s41598-018-31465-8.

NAKASHIMA, K. et al.: »Chitin-based barrier immunity and its predated mucus-colonization by indigenous gut microbiota«, in: *Nature communications* (2018), DOI:10.1038/s41467-018-05884-0.

NG, T. P. T. et al.: »Mucus trail following as a mate-searching strategy in mangrove littorinid snails«, in: *Animal Behaviour* (2011), DOI:10.1016/j.anbehav.2011.05.017.

NG, T. P. T. et al.: »Snails and their trails: the multiple functions of trail-following in gastropods«, in: *Biological Review* (2013), DOI:10.1111/brv.12023.

NOEL, A. C. et al.: »Frogs use a viscoelastic tongue and non-Newtonian saliva to catch prey«, in: *Journal of the*

Royal Society Interface (2017), DOI: 10.1098/rsif.2016.0764.

NOOR, N. et al.: »3D Printing of Personalized Thick and Perfusable Cardiac Patches and Hearts«, in: *Advanced Science* (2019), DOI: 10.1002/advs.201900344.

O'HANLON, S. J. et al.: »Recent Asian origin of chytrid fungi causing global amphibian declines«, in: *Science* (2018), DOI: 10.1126/science.aar1965.

O'KEEFE, S. J. D. et al.: »Fat, Fiber and Cancer Risk in African Americans and Rural Africans«, in: *Nature Communications* (2015), DOI: 10.1038/ncomms7342.

OKUMURA, R. / TAKEDA, K.: »Maintenance of intestinal homeostasis by mucosal barriers«, in: *Inflammation and Regeneration* (2018), DOI: 10.1186/s41232-018-0063-z.

OROSEI, R. et al.: »Radar evidence of subglacial liquid water on Mars«, in: *Science* (2018), DOI: 10.1126/science.aar7268.

PADILLO-GAMINO, J. L. et al.: »Formation and structural organization of the egg–sperm bundle of the scleractinian coral *Montipora capitata*«, in: *Coral Reefs* (2011), DOI: 10.1007/s00338-010-0700-8 .

PANITZ, C. et al.: »Tolerances of *Deinococcus geothermalis* Biofilms and Planktonic Cells Exposed to Space and Simulated Martian Conditions in Low Earth Orbit for Almost Two Years«, in: *Astrobiology* (2019), DOI: 10.1089/ast.2018.1913.

PANOVA, M. et al.: »Extreme Female Promiscuity in a Non-Social Invertebrate Species«, in: *PLoS One* (2010), DOI: 10.1371/journal.pone.0009640.

PARSONS, D. R.: »The role of biophysical cohesion on subaqueous bed form size«, in: *Geophysical Research Letters* (2016), DOI: 10.1002/2016GL067667.

PATEL, K. et al.: »Mucus trail tracking in a predatory snail: olfactory processing retooled to serve a novel sensory modality«, in: *Brain Behavior* (2014), DOI: 10.1002/brb3.198.

PAVIA, F. J. et al.: »Shallow particulate organic carbon regeneration in the South Pacific Ocean«, in: *PNAS* (2019), DOI: 10.1073/pnas.1901863116.

PAWLICKI, J. M. et al.: »The effect of molluscan glue proteins on gel mechanics«, in: *The Journal of Experimental Biology* (2004), DOI: 10.1242/jeb.00859.

PEIXOTO, A. et al.: »Protein Glycosylation and Tumor Microenvironment Alterations Driving Cancer Hallmarks«, in: *frontiers in Oncology* (2019), DOI: 10.3389/fonc.2019.00380.

PELASEYED, T. et al.: »The mucus and mucins of the goblet cells and enterocytes provide the first defense line of the gastrointestinal tract and interact with the immune system«, in: *Immunological Reviews* (2014), DOI: 10.1111/imr.12182.

PEREIRA, R. et al.: »Reduced air-sea CO2 exchange in the Atlantic Ocean due to biological surfactants«, in: *Nature Geoscience* (2018), DOI: 10.1038/s41561-018-0136-2.

PHILIPS, C. R. et al.: »Fifty Years of Cereal Leaf Beetle in the U.S.: An Update on Its Biology, Management, and Current Research«, in: *Journal of Integrated Pest Management* (2011), DOI: 10.1603/IPM11014.

PHILLIPS, B. / SHINE, R.: »When dinner is dangerous: toxic frogs elicit species-specific responses from a generalist snake predator«, in: *The American Naturalist* (2007), DOI: 10.1086/522845.

PICKARD, J. M. et al.: »Gut Microbiota: Role in Pathogen Colonization, Immune Responses and Inflammatory Disease«, in: *Immunological Reviews* (2017), DOI: 10.1111/imr.12567.

PIETSCH, R. B. et al.: »Wind-driven spume droplet production and the transport of Pseudomonas syringae from aquatic environments«, in:

PeerJournal (2018), DOI: 10.7717/peerj.5663.

PINGET, G. et al.: »Impact of the Food Additive Titanium Dioxide (E171) on Gut Microbiota-Host Interaction«, in: *frontiers in Nutrition* (2019), DOI: 10.3389/fnut.2019.00057.

PIONTEK, J. et al.: »Effects of rising temperature on the formation and microbial degradation of marine diatom aggregates«, in: *Aquatic Microbial Ecology* (2009), DOI: 10.3354/ame01273.

PISANI, D. et al.: »Genomic data do not support comb jellies as the sister group to all other animals«, in: *PNAS* (2015), DOI: 10.1073/pnas.1518127112.

PITA, L. et al.: »The sponge holobiont in a changing ocean: from microbes to ecosystems«, in: *Microbiome* (2018), DOI: 10.1186/s40168-018-0428-1.

PROCTOR, R.: »Architecture from the cell-soul: René Binet and Ernst Haeckel«, in: *The Journal of Architecture* (2006), DOI: 10.1080/13602360601037818.

PURCELL, S. C./GODULA, K.: »Synthetic glycoscapes: addressing the structural and functional complexity of the glycocalyx«, in: *Interface Focus* (2019), DOI: 10.1098/rsfs.2018.0080.

RAHFELD, P. et al.: »An enzymatic pathway in the human gut microbiome that converts A to universal O type blood«, in: *Nature Microbiology* (2019), DOI: 10.1038/s41564-019-0469-7.

RAVERTY, S. A. et al.: »Respiratory Microbiome of Endangered Southern Resident Killer Whales and Microbiota of Surrounding Sea Surface Microlayer in the Eastern North Pacific«, in: *Scientific Reports* (2017), DOI: 10.1038/s41598-017-00457-5.

REHBOCK, P. F.: »Huxley, Haeckel, and the Oceanographers: The Case of *Bathybius haeckelii*«, in: *Isis* 4/66 (1975), S. 504–533.

RICE, A. L.: »Thomas Henry Huxley and the strange case of *Bathybius haeckelii*; a possible alternative explanation«, in: *Archives of Natural History* (1983), DOI: 10.3366/anh.1983.11.2.169.

RIX, L.: »Reef sponges facilitate the transfer of coral-derived organic matter to their associated fauna via the sponge loop«, in: *Marine Ecology Progress Series* (2018), DOI: 10.3354/meps12443.

RIX, L. et al.: »Coral mucus fuels the sponge loop in warm- and cold-water coral reef ecosystems«, in: *Science Reports* (2016), DOI: 10.1038/srep18715.

ROBERTS, H. R. et al.: »Evidence for facultative protocarnivory in *Capsella bursa-pastoris* seeds«, in: *Scientific Reports* (2018), DOI: 10.1038/s41598-018-28564-x.

ROBINSON, T. B. et al.: »Rising bubbles enhance the gelatinous nature of the air-sea interface«, in: *Limnology and Oceanography* (2019), DOI: 10.1002/lno.11188.

ROBISON, B. H. et al.: »Giant Larvacean Houses: Rapid Carbon Transport to the Deep Sea Floor«, in: *Science* (2005), DOI: 10.1126/science.1109104.

RODRIGUEZ-CABALLERO, E. et al.: »Dryland photoautotrophic soil surface communities endangered by global change«, in: *Nature Geoscience* (2018), DOI: 10.1038/s41561-018-0072-1.

RODRIGUEZ-CABELLERO, E. et al.: »Ecosystem services provided by biocrusts: From ecosystem functions to social values«, in: *Journal of Arid Environments* (2018), DOI: 10.1016/j.jaridenv.2017.09.005.

ROUSE, G. W. et al.: »An inordinate fondness for *Osedax* (Siboglinidae: Annelida): Fourteen new species of bone worms from California«, in:

Zootaxa (2018), DOI: 10.11646/zootaxa.4377.4.1.

RYAN, J. F. et al.: »The Genome of the Ctenophore *Mnemiopsis leidyi* and Its Implications for Cell Type Evolution«, in: *Science* (2013), DOI: 10.1126/science.1242592.

SARABIAN, C. et al.: »Feeding decisions under contamination risk in bonobos«, in: *Philosophical Transactions of the Royal Society B. Biological Sciences* (2018), DOI: 10.1098/rstb.2017.0195.

SARABIAN, C. et al.: »Evolution of pathogen and parasite avoidance behaviours«, in: *Philosophical Transactions of the Royal Society B. Biological Sciences* (2018), DOI: 10.1098/rstb.2017.0256.

SASSE, J. et al.: »Feed Your Friends: Do Plant Exudates Shape the Root Microbiome?«, in: *Trends in Plant Science* (2018), DOI: 10.1016/j.tplants.2017.09.003.

SAUER, K.: »The War on Slime«, in: *Scientific American* (2017), DOI: 10.1038/scientificamerican1117-64.

SCHEELE, B. C. et al.: »Amphibian fungal panzootic causes catastrophic and ongoing loss of biodiversity«, in: *Science* (2019), DOI: 10.1126/science.aav0379 .

SCHRÖDER, K. et al.: »The Origin of Mucosal Immunity: Lessons from the Holobiont Hydra«, in: *mBio* (2016), DOI: 10.1128/mBio.01184-16.

SCHROEDER, B. O.: »Fight them or feed them: how the intestinal mucus layer manages the gut microbiota«, in: *Gastroenterology Report* (2019), DOI: 10.1093/gastro/goy052.

SCHUÈRCH, M. et al.: »Future response of global coastal wetlands to sea-level rise«, in: *Nature* (2018), DOI: 10.1038/s41586-018-0476-5.

SCHULZE-MAKUCH, D. et al.: »Transitory microbial habitat in the hyperarid Atacama Desert«, in: *PNAS* (2018), DOI: 10.1073/pnas.1714341115.

SEEAR, P. J. et al.: »The molecular evolution of spiggin nesting glue in sticklebacks«, in: *Molecular Ecology* (2015), DOI: 10.1111/mec.13317.

SHARON, G. et al.: »Human Gut Microbiota from Autism Spectrum Disorder Promote Behavioral Symptoms in Mice«, in: *Cell* (2019), DOI: 10.1016/j.cell.2019.05.004.

SHKOPOROV, A. N. et al.: »Bacteriophages of the Human Gut: The ›Known Unknown‹ of the Microbiome«, in: *Cell Host and Microbe* (2019), DOI: 10.1016/j.chom.2019.01.017.

SHNIUKOVA, E. I. / ZOLOTAREVA, E. K.: »Diatom Exopolysaccharides: a Review«, in: *International Journal on Algae* (2015), DOI: 10.1615/InterJAlgae.v17.i1.50.

SLEEPER, H. L. et al.: »Alarm pheromones from the marine opisthobranch *Navanax inermis*«, in: *Journal of Chemical Ecology* (1980), DOI: 10.1007/bf00987527.

SMITH, A. M.: »The Structure and Function of Adhesive Gels from Invertebrates«, in: *Integrative & Comparative Biology* (2002), DOI: 10.1093/icb/42.6.1164.

SMITH, A. M. / MORIN, M. C.: »Biochemical Differences Between Trail Mucus and Adhesive Mucus From Marsh Periwinkle Snails«, in: *The Biological Bulletin* (2002), DOI: 10.2307/1543576.

SMITH-DUPONT, K. B. et al.: »Probing the potential of mucus permeability to signify preterm birth risk«, in: *Scientific Reports* (2017), DOI: 10.1038/s41598-017-08057-z.

SOLÉ, R. et al.: »Liquid brains, solid brains«, in: *Philosophical Transaction of the Royal Society B. Biological Sciences* (2019), DOI: 10.1098/rstb.2019.0040.

SONNENBURG, E. D. / SONNENBURG, J. L.: »The ancestral and industrialized gut microbiota and implications for human health«, in: *Nature Reviews Microbiology* (2019), DOI:10.1038/s41579-019-0191-8.

SOVRAN, B. et al.: »Age-associated Impairment of the Mucus Barrier Function is Associated with Profound Changes in Microbiota and Immunity«, in: *Scientific Reports* (2019), DOI:10.1038/s41598-018-35228-3.

STAHL, M. et al.: »The Helical Shape of *Campylobacter jejuni* Promotes In Vivo Pathogenesis by Aiding Transit through Intestinal Mucus and Colonization of Crypts«, in: *Infection and Immunity* (2016), DOI:10.1128/IAI.00751-16.

SVANBERG, I.: »Black slugs (*Arion ater*) as grease: A case study of technical use of gastropods in pre-industrial Sweden«, in: *Journal of Ethnobiology* (2009), DOI:10.2993/0278-0771(2006)26[299:BSAAAG]2.0.CO;2.

TANENTZAP, A. J. et al.: »Ungulate saliva inhibits a grass-endophyte mutualism«, in: *Biology Letters* (2014), DOI:10.1098/rsbl.2014.0460.

TARBELL, J. M./CANCEL, L. M.: »The glycocalyx and its significance in human medicine«, in: *Journal of Internal Medicine* (2016), DOI:10.1111/joim.12465.

THOM, M. et al.: »Seasonal Biostabilization and Erosion Behavior of Fluvial Biofilms Under Different Hydrodynamic and Light Conditions«, in: *International Journal of Sediment Research 30* (2015), S. 273–284.

TURKO, A. J. et al.: »Skeletal stiffening in an amphibious fish out of water is a response to increased body weight«, in: *Journal of Experimental Biology* (2017), DOI:10.1242/jeb.161638.

TYLER, M. J. et al.: »Inhibition of Gastric Acid Secretion in the Gastric Brooding Frog, *Rheobatrachus silus*«, in: *Science* (1983), DOI:10.1126/science.6573024.

VÁGI, B. et al.: »Parental care and the evolution of terrestriality in frogs«, in: *Proceedings of the Royal Society B. Biological Sciences* (2019), DOI:10.1098/rspb.2018.2737.

VAHEY, M. D./FLETCHER, D. A.: »Influenza A virus surface proteins are organized to help penetrate host mucus«, in: *eLife* (2019), DOI:10.7554/eLife.43764.

VALENTE, R. H. et al.: »*Bothrops jararaca* accessory venom gland is an ancillary source of toxins to the snake«, in: *Journal of Proteomics* (2018), DOI:10.1016/j.jprot.2017.12.009.

VAN DEYNZE, A. et al.: »Nitrogen fixation in a landrace of maize is supported by a mucilage-associated diazotrophic microbiota«, in: *PLOS Biology* (2018), DOI:10.1371/journal.pbio.2006352.

VOGEL, D./DUSSUTOUR, A.: »Direct transfer of learned behaviour via cell fusion in non-neural organisms«, in: *Proceedings of the Royal Society B. Biological Sciences* (2016), DOI:10.1098/rspb.2016.2382.

VON BYERN, J. et al.: »Biomechanical properties of fishing lines of the glowworm Arachnocampa luminosa (Diptera; Keroplatidae)«, in: *Scientific Reports* (2019), DOI:10.1038/s41598-019-39098-1.

VON PROSCHWITZ, T.: »Bericht über die 46. Frühjahrstagung der Deutschen Malakozoologischen Gesellschaft in Vickleby auf der Ostseeinsel Öland (Schweden) vom 25. bis 28. Mai 2007«, in: *Mitteilungen der Deutschen Malakozoologischen Gesellschaft* (2014), S. 1–12.

WAGNER, C. E. et al.: »A Rheological Study of the Association and Dynamics of MUC5AC Gels«, in: *Biomacromolecules* (2017), DOI:10.1021/acs.biomac.7b00809.

WALKER, S. et al.: »Root Exudation and Rhizosphere Biol«, in: *Plant Physiology* (2003), DOI:10.1104/pp.102.019661.

WALLER, D. et al.: »Reversibility of Vasalgel™ male contraceptive in a rabbit model«, in: *Basic and Clinical Andrology* (2017), DOI:10.1186/s12610-017-0051-1.

WEISS, M.C. et al.: »The physiology and habitat of the last universal common ancestor«, in: *Nature Microbiology* (2016), DOI:10.1038/nmicrobiol.2016.116.

WERB, Z./LU, P.: »The Role of Stroma in Tumor Development«, in: *Cancer Journal* (2016), DOI:10.1097/PPO.0000000000000127.

WETZEL, L.A. et al.: »Predicted glycosyltransferases promote development and prevent spurious cell clumping in the choanoflagellate *S. rosetta*«, in: *eLife* (2018), DOI:10.7554/eLife.41482 .

WHEELER, R.J./HYMAN, A.A.: »Controlling compartmentalization by non-membrane-bound organelles«, in: *Philosophical Transactions of the Royal Society B. Biological Sciences* (2018), DOI:10.1098/rstb.2017.0193.

WHELAN, N.V. et al.: »Ctenophore relationships and their placement as the sister group to all other animals«, in: *nature ecology & evolution* (2017), DOI:10.1038/s41559-017-0331-3.

WHITTINGTON, I.D./KEARN, G.: »Haching Strategies in Monogenean (Platyhelminth) Parasites that Facilitate Host Infection«, in: *Integrative & Comparative Biology* (2011), DOI:10.1093/icb/icr003.

WIECZOREK, A.M. et al.: »Microplastic Ingestion by Gelatinous Zooplankton May Lower Efficiency of the Biological Pump«, in: *Environmental Science & Technology* (2019), DOI:10.1021/acs.est.8b07174.

WILD, D. et al.: »Coral mucus functions as an energy carrier and particle trap in the reef ecosystem«, in: *Nature* (2004), DOI:10.1038/nature02344.

WILKS, A.M.: »Double-network gels and the toughness of terrestrial slug glue«, in: *Journal of Experimental Biology* (2015), DOI:10.1242/jeb.128991.

WINEGARD, T. et al.: »Coiling and maturation of a high-performance fibre in hagfish slime gland thread cells«, in: *Nature Communications* (2014), DOI:10.1038/ncomms4534.

WITTEN, J./RIBBECK, K.: »The particle in the spider's web: transport through biological hydrogels«, in: *Nanoscale* (2018), DOI:10.1039/c6nr09736g.

WITTEN, J. et al.: »Selective permeability of mucus barriers«, in: *Current Opinion in Biotechnology* (2018), DOI:10.1016/j.copbio.2018.03.010.

WIZEN, G./GASITH, A.: »An Unprecedented Role Reversal: Ground Beetle Larvae (Coleoptera: Carabidae) Lure Amphibians and Prey upon Them«, in: *PLoS One* (2011), DOI:10.1371/journal.pone.0025161.

WOOD, R. et al.: »Integrated records of environmental change and evolution challenge the Cambrian Explosion«, in: *nature ecology & evolution* (2019), DOI: 10.1038/s41559-019-0821-6.

WOTTON, R.S.: »The ubiquity and many roles of exopolymers (EPS) in aquatic systems«, in: *Scientia Marina* (2004), DOI:10.3989/scimar.2004.68s113.

WOZNICA, A./KING, N: »Lessons from simple marine models on the bacterial regulation of eukaryotic development«, in: *Current Opinion in Microbiology* (2018), DOI:10.1016/j.mib.2017.12.013.

WOZNICA, A. et al.: »Bacterial lipids activate, synergize, and inhibit a developmental switch in choanoflagellates«, in: *PNAS* (2016), DOI:10.1073/pnas.1605015113.

WURL, O. et al.: »Sea surface microlayer in a changing ocean – A perspective«, in: *Elementa. Science of the Anthropocene* (2017), DOI:10.1525/elementa.228.

XU, C. et al.: »Highly Elastic Biodegradable Single-Network Hydrogel for Cell Printing«, in: *ACS Applied Materials & Interfaces* (2018), DOI:10.1021/acsami.8b01294.

YANG, D. et al.: »Enhanced transcriptions and translation in clay hydrogel and implications for early life evolution«, in: *Scientific Reports* (2013), DOI:10.1038/srep03165.

YANG, Y. et al.: »Evolution of nematode-trapping cells of predatory fungi of the Orbiliaceae based on evidence from rRNA-encoding DNA and multiprotein sequences«, in: *PNAS* (2007), DOI:10.1073/pnas.0702770104.

YAP, Y. U. / MARINO, E.: »An Insight Into the Intestinal Web of Mucosal Immunity, Microbiota, and Diet in Inflammation«, in: *frontiers in Immunology* (2018), DOI:10.3389/fimmu.2018.02617.

YUE, B.: »Biology of the Extracellular Matrix: An Overview«, in: *Journal of Glaucoma* (2014), DOI:10.1097/IJG.0000000000000108.

ZAITSEV, Y. P.: »Contourobionts in ocean monitoring«, in: *Environmental Monitoring and Assessment* 1/7 (1986), S. 31–38.

ZHANG, C. et al.: »Evolving paradigms in biological carbon cycling in the ocean«, in: *National Science Review* (2018), DOI:10.1093/nsr/nwy074.3

BÜCHER

ANDERSEN, HANS CHRISTIAN: *Die schönsten Märchen*, München 2017.

ABBOTT, EDWIN A.: *Flatland. Eine phantastische Geschichte über viele Dimensionen*, Nordhausen 2012.

ARCHIBALD, J. DAVID: *Aristotle's Ladder, Darwin's Tree. The evolution of visual metaphors for biological order*, New York 2014.

ASHTON, ROSEMARY: *One Hot Summer. Dickens, Darwin, Disraeli, and the Great Stink of 1858*, New Haven 2017.

BAILEY, ELISABETH TOVA: *Das Geräusch einer Schnecke beim Essen*, München, 2012.

BAKEWELL, SARAH: *Das Café der Existenzialisten. Freiheit, Sein und Aprikosencocktails*, München 2016.

BAUMSTARK, KATHRIN: *Der Tod und das Mädchen. Erotik, Sexualität und Sterben im deutschsprachigen Raum zwischen Spätmittelalter und Früher Neuzeit*, Berlin 2015.

BEEVOR, ANTONY: *D-Day. Die Schlacht um die Normandie*, München 2011.

BELL-METEREAU, REBECCA: *Searching for Blobby Fissures. Slime, Sexuality, and the Grotesque.* In: Murray Pomerance: *Bad. Infamy, Darkness, Evil, and Slime on Screen*, New York 2004.

BENN, GOTTFRIED: »Gesänge«, in: ders.: *Sämtliche Gedichte*, Stuttgart 1998.

BEREITER-HAHN, JÜRGEN/ MATOLTSY, GEDEON/ RICHARDS, SYLVIA: *Biology of the Integument*, 1: *Invertebrates*, Berlin, Heidelberg 1984.

BIRKHEAD, TIM: *Die Sinne der Vögel oder Wie es ist, ein Vogel zu sein*, Berlin 2015.

BIRKHEAD, TIM: *The most perfect thing. Inside (and Outside) a Bird's Egg*, London 2016.

BOETIUS, ANTJE/ BOETIUS, HENNING: *Das dunkle Paradies. Die Entdeckung der Tiefsee*, München 2011.

BRAIN, ROBERT MICHAEL: *The pulse of modernism. Physiological Aesthetics in Fin-de-Siècle Europe*, Seattle 2015.

BREHM, ALFRED: *Brehms Tierleben*, Band 23: *Lurche*, Hamburg 1927.

BRIGGS, JONATHAN: *A little book about Mistletoe. Biology, traditions, harvest, uses, conservation, control and how to grow your own*, Gloucestershire 2013.

BRUNNER, BERND: *Wie das Meer nach Hause kam. Die Erfindung des Aquariums*, Berlin 2011.

VON BYERN, JANEK/ GRUNWALD, INGO (Hg.): *Biological Adhesive Systems. From Nature to Technical and Medical Application*, Wien, New York 2010.

ČAPEK, KAREL: *Der Krieg mit den Molchen*, Berlin 1989.

CARSON, RACHEL: *The Sea Around Us*, London 2014.

CARSON, RACHEL: *Under the Sea-Wind*, London 2014.

CARSON, RACHEL: *The Edge of the Sea*, London 2015.

CHESTERTON, GILBERT KEITH: »The Prehistoric Railway Station«, in: ders.: *The Complete Works of G.K. Chesterton*, Hastings 2014.

CHIMILESKI, SCOTT/ KOLTER, ROBERTO: *Life at the Edge of Sight. A Photographic Exploration of the Microbial World*, Cambridge 2017.

COEN, ROSS: *Fu-go: The Curious History of Japan's Balloon Bomb Attack on America*, Lincoln 2014.

CONNOR, STEVEN: *The Book of Skin*, London 2004.

CORBIN, ALAIN: *Pesthauch und Blütenduft. Eine Geschichte des Geruchs*, Berlin 1986.

CORFIELD, RICHARD: *The Silent Landscape. In the Wake of HMS »Challenger« 1872–1876*, London 2004.

CURTIS, VALERIE: *Don't Look, Don't Touch. The Science behind Revulsion*, Oxford 2013.

DAS, SANTANU: *Touch and Intimacy in First World War Literature*, Cambridge 2005.

DAVIES, PAUL: *Eerie Silence. Are we Alone in the Universe?*, London 2010.

DAY, CAROLYN A.: *Consumptive Chic. A History of Beauty, Fashion, and Disease*, London 2017.

DE BEAUVOIR, SIMONE: *Die Zeremonie des Abschieds*, Reinbek bei Hamburg 2012.

DICKENS, CHARLES: *Klein Dorrit*, Berlin 2016.

DIPPER, FRANCES: *The Marine World. A Natural History of Ocean Life*, Ithaca 2016.

DUMAS, ALEXANDRE: *Die Kameliendame*, Frankfurt a. M. 1982.

DUSSUTOU, AUDREY: *Le Blob. Tout ce que vous avez toujours voulu savoir*, Paris 2017.

DUVE, KAREN: *Regenroman*, Berlin 1999.

EGAN, TIMOTHY: *The Worst Hard Time*, New York 2006.

VON ENGELHARDT, DIETRICH/ WISSKIRCHEN, HANS: *»Der Zauberberg« – die Welt der Wissenschaften in Thomas Manns Roman*, Stuttgart 2003.

ENNS, ANTHONY/TROWER, SHELLEY: *Vibratory Modernism*, 2013.

FIGES, ORLANDO: *A People's Tragedy*, London 2017.

FLEMMING, HANS-CURT/ NEU, THOMAS R. /WINGENDER, JOST (Hg.): *The Perfect Slime. Microbial Extracellular Polymeric Substances (EPS)*, London 2017.

FORBES, PETER: *Dazzled and deceived. Mimicry and camouflage*, London 2014.

GERRARD, NICCI: *What Dementia Teaches Us about Love*, London 2019.

GIBSON, SUSANNAH: *Animal, vegetable, mineral? How eighteenth-century science disrupted the natural order*, Oxford 2015.

GLADYSHEV, MICHAIL I.: *Biophysics of the Surface Microlayer of Aquatic Ecosystems*, London 2002.

GLEESON, SINÉAD: *Constellations. Reflections from Life*, London 2019.

GOETZ, THOMAS: *The Remedy. Robert Koch, Arthur Conan Doyle, and the quest to cure tuberculosis*, New York 2014.

GOLDING, WILLIAM: *Herr der Fliegen*, Frankfurt a. M. 2016.

GOSCINNY, RENÉ/UDERZO, ALBERT: *Asterix und die goldene Sichel*, Filderstadt 1986.

GRIMM, JACOB UND WILHELM: *Grimms Märchen*, München 2003.

HARVELL, DREW: *A Sea of Glass. Searching for the Blaschkas' Fragile Legacy in an Ocean at Risk*, Oakland 2016.

HARVELL, DREW: *Ocean Outbreak. Confronting the Rising Tide of Marine Disease*, Oakland 2019.

HASAN, ZOYA/HUG, AZIZ Z./NUSSBAUM, MARTHA: *The Empire of Disgust. Prejudice, Discrimination, and Policy in India and the US*, New Delhi 2018.

HERZ, RACHEL: *That's disgusting: Unraveling the Mysteries of Repulsion*, New York 2012.

HIGHSMITH, PATRICIA: *Deep Water*, London 1957.

HIGHSMITH, PATRICIA: *Eleven*, London 1968.

HINTON, NIGEL: *Im Herzen des Tals*, Wien 1988.

HUGO, VICTOR: *Die Arbeiter der Meere*, Hamburg 2017.

HUNTER, GRAEME K.: *Vital Forces. The discovery of the molecular basis of life*, London 2000.

INGS, SIMON: *Stalin and the Scientists. A History of Triumph and Tragedy 1905–1953*, London 2016.

JANZEN, JANET: *Media, Modernity and Dynamic Plants in Early 20th Century German Culture*, Leiden, Boston 2016.

JOSHI, SUNAND T.: *I am Providence. The Life and Times of H.P. Lovecraft*, New York 2013.

JUNGER, SEBASTIAN: *Der Sturm*, Hollenstedt 2015.

KAVANAGH, JULIE: *The Girl Who Loved Camellias. The Life and Legend of Marie Duplessis*, New York 2013.

KEYNES, RICHARD (Hg.): *Charles Darwin's Zoology Notes & Specimen Lists from H.M.S. Beagle*, Cambridge 2000.

KING, STEPHEN: *Danse Macabre. Die Welt des Horrors*, München 2011.

KLINGER, LESLIE S. (Hg.): H.P. Lovecraft. »Dagon«, in: ders.: *Das Werk*, Frankfurt a. M. 2017.

KNOLL, ANDREW H.: *Life on a Young Planet. The first three billion years of evolution on earth*, Princeton 2003.

KOEHL, MIMI: *Wave-Swept Shore. The Rigors of Life on a Rocky Coast*, Berkeley 2006.

KOLBERT, ELIZABETH: *The sixth extinction. An unnatural History*, London 2014.

KREITSCHITZ, AGNIESZKA: *Biological Properties of Fruit and Seed Slime Envelop. How to Live, Fly, and Not Die*. In: GORB, STANISLAV (Hg): *Functional Surfaces in Biology*, Dordrecht 2009.

KRUFT, HANNO-WALTER: *Städte in Utopia: die Idealstadt vom 15. bis zum 18. Jahrhundert zwischen Staatsutopie und Wirklichkeit*, München 1989.

LE GUIN, URSULA K.: *Dancing at the Edge of the World. Thoughts on Words, Women, Places*, New York 1989.

LEHOUX, DARYN: *Creatures born of Mud and Slime. The Wonder and Complexity of Spontaneous Generation*, Baltimore 2017.

LEM, STANISLAW: *Solaris*, Berlin 2006.

LEUCHS, JOHANN CARL: *Anweisung zur Bereitung Des Tischlerleims, Der Knochengallerte Der Hausenblase, Des Vogelleims Und der Suppentafeln …,* Printed in USA 2012.

LIMA, MANUEL: *The Book of Trees,* New York 2014.

VON LINNÉ, CARL/HOUTTYN, MARTINUS: *Des Ritters Carl von Linné vollständiges Natursystem: Th. Von den Amphibien,* Nürnberg 1774.

LÖNS, HERMANN: »Ein eckliges Tier«, in: ders.: *Der zweckmäßige Meyer/Frau Döllmer,* Nikosia 2017.

LOVE, MIKE: *Good Vibrations. My Life as a Beach Boy,* New York 2016.

LOVECRAFT, H.P.: *The Complete Fiction,* New York 2014.

MACKESSY, STEPHEN P.: *Handbook of Venoms and Toxins of Reptiles,* Boca Raton 2010.

MANN, THOMAS: *Bekenntnisse des Hochstaplers Felix Krull,* Frankfurt a.M. 2014.

MANN, THOMAS: *Zauberberg,* Frankfurt a.M. 2017.

MARGULIS, LYNN/SAGAN, DORION: *What is Life? The Eternal Enigma,* Los Angeles 1995.

MARTIN, ANTHONY J.: *The Evolution Underground. Burrows, Bunkers, and the marvelous subterranean world beneath our feet,* New York 2017.

MATYSSEK, RAINER et al.: *Biologie der Bäume. Von der Zelle zur globalen Ebene,* Stuttgart 2010.

MCNAMARA, KEN: *Stromatolites,* Welshpool 2009.

MELVILLE, HERMAN: *Moby Dick,* Berlin 2013.

METZGER, RAINER: *Die Stadt – Vom antiken Athen bis zu den Megacitys. Eine Weltgeschichte in Geschichten,* 2015.

MICHELINIE, DAVID: *Venom. Planet of the Symbiotes,* New York 2018.

MIODOWNIK, MARK: *Liquid. The Delightful and Dangerous Substances That Flow through Our Lives,* 2018.

MOXHAM, ROY: *The Great Hedge of India,* London 2001.

NACHTIGALL, WERNER/WISSER, ALFRED: *Bionik in Beispielen. 250 illustrierte Ansätze,* Berlin 2013.

NUSSBAUM, MARTHA: *Hiding from Humanity. Disgust, Shame, and the Law,* Princeton 2004.

NUSSBAUM, MARTHA: *Königreich der Angst. Gedanken zur aktuellen politischen Krise,* Darmstadt 2019.

O'BRIAN, PATRICK: *The Fortune of War,* New York/London, 1979.

OCEAN, AYA: *My Sexy Slime Girlfriend (Supernatural Romance),* 2015.

OFFENBERGER, MONIKA: *Das Ei. Ursprung allen Lebens,* Darmstadt 2012.

OKEN, LORENZ: *Lehrbuch der Naturphilosophie,* Zürich 1843.

ONSTOTT, TULLIS C.: *Deep Life. The Hunt for the Hidden Biology of Earth, Mars, and Beyond,* Princeton 2017.

OSCHMANN, WOLFGANG: *Evolution der Erde,* Bern 2016.

PAULY, DANIEL: *5 Easy Pieces. The Impact of Fisheries on Marine Ecosystems,* Vancouver 2010.

PHILBRICK, NATHANIEL: *In the Heart of the Sea. The Tragedy of the Whaleship Essex,* New York 2000.

PHILBRICK, NATHANIEL: *Mayflower. A Voyage to War,* London 2006.

ROCHE, CHARLOTTE: *Feuchtgebiete,* Köln 2008.

RÖHRLICH, DAGMAR: *Urmeer. Die Entstehung des Lebens,* Hamburg 2012.

ROWLING, J.K.: *Phantastische Tierwesen. Grindelwalds Verbrechen (Das Originaldrehbuch),* Hamburg 2018.

SAGAN, CARL: *Broca's Brain. Reflections on the Romance of Science,* New York 1980.

SARTRE, JEAN-PAUL: *Das Sein und das Nichts. Versuch einer phänomenologischen Ontologie,* Reinbek bei Hamburg [19]1952.

SCHICKORE, JUTTA: *About Method. Experimenters, Snake Venom, and the History of*

Writing Scientifically, Chicago 2017.

SCHILTHUIZEN, MENNO: *Darwins Peep Show. Was tierische Fortpflanzungsmethoden über das Leben und die Evolution enthüllen*, München 2014.

SCHUTT, BILL: *Cannibalism. A Perfectly Natural History*, Chapel Hill 2017.

SNYDER, LAUREN: *Eye of the beholder. Johannes Vermeer, Antoni van Leeuwenhoek, and the Reinvention of Seeing*, New York 2015.

STEINBECK, JOHN: *Früchte des Zorns*, München 1985.

STEINBECK, JOHN: *Logbuch des Lebens*, Hamburg 2017.

STEVENSON, ROBERT LOUIS: *Der merkwürdige Fall von Dr. Jekyll und Mr. Hyde*, Ditzingen 2017.

STOTT, REBECCA: *Oyster*, London 2004.

STRICK, JAMES EDGAR: *Sparks of life. Darwinism and the Victorian debates over spontaneous generation*, Cambridge, Mass., 2000.

SÜSKIND, PATRICK: *Das Parfum. Die Geschichte eines Mörders*, Zürich 1985.

SWIFT, JONATHAN: *»The Lady's Dressing Room«*, in: *The Longman Anthology British Literature Volume 1 c*, New York 2010.

SWIFT, JONATHAN: *Gullivers Reisen*, München 2017.

SYME, PATRICK: *Werner's Nomenclature of Colours*, London 2017.

THEWELEIT, KLAUS: *männerphantasien. 1. frauen, fluten, körper, geschichte*, Frankfurt a.M. [4]1977.

VERNADSKY, VLADIMIR: *The Biosphere*, New York 1998.

VERNE, JULES: *Romane*, Köln 2013.

VOGEL, STEVEN: *Life's Devices. The Physical World of Animals and Plants*, Princeton 1988.

VOGEL, STEVEN: *Life in Moving Fluids. The Physical Biology of Flow*, Princeton [2]1994.

VOGEL, STEVEN: *Comparative Biomechanics. Life's Physical World*, Princeton [2]2013.

WALKER, GABRIELLE: *Snowball Earth. The Story of a Maverick Scientist and his Theory of the Global Catastrophe that Spawned Life as we Know It*, London 2003.

WALKER, GABRIELLE: *An ocean of air. A Natural History of the Atmosphere*, London 2007.

WALTON, IZAAK: *The Compleat Angler Or the Contemplative Man's Recreation*, London 1653.

WARD, PETER: *The Medea Hypothesis. Is Life on Earth Ultimately Self-Destructive?*, New Jersey 2009.

WELLS, H. G.: *The Invisible Man* (Amazon Classics), Seattle 2017.

WERNER, FLORIAN: *Schnecken. Ein Portrait*, Berlin 2015.

WILLMANN, RAINER/VOSS, JULIA: *The Art and Science of Ernst Haeckel*, Köln 2017.

WILSON, ANDREW: *Beautiful Shadow. A Life of Patricia Highsmith*, London 2003.

WINTON, TIM: *Island Home. A landscape memoir*, Melbourne 2015.

WOOLF, VIRGINIA: *a room of one's own*, Los Angeles 2012.

WRIGHT, JOHN: *A Natural History of the Hedgerow and ditches, dykes and dry stone walls*, London 2016.

YONG, ED: *I Contain Multitudes. The Microbes Within Us and a Grander View of Life*, London 2016.

LINKS

Letzter Zugriff, wenn nicht anders angegeben, am 18.06.2019.

ASTROBIOLOGY MAGAZINE: *The rise of slime*, {https://www.astrobio.net/climate/the-rise-of-slime/}.

BREHM, ALFRED: Sippe: *Morgenröthenthier (Eozoon)* (1887), {http://www.zeno.org/Naturwissenschaften/M/Brehm,+Alfred/Brehms+Thierleben/Niedere+Thiere/Der+Kreis+der+Urthiere/Zweite+Ordnung%3A+Vielkammerige+Wurzelf%C3%BC%C3%9Fer+oder+Foraminiferen+(Polythalamia)/Anhang/Sippe%3A+Morgenr%C3%B6thenthier+(Eozoon)}.

CARNALL, MARK: *Why do cephalopods produce ink? And what's ink made of, anyway?*, {https://www.theguardian.com/science/2017/aug/09/why-do-cephalopods-produce-ink-and-what-on-earth-is-it-anyway}.

COPLEY, JON: *Ooze cruise*, {https://www.newscientist.com/article/mg16522294-300-ooze-cru}.

DARWIN, CHARLES: »Aber falls (und Ach! Was für ein großes Falls!)…«, {https://www.darwinproject.ac.uk/letter/DCP-LETT-7471.xml}.

DAVIS, NICOLA: *New antibiotics could be developed using fish slime, scientists say*, {https://www.theguardian.com/society/2019/mar/31/new-antibiotics-could-be-developed-using-fish-slime-scientists-say}.

DEEP CARBON Observatory: *Life in Deep Earth Totals 15 to 23 Billion Tonnes of Carbon – Hundreds Times More than Humans*, {https://deepcarbon.net/life-deep-earth-totals-15-23-billion-tonnes-carbon}.

DÜRER, ALBRECHT: *Etliche Underricht zu Befestigung der Stett, Schloss und Flecken*, {https://www.e-rara.ch/doi/10.3931/e-rara-9248}.

ELIOT, T. S.: *What Dante Means to Me*, {https://wordandsilence.com/2016/05/19/t-s-eliot-on-dante/}.

ENGBER, DANIEL: *Out of slime*, {https://slate.com/technology/2016/07/ghostbusters-made-slime-a-national-obsession-can-the-reboot-make-ooze-cool-again.html}.

FARDIN, MARC-ANTOINE: *Answering the question that won me the Ig Nobel prize: Are cats liquid?*, {https://theconversation.com/answering-the-question-that-won-me-the-ig-nobel-prize-are-cats-liquid-86589}.

GOJELLY: *H2020 EU project*, {https://gojelly.eu/}.

CASANOVA, GIACOMO: *Erinnerungen* {https://gutenberg.spiegel.de/buch/erinnerungen-611/12}.

GOLDING, WILLIAM: *Nobel Lecture*, {https://www.nobelprize.org/prizes/literature/1983/golding/lecture/}.

HENDRIX, STEVE: *He Always Hated Women. Then he Decided to Kill Them*, {https://www.washingtonpost.com/graphics/2019/local/yoga-shooting-incel-attack-fueled-by-male-supremacy/?utm_term=.04e03bdf65c5}.

HENRIQUES, MARTHA: *The idea that life began as clay crystals is 50 years old*, {http://www.bbc.com/earth/story/20160823-the-idea-that-life-began-as-clay-crystals-is-50-years-old}.

HUXLEY, THOMAS: *On the Physical Basis of Life*, {https://mathcs.clarku.edu/huxley/CE1/PhysB.html}.

JAKOBSEN, HANNE: *Nasty nasal parasite*, {http://sciencenordic.com/nasty-nasal-parasite}.

JONES, JONATHAN: *Edvard Munch: Love and Angst review – ›ripples of trauma hit you like a bomb‹*, {https://www.theguardian.com/artanddesign/2019/apr/09/scream-edvard-munch-love-and-angst-review-british-museum}.

JULER, EDWARD: *Life Forms: Henry Moore, Morphology and*

Biologism in the Interwar Years, {https://www.tate.org.uk/art/research-publications/henry-moore/edward-juler-life-forms-henry-moore-morphology-and-biologism-in-the-interwar-years-r1151314}.

LOBE, ADRIAN: *Der Netflix-Algorithmus macht Kunst berechenbar*, {https://www.sueddeutsche.de/medien/netflix-algorithmus-daten-house-of-cards-1.4280852}.

MAPP, KATHERINE: *US Navy Synthetically Recreates Biomaterial to Assist Military Personal*, {https://www.navy.mil/submit/display.asp?story_id=98521}.

NUSSBAUM, MARTHA: *The roots of male rage, on show at the Kavanaugh hearing*, {https://www.washingtonpost.com/news/democracy-post/wp/2018/09/29/the-roots-of-male-rage-on-show-at-the-kavanaugh-hearing/?utm_term=.d384091544b1}.

ONION, REBECCA: *Ode to Green Slime*, {https://www.theatlantic.com/technology/archive/2015/02/ode-to-green-slime/385088/#}.

POWELL, KENDALL: *The superhero in your vagina*, {https://mosaicscience.com/story/bacterial-vaginosis/}.

RODWELL, IAN: *hedge*, {https://liminalnarratives.com/2018/06/17/hedge/}.

ROSEN, LARRY D.: *Phantom Pocket Vibration Syndrom*, {https://www.psychologytoday.com/intl/blog/rewired-the-psychology-technology/201305/phantom-pocket-vibration-syndrome}.

RUPP, REBECCA: *The Luke-Warm, Gluey, History of Portable Soup*, {https://www.nationalgeographic.com/people-and-culture/food/the-plate/2014/09/25/the-luke-warm-gluey-history-of-portable-soup/}.

STARKEY, NATALIE: *Blobfish voted world's ugliest animal*, {https://www.theguardian.com/environment/2013/sep/12/blobfish-world-ugliest-animal}.

VERNE, JULES: *Zwanzigtausend Meilen unter'm Meer*, {https://gutenberg.spiegel.de/buch/zwanzigtausend-meilen-unter-m-meer-erster-band-4024/5}.

WHITE, ROSALIND: *Mr Micawber the Hermit Crab*, {https://thecabinetofcuriosity.net/2018/03/11/mr-micawber-the-hermit-crab/}.

DANKSAGUNG

Mit dem Schreiben allein ist es nicht getan. Mein Buch hat viele Paten und ihnen allen gebührt mein Dank. Meine Mutter hat dafür gesorgt, dass ich mir ein Leben ohne Bücher nicht vorstellen kann. Ohne meinen Vater wäre die Idee der eigenen Autorenschaft vielleicht für immer abwegig geblieben. »Schreib doch einfach ein Buch, am besten über einen jungen Stichling«, habe ich oft gehört. Nun gibt es endlich ein Buch, auch wenn es lange gedauert hat, nicht einfach war und Fische nur am Rand vorkommen.

Letzteres lässt sich aber vielleicht mit einer Geschichte wiedergutmachen: Bei den Stichlingen bauen die Männchen die Nester. Das sind robuste und doch kunstvolle Konstruktionen aus Pflanzenfragmenten, Sand und anderem Material, das verklebt werden muss. Der Kleister wiederum kommt aus der Niere, die enorm anschwillt und vorübergehend ihre lebenswichtigen Funktionen einstellt, nur um das einzigartige Spiggin zu produzieren. Und das ist natürlich ein klebriger Schleim.

Von der Idee zum lesbaren Manuskript ist es aber ein weiter Weg, auf dem mir dankenswerterweise viele Freunde, Forscher und forschende Freunde mit aufmunternden Worten, Rat, Expertise sowie hilfreicher Kritik am Manuskript zur Seite gestanden haben. Bei ihnen allen möchte ich mich sehr für die Unterstützung bedanken: Petra Ahne, Inti Reiland, Christian Schuberth, Stefan Luschnig, Annette Atzpodien, Petra Dersch, Timo Betz, Anita Tselikas, Hans-Curt Flemming, Bettina Weber, Thorsten Becker, Dietmar Müller, Oliver Wurl, Katharina Ribbeck, Christian Wild, Janek von Byern, Mark Denny, Oliver Lieleg, Dieter Braun, Moritz Thom, Sandy Winston, Becky Rinehart, Robert Michael Brain, Ian Rodwell, John Faithfull, Linda Campbell, Clare Graham, Valerie Curtis, Philip Hoare, Hildegard Schulze, Antje Bachmann, Zena Werb, Morten Iversen sowie Antje Boetius. Und wer so viel Glück hat wie ich, darf sich über Schwiegereltern freuen, die mit unendlicher Geduld halbfertige Manuskripte studieren und kommentieren – zur Not auch halbe Nächte lang und mit neugeborenem Enkel im Arm.

Alle verbleibenden Fehler habe selbstverständlich ich zu verantworten. Mein Dank geht auch an das gesamte Team im Verlag, nicht zuletzt an alle, die hinter den Kulissen mitgewirkt haben.

Das Buch war eine große Freude, aber auch ein Marathon mit vielen Durststrecken im Lauf der Jahre, die ich ohne meinen Mann und meine beiden Söhne kaum überstanden hätte. Wenn sie des Dauerthemas Schleim je müde waren, haben sie es mich weder wissen noch spüren lassen. Wenn sie je gern einen Familienurlaub geplant hätten, der nicht um interessante Schleime und Schreibtische mit schönem Ausblick kreiste, weiß ich nichts davon. Und dafür kann ich ihnen nicht genug danken. Mein Mann ist jeden einzelnen Schritt auf dem Weg zum Buch mitgegangen. Mit unvermindertem Enthusiasmus. Nur für Jane Austen konnte er sich bis zuletzt nicht recht begeistern. Das ist schade, schließlich ist es meiner Erfahrung nach doch spätestens jetzt eine universell anerkannte Wahrheit, dass eine Autorin mit Buchprojekt und Familie nichts dringender braucht als einen Roland.

SUSANNE WEDLICH, 1971 in München geboren, studierte Biologie und Politikwissenschaften. Sie arbeitet als freie Wissenschaftsautorin unter anderem für *Spiegel Online*, die *Süddeutsche Zeitung* und *Spektrum der Wissenschaft*.

NATURKUNDEN NO. 59
Erste Auflage Berlin 2019

NATURKUNDEN
herausgegeben von Judith Schalansky
erscheinen bei Matthes & Seitz Berlin
ermöglicht durch Jan Szlovak, Hamburg

EINBAND, TYPOGRAFIE, ILLUSTRATION Michael Rosenlehner, Berlin
durchgesehen von Judith Schalansky
SCHRIFT Greta Text Pro von Peter Bil'ak und Mohr Rounded von Sofia Mohr
HERSTELLUNG Hermann Zanier, Berlin
PAPIER 90 g/m² Schleipen Fly 05 spezialweiß, 1,2-faches Volumen
EINBAND peyer Princesse 6111 diamantweiß
DRUCK, BINDUNG Pustet, Regensburg

ISBN 978-3-95757-774-0

www.naturkunden.de
www.matthes-seitz-berlin.de